U0300346

站在巨人的肩上
Standing on Shoulders of Giants

TURING
图灵教育

iTuring.cn

TURING 图灵程序设计丛书

DevOps
入门与实践

[日] DevOps引入指南研究会 / 著

[河村圣悟 北野太郎 中山贵寻 日下部贵章]

刘斌 / 译

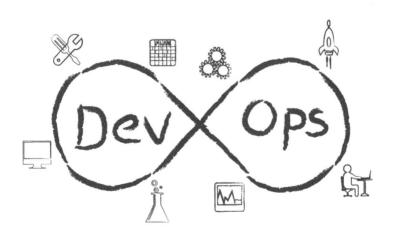

人民邮电出版社

北　京

图书在版编目(CIP)数据

DevOps入门与实践 / 日本DevOps引入指南研究会著；
刘斌译. -- 北京：人民邮电出版社，2019.7
（图灵程序设计丛书）
ISBN 978-7-115-51256-7

Ⅰ.①D… Ⅱ.①日… ②刘… Ⅲ.①软件工程 Ⅳ.
①TP311.5

中国版本图书馆CIP数据核字(2019)第094213号

内 容 提 要

　　本书结合大量实例，详细介绍了在开发现场引入DevOps的具体流程。在对DevOps出现的背景和相关概念进行说明之后，首先介绍了如何在个人环境中引入DevOps，接着介绍了在团队中开展DevOps的方法，最后介绍了引入DevOps的最佳实践。内容全面涵盖了DevOps相关的工具、技术和开发思想。

　　本书条理清晰，逐步深入，特别适合对DevOps感兴趣的初学者以及希望在团队中引入DevOps的基础设施工程师和开发人员阅读。

◆ 著　　　　[日] DevOps引入指南研究会
　　译　　　　刘　斌
　　责任编辑　杜晓静
　　责任印制　周昇亮

◆ 人民邮电出版社出版发行　　北京市丰台区成寿寺路11号
　　邮编　100164　　电子邮件　315@ptpress.com.cn
　　网址　http://www.ptpress.com.cn
　　天津翔远印刷有限公司印刷

◆ 开本：880×1230　1/32
　　印张：12.25
　　字数：377千字　　　　　　　　2019年7月第1版
　　印数：1 – 3 000册　　　　　　2019年7月天津第1次印刷
　　著作权合同登记号　图字：01-2017-5048号

定价：69.00元
读者服务热线：(010) 51095183转600　印装质量热线：(010) 81055316
反盗版热线：(010) 81055315
广告经营许可证：京东工商广登字20170147号

版 权 声 明

◉ 译者序

DevOps 这个术语进入国内已经很多年了。对初学者来说，最常见的问题就是什么是 DevOps，怎么做才算实践了 DevOps。DevOps 是一个职位？一个部门？还是一套工具？问 10 个人，可能会得到 10 种不同的答案，每个人的理解都不尽相同。

对初学者来说，在学习什么是 DevOps 之前，亲自在实践中体验一下 DevOps 会比较好。相比抽象的概念，通过实际操作得到的结果可能会更直接、更形象。在了解了 DevOps 的各种实践之后，回过头来再去理解什么是 DevOps 就易如反掌了。到那时，你可能都不关心 DevOps 的定义到底是什么了。

本书就是一本适合 DevOps 初学者的入门书。

首先，第 1 章介绍了 DevOps 出现的背景。要了解 DevOps 的本质，就需要了解它的历史，否则就会被它的表象所迷惑，从而迷失目标。在介绍 DevOps 的背景之后，第 1 章还介绍了 DevOps 的几个重要特征，包括抽象化、自动化、持续集成和监控等。本书的后面几章都是基于第 1 章的概述展开讨论的，读完整本书之后再回过头来阅读第 1 章，相信你会对 DevOps 有更深一层的理解。

本书的结构非常有特色，可以说是为初学者和初学团队量身打造的。书中先从个人场景开始，介绍了如何提高个人开发效率和自动化程度。在个人掌握了相关技能之后，又将 DevOps 上升到团队的高度，介绍了在团队内部开展 DevOps 时需要引入什么样的工具，选择什么样的架构，采用什么样的组织形式等。最后还介绍了很多将 DevOps 引入组织内部的方法和最佳实践。对想要在自己的团队内开展 DevOps 的人来说，这部分内容会起到一定的作用。

本书的另一个特色是结合实例进行讲解。相比枯燥的理论，本书更注重手把手教读者进行实践。即使你对某项技术不熟悉也没有关系，甚至不必去查阅复杂的官方文档，也不必去网上搜寻各种教程，本书中的实例就会让你轻松上手，快速理解一门新的技术。可能只要花上十几分钟，你就能学会如何使用 Logstash 采集 Web 服务的日志并存储到 Elasticsearch 中，然后通过 Kibana 创建图表和仪表盘进行可视化。在对某项技术有一个直观、生动的认识之后，你就可以发挥自己的主观能动性，深入挖掘这一技术的潜能了。

从以上两点来说，本书非常适合 DevOps 的初学者使用。

另外，即使你不关心 DevOps，本书也会对你有一定的帮助。DevOps 涵盖的范围非常广，我们在不知不觉中可能就已经在实践 DevOps 了。本书也涵盖了云计算时代开发云原生应用程序所需要的技术和开发思想，比如蓝绿部署、不可变基础设施、持续集成和持续部署等，这些内容即使单独拿出来学习也非常有价值。从这一方面来说，本书也适合那些熟悉 DevOps 的开发人员，以及只对某些技术感兴趣的开发人员。翻阅一下本书的目录，相信一定会有某些章节吸引到你。

浅显易懂、生动形象是日本技术类图书的特点，这应该和日本传统技艺的修行文化有关。相信很多人都听说过"断舍离"一词，这一词汇是在 2000 年以后才产生的。与此类似，日本还有一个叫作"守破离"的词汇，而这一词汇出现的时间比"断舍离"早了几百年。古时候讲究师承，无论是学习文化还是技能，都需要先拜师，再学艺。"守破离"就描述了从掌握一门技能到成为一派宗师的 3 个阶段。

- 守，指的是遵循老师的教诲，学习定式，掌握基本技能
- 破，指的是在掌握基本技能之后，能进行自我反省和改善，找出做得不好的地方，同时拓宽自己的视野，吸收其他流派的优点，打破定式
- 离，指的是脱离原定式，创造新定式

也就是说，要想学好一门技艺，就得先找到一个好老师，再寻求突破，而本书就是一本带你认识、理解并在实践中实现 DevOps 的书：

- 守，基于本书介绍的示例和方法开展 DevOps
- 破，找到实践中不好的地方，借鉴他人的经验，改进自己的 DevOps
- 离，创建符合自己团队的效率最高的 DevOps 模式

说完"守破离"，我们再来看看"术与道"。

"道为术之灵，术为道之体"是说道是根本，术是表现；道是世界观，术是方法论；道是目的，术是手段。如果说提高商业价值是道，而本书则是术的集合。

"以道统术，以术得道"。我们在学习某项技能时，通常都是从术开始的，循序渐进而最终悟道。如果只知术，而不知术与术之间的关系、规律以及变化，就只能生搬硬套，始终困于术的牢笼中而不能自我突破。道不变，术却可以不同。

总之，道要悟，术要通。

○ 前言

听到 DevOps 这个词，你会想到什么呢？在网上搜索一下就可以知道，DevOps 所涉及的领域非常广，而且其含义也因人而异。因此，即使想去学习 DevOps，也会产生"到底怎么做才算实现了 DevOps"的疑惑。

DevOps 是指通过 Dev（开发）和 Ops（运维）的紧密合作来提高商业价值的工作方式和文化。DevOps 思想涉及的范围很广，不仅包括新技术和新工具的使用，还包括与这些技术、工具相关的组织和文化，以及能实现持续改善的运维架构，所以并没有办法明确指出只要进行了某种特定的工作就算进行了 DevOps 实践，这也使得学习和实践 DevOps 变得非常困难。

即使无法明确指出什么是 DevOps 实践，我们也可以学习 DevOps 思想产生的原因、DevOps 的目的、支持 DevOps 的方法和工具等，而本书的目的就是帮助读者学习这些内容。

日文书名副标题中的基础设施即代码是指将服务器、网络设备等基础设施的设置和架构代码化，把软件开发的开发模式应用到基础设施运维中的方法。基础设施即代码是在 DevOps 实践中支持开发和运维紧密合作的一个非常有效的方法。

本书不仅介绍什么是基础设施即代码，还将深入探讨如何进行实践。此外，书中还会介绍基础设施即代码是如何支撑 DevOps 思想的，以及能取得什么样的效果等内容。为了让刚接触 IT 工作的人以及虽已成为团队的中坚力量但尚不熟悉 DevOps 的人都能阅读本书，本书会全面讲解 DevOps 的技术和工具，从入门到应用。

此外，已经具备 DevOps 的相关知识但苦于无法在团队中实施的人也可以阅读本书。本书将按照从个人到组织的顺序进行讲解，首先介绍如何在个人环境中以基础设施即代码为中心阶段性地引入 DevOps 相关的技术，然后介绍如何在团队中实施 DevOps，并将其运用到服务的开发和运维上，最后从团队成员的角度出发，介绍如何将 DevOps 方法引入组织内部。

　　无论是面对外界的快速变化而被迫应对的学生，还是每日每夜都在思考如何提高商业价值的 IT 公司员工，对他们来说，DevOps 都是一个强大的工具。本书可以帮助读者全面掌握 DevOps 的基础知识乃至应用，希望各位读者能够阅读完本书。

⬤ 本书的阅读方法

▰ 章节结构

从第 1 章开始按顺序阅读，读者可以阶段性地学习如何引入 DevOps。第 1 章介绍 DevOps 的概要；第 2 章介绍如何从个人层面开始实施 DevOps；第 3 章介绍如何在团队中实施 DevOps；第 4 章和第 5 章介绍具体的实践和应用。越往后阅读，内容的难度会越大，需要读者在前一章知识的基础上掌握更高难度的知识。第 6 章将介绍如何在组织中应用前面 5 章学到的知识。

▰ 关于命令的印刷格式

如下所示，以符号 $ 开始的行表示输入的命令以及该命令的执行结果，因此读者不需要输入 $ 符号。

```
$ echo hello
hello
```

此外，在命令行或配置文件中，# 之后的部分都表示注释。注释用于解释该行的内容，所以读者不需要输入 # 之后的内容。

```
$ echo hello # 输出"hello"字符串
```

○ 目录

第1章

认识DevOps

第 1 章将介绍 DevOps 的概要以及 DevOps 相关的关键词。在阅读完本章之后，读者将掌握 DevOps 相关的基础知识，了解什么是 DevOps，并可以自己去查找相关的方法和技术资料。下面，我们就来介绍一下 DevOps 诞生的背景，以及支撑 DevOps 的方法和工具。

1-1 DevOps 出现的背景

假设你正在参与某一产品或者服务的开发。如果要求你提高产品和服务的商业价值，你要怎么去应对呢？提高商业价值的开发又是什么呢？也许你会有一些对策，不过如果有一种工作方式可以通过迅速、持续的改善来不断增加新功能，以此打败竞争对手，或者能够灵活地对不够完善的措施进行修正，你觉得怎么样呢？

DevOps 指的是通过 Dev（开发）和 Ops（运维）的紧密合作来提高商业价值的工作方式和文化。通过开发和运维之间的协作，DevOps 能够减轻不同团队之间的消耗（overhead），提高开发速度，并通过互相理解来增强变更的灵活性。DevOps 不仅是一种工作方式，还涉及团队建设和开发流程的设计等，可以说越想深刻理解 DevOps，就越需要更广泛、更深奥的知识。

即使在网上仔细搜索，也很难找到能一针见血地说出"什么是 DevOps"的内容，也没有明确的定义来说明做某种特定的事情就是在实践 DevOps。

DevOps 之所以包含如此广泛的思想，和它产生的复杂背景有着紧密的关系。

伴随开发方法和工具的发展，出现了很多支持持续改善开发的工具。然而开发和运维的分离导致了很多问题，为了解决运维层面的问题，这些工具又得到进一步发展。因此，我们会先介绍 DevOps 出现的背景，以便读者能够更深刻地理解为什么 DevOps 会包含如今的这些工具和方法。

本书共分为 6 章，第 1 章介绍 DevOps 的概要和背景，第 2 章介绍如何从个人开始进行 DevOps 实践，第 3 章介绍如何在团队内展开 DevOps，第 4 章之后以实践和运用为基础，介绍如何阶段性地实施 DevOps。因此，我们先在第 1 章概述 DevOps，然后从第 2 章开始介绍如何着手去实践 DevOps。

1-1-1 DevOps诞生的背景

DevOps 思想不是突然出现的，而是有着复杂的背景。在经过长时间的发展而成熟起来的持续开发（continuous development，以敏捷开发为代表的开发方法）的基础上，如何才能更加高效地开发，如何才能实现持续改善，相信很多人都对此烦恼过。而对这些困扰大家的但又必须采取措施解决的问题加以整理后，就演进到了现在的 DevOps。那么，DevOps 的根本问题到底是什么呢？我们先来介绍一下 DevOps 诞生的土壤，大致有以下两点。

- 以敏捷开发为代表的持续开发方式的出现
- 持续开发带来的运维问题

敏捷开发（图 1-1）等持续开发方式衍生的各种工具和方法，以及由此带来的运维方面的问题，促使 DevOps 思想的诞生，这也是现在 DevOps 的概念、方法和工具的支撑。首先，我们按顺序来看一下这两个要素。

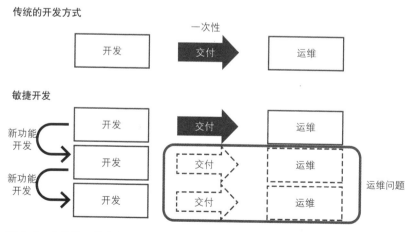

图 1-1 传统的开发方式和敏捷开发

1-1-2 以敏捷开发为代表的持续开发方式的出现

在 20 世纪 80 年代，瀑布模型开始在软件开发中广泛使用。

如图 1-2 所示，瀑布模型中划分了明显的开发阶段，在一个开发阶段没有结束之前就不能开始下一个阶段的工作。开发阶段的划分方法各式各样，大体上说包括计划、需求分析、设计、实现、测试、发布和运维这几个阶段，像瀑布一样从上一级向下一级移动。为了提高系统整体的质量，每个阶段都会形成明确的产出物，所以会耗费很多时间。在瀑布模型中，每一阶段都以前一个阶段的完成为前提，因此在设计或实现完成之后，几乎不会再对这些阶段进行变更。即使有变更，由于测试之前的各个阶段的需求都已基本确定，而且在发布之前就已经耗费了很长时间，所以要在各个开发阶段中增加新的需求，大多数情况下都是不可能的，不过这也要视开发规模而定。

另一方面，现在的网络服务都要求能在短时间内发布新功能以及进行改善。对于那些灵活性要求很高的开发，比如在短时间内需求不断变化，或者需要反复进行细微变更的，瀑布模型就显得捉襟见肘了，于是原型法和敏捷开发等开发方式应运而生，形成了支持在短时间内进行周期性开发的基础。原型法是一边运营服务一边汲取服务反馈的方法。敏捷开发是指以小规模团队为前提，每次只发布最低限度的功能集，然后听取客户的反馈，进行持续改善。

敏捷开发和瀑布模型不同，会频繁添加新的功能。为了能够应对在瀑布开发等传统开发方式中难以想象的高频率更新，进行持续改善，开发人员创造了很多提高持续性和效率的开发方法和工具，持续集成方法就是其中之一。关于持续集成，我们会在第 3 章进行说明。

开发人员在自己的工作范围内不断推进自动化和高效化，创造了持续集成等方法，提高了最终产品的生产效率，但同时也开始意识到运维方面还有很多问题需要解决。

瀑布模型

图 1-2 瀑布模型和敏捷开发

1-1-3 持续开发带来的运维问题

开发者想要解决运维方面的问题，于是开始思考基础设施相关的构建和配置如何才能变得更高效。其实，很早以前就出现了用于使基础设施的构建和配置自动化的工具。随着敏捷开发的普及，这些自动化工具也逐渐被用到提高效率和进行持续开发上来。

开发团队和运维团队，特别是和基础设施团队之间本来就有很多问题，2008 年，这些问题开始受到敏捷开发实践者的关注。

在 Agile 2008 Conference（敏捷大会 2008）上，帕特里克·德布瓦（Patrick Debois）发表了题为 "Agile Infrastructure & Operations"（敏捷基础设施与运维）的演讲。

在这一演讲中，德布瓦提到了 "IT people, Operations separated from Dev. by design"（人为地将运维团队从开发团队中分离）这一现状，并在幻灯片中以这一现状导致的问题为例对存在的主要问题进行了说明。另外，在 "Infrastructure, Development and Operations"（基础设施、开发和运维）中，他也列举了基础设施团队并不关心应用程序的例子。

该演讲还指出运维方面积累了很多技术负债，比如因为不知道会有什么影响而不敢使用补丁进行更新，硬件的支持期限即将到期，通过重启脚本使服务恢复正常，迁移（migration）操作执行到一半不能继续执行，等等。

当然，开发方面也有很多问题：团队成员都是专家，不做其他人的工作；本应罗列所要添加的新功能和改善事项的待办事项列表最后积累的都是 TODO 项目；不了解应用程序的内部构造；由于各个团队都有独立的团队经理，比如产品经理和运维经理，于是出现了多个产品负责人（product owner），从而导致无法发现真正的需求，等等。在 "Agile Infrastructure And Development"（敏捷基础设施和开发）中，德布瓦指出了开发者只关注功能性需求，却忽略了监控、冗余、备份和操作系统等非功能性需求的问题。

在这个演讲中，德布瓦并不只是简单地抛出问题，同时也提出了几种解决方法。

对于运维方面的问题，可以通过名为 daily scrum 的每日会议来解决，根据团队成员的兴趣程度进行优先级排序，或者以结对（pair）的方式完成任务。在演讲中，德布瓦还提出了信息辐射（information radiation）的必要性，指出要形成信息的自然传播。

这里需要着重说明的是开发问题的解决方法。德布瓦在幻灯片中介绍了包含基础设施团队在内的敏捷开发模式，即跨功能型团队（cross functional team）这一解决方案，建议在开发初期就尽早将基础设施方面的需求可视化，如果有问题的话需要明确解决问题的负责人。

这个演讲之后，在 Agile 2009 Conference（敏捷大会 2009）上，安德鲁·谢弗（Andrew Shafer）发表了题为 "Agile Infrastructure"（敏捷基础设施）的演讲。

在这个演讲中，谢弗将 Web 开发中出现的开发和运维之间的混乱称为"混乱之墙"（wall of confusion），并指出开发和运维需要跨过这堵墙，进入到对方的领域。针对这一点，谢弗介绍了用基础设施即代码（Infrastructure is code）的方法来实现敏捷基础设施（类似于敏捷开发的基础设施运维）。另外，演讲中也提到了本书将要介绍的通过基础设施即代码的方法来推进 Web 开发的相关内容。

在版本化管理（versioning everything）的例子中，谢弗还提到了除软件之外还要引入配置管理来对基础设施进行管理的方法，以及一站式部署（one stop deploy）、监控和基础设施的持续集成等内容。

此外，作为信息共享的基本思想，该演讲中还提出为了让开发和运维在同一个地方能看到相同的内容（Dev and Ops see the same thing, in the same place），可以将配置信息代码化，保存到同一个软件管理系统的仓库（第 2 章）中实现可视化，同时也介绍了分支使用原则（第 3 章）中从主分支进行发布的方法，以让全员明确所使用的版本。

就像上面介绍的那样，持续开发带来的运维问题促使 DevOps 思想的土壤逐渐形成，作为该问题的解决对策，开发和运维通过信息共享的可视化过程，加速了基础设施代码化，形成了基础设施即代码的世界。

在介绍 DevOps 出现之后的情况之前，我们先来回顾一下伴随着 DevOps 土壤的形成而逐渐发展起来的基础设施即代码的历史。

用于解决运维问题的 provisioning 工具

作为解决运维问题的方法之一的基础设施代码化，是由对服务器、存储和网络等基础设施进行配置的 provisioning（服务提供）工具发展而来的。provisioning 这个词汇有很多含义，不同的工具对基础设施进行设置的内容也不统一。在 Velocity 2010 大会上，李·汤普森（Lee Thompson）发表了题为 "Provisioning Toolchain"（服务提供工具链）的演讲，在这个演讲中，作者将服务器的 provisioning 工具分为 3 层，如表 1-1 和图 1-3 所示。

表 1-1 provisioning 工具的 3 层

层	说　明	相关工具的例子
编排	负责部署或者节点之间的集群管理等，对多个服务器进行设置和管理	Capistrano、Func
配置管理	对操作系统或者中间件进行设置	SmartFrog、CFEngine
引导	创建虚拟机、安装操作系统等	Kickstart、Cobbler

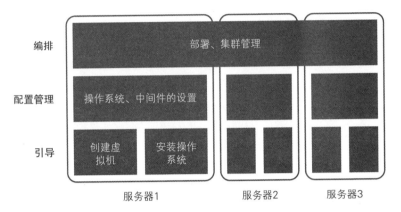

图 1-3 provisioning 架构图

最底层的引导（bootstrapping）层负责创建虚拟机或者安装操作系统。

比如在 IaaS（Infrastructure as a Service，基础设施即服务）这一提供基础设施环境的云服务中，这一层指的就是启动虚拟机或者创建容器的工作。从用户的角度来看，相当于基础设施运维人员在硬件上安装操作系统时使用的工具。现如今虚拟机和 Docker 之类的容器都已经是很普遍的技术了，通过创建服务器的镜像作为虚拟机模板，并以镜像为基础进行后续的配置变更，基础设施工程师所负责的工作范围就逐渐从硬件偏向了软件，引导层的工作量也会逐渐减少。现在已经出现了能连贯地完成创建虚拟机、配合使用 Kickstart 安装客户端操作系统以及做成模板这一整套工作的工具，比如 HashiCorp 公司的 Packer，它能完成安装操作系统、变更配置并进行模板化管理等一连串的工作。

接下来的配置管理（configuration）层负责在完成引导的服务器上进行操作系统的配置变更和中间件的安装配置等工作。

编排（orchestration）层负责将开发完成的应用程序一次性部署到多台服务器上，并对多台服务器进行统一的配置管理。

最近随着 Puppe、Chef 和 Ansible 等工具的出现，配置管理层和编排层的界限变得越来越模糊，比如这些工具可以根据用途等将服务器分为 Web 服务器组、数据库服务器组等，并对各服务器组进行设置或执行某些命令（图 1-4）。

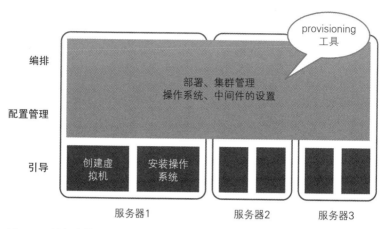

图 1–4 近年来的 provisioning 架构图

基础设施即代码和 DevOps

　　基础设施即代码是指将基础设施代码化，包括使用上面提到的 provisioning 工具将所有配置进行代码化、信息化的全部内容。其中非常重要的一点是，所有基础设施的构建、配置变更都需要根据基础设施的配置信息来进行，所有成员都可以访问配置信息，按照配置信息完成的配置也会反映在实机上。

　　使用 provisioning 工具，特别是配置管理工具，无须人工直接访问目标服务器，通过在定义文件中编写服务器或者中间件的配置信息，即可由这些工具按照定义文件的要求完成配置变更。这些工具也是解决"持续开发带来的运维问题"的核心工具集。通过编写定义文件，基础设施的配置就可以以声明的方式来描述，也就不再需要用来消灭不同基础设施平台间差异的专业知识了。因此，即使是应用程序工程师，也可以通过编写配置信息来构建基础设施。

　　如上所述，基础设施即代码可以通过将基础设置的配置代码化，从而将基础设施引入软件领域，使软件开发的方法也同样适用于基础设施的构建和配置。为了进行配置变更，我们可以像写代码一样编写配置信息，并像应用程序开发一样使用测试工具来对配置信息进行测试，并将通过测试的配置信息和代码一样进行版本管理。像这样，在基础设施的构建和运维中就可以使用开发部门的敏捷开发等持续开发方法。不仅如此，正如基础设施即代码的字面意思那样，基础设施可以用代码来描述，不过编写这种代码并不需要高级的编程知识。大多数配置管理工具采用了比通用编程语言学习成本低很多的领域专用语言（DSL），即使是对程序设计不是很熟悉的基础设施工程师，通过付出类似掌握一般中间件配置的学习成本，也都可以编写基础设施的配置文件。因此，不管是基础设施工程师还是应用程序工程师，都可以在基础设施的配置和运维方面进行深入合作。

在通过开发和运维的紧密合作来提高商业价值的 DevOps 中，应用程序开发工程师能够从软件开发的角度来理解基础设施的运维，或者直接对基础设施的配置进行变更，这种基础设施即代码的思想是非常重要的。

▰ 配置管理工具的历史和特点

如今各种新的工具不断涌现。下面我们就以配置信息的处理方式为中心，看一下配置管理工具的历史和特点。

现代配置管理工具的鼻祖 CFEngine 是 1993 年由马克·伯吉斯（Mark Burgess）以开源软件形式发布的。CFEngine 采用 C 语言编写，优点是非常轻量。另外，它还有一个更吸引人的优点，那就是可以用 DSL 来描述配置信息，而非用 C 语言扩展的形式来消除不同系统之间的差异。

2005 年卢克·坎尼斯（Luke Kanies）在 Puppet Labs 公司发布了使用 Ruby 语言开发的 Puppet。Puppet 可以在被称为 Manifests 的配置信息文件中用自己的 DSL 对配置进行声明。和采用 C 语言编写的 CFEngine 相比，使用 Ruby 语言开发的 Puppet 具有更好的可移植性。

2009 年亚当·雅各布（Adam Jacob）发布了使用 Ruby 和 Erlang 编写的 Chef。Chef 采用以 Ruby 语法为基础的 DSL 在配置信息文件 Recipe 中描述配置信息，它的优点是可以在配置文件中直接使用 Ruby 的语法。

2012 年迈克尔·德哈恩（Michael DeHaan）发布了使用 Python 编写的配置管理工具 Ansible。它的特点是配置信息采用 YAML 语言描述，但真正在实机上执行配置管理工作的模块可以用各种语言描述。我们将在 2-3-2 节中具体介绍 Ansible 这款和基础设施即代码兼容性非常好的配置管理工具。

采用 Ansible 等配置管理工具，可以得到以下好处。

- 省时省力：通过自动化进行快速设置
- 声明式：通过配置信息可以对当前配置对象的具体状态进行明确描述
- 抽象化：不需要根据细微的环境差异分开描述配置信息，尽量消除代码执行的专业性
- 收敛性：不管对象的状态如何，最终都会达到期望的状态
- 幂等性：不管执行多少次，都能得到相同的结果

Ansible 充分发挥了上面这些特点和长处，可以在基础设施中反复使用代码，也可以根据需求的变化反复进行配置变更。

1-1-4 DevOps 的诞生和历史

如 1-1-2 节和 1-1-3 节所述，采用敏捷开发方式会不断地对开发进行改善，在此过程中，运维方面的问题就逐渐暴露出来。2008 年和 2009 年的敏捷大会针对这类问题提出了相应的解决对策，DevOps 诞生的土壤逐渐形成。下面，我们就来看一下 DevOps 诞生的来龙去脉。

DevOps 的萌芽

在 2009 年由 O'Reilly 主办的 Velocity 大会上，来自 Flickr（当时属于 Ludicorp 公司，后被美国 Yahoo! 公司收购）的两名工程师发表了题为 "10+ Deploys Per Day: Dev and Ops Cooperation at Flickr"（每天部署 10 次以上：Flickr 公司里 Dev 与 Ops 的合作）的演讲。

该演讲幻灯片的最开始部分，有以下内容。

Dev versus Ops
开发部门 vs 运维部门

该演讲指出，传统组织中的开发部门和运维部门是相互对立的。开发部门出于商业目的，希望对服务进行变更，而运维部门则对变更表示抵触。运维部门的任务是确保系统稳定运行，因此不想对系统做任何变动。更为

严重的是，一旦开始出现负面的无限循环，两个部门之间的隔阂就会变得更深（图 1-5）。可以说，该演讲形象地描述了 DevOps 诞生之前的运维问题。

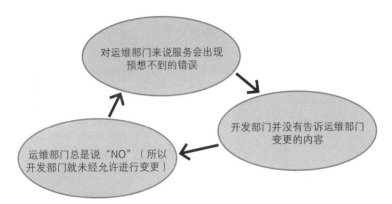

图 1-5 开发部门和运维部门之间负面的无限循环

关于服务中围绕着运维出现的负面循环，幻灯片中有如下内容。

- Because the site breaks unexpectedly

  对运维部门来说服务会出现预想不到的错误

- Becasue no one tells them anything

  开发部门并没有告诉运维部门变更的内容

- Because They say NO all the time

  运维部门总是说"NO"（所以开发部门就未经允许进行变更）

- **以下不断循环**

尽管这个负面循环非常浅显易懂，但是用文字表述后，我们就会更加深刻地认识到这是一个多么奇怪的机制。此外，演讲也提及了运维部门的任务，如下所示。

Ops' job is NOT to keep the site stable and fast
运维部门的任务不是确保系统稳定、快速地运行

Ops' job is to enable the business (this is dev's job too)
运维部门的任务是确保商业的有效性（开发部门也是一样）

为了应对外部世界的变化，开发部门需要相应地进行商业性的变更，而运维部门想要确保系统稳定，不想实施改变，也是出于商业目的。回过头来想想，其实两者的根本目的是一致的。那么，是选择畏惧变化并不断逃避，还是按照要求做出改变呢？答案当然是后者，该演讲做了如下阐述。

Lowering risk of change through tools and culture
通过工具和文化来降低变化带来的风险

该演讲也提出了一些应对变化的工具和文化。

用于应对变化的工具

- Automated infrastructure（基础设施自动化）
- Shared version control（版本管理共享）
- One step build and deploy（一步式构建和部署）
- Feature flags（通过配置项来管理应用中的某一功能是有效还是无效）
- Shared metrics（共享指标数据）
- IRC and IM robots（互联网中继聊天、即时通信机器人）

用于应对变化的文化

- Respect（尊重）
- Trust（信任）
- Healthy attitude about failure（正确认识失败）
- Avoiding Blame（避免指责）

虽然该演讲没有详细说明具体的实现方法，但每天实现 10 多次部署在当时是一件无法想象的事情，因此该演讲还是给所有开发人员留下了深刻的印象。

▰ DevOps 的诞生

2009 年 10 月 30 日，IT 咨询师德布瓦参加了在比利时召开了 DevOpsDays Ghent 2009 大会，由此出现了 DevOps 这个词汇。之前介绍的几个演讲，特别是 "10+ Deploys per Day"，虽然给 IT 行业带来了一定的冲击，但是保持传统开发文化的企业还是抱有消极看法，认为开发和运维的合作不太可能实现，或者即使能实现也没有什么现实意义。实际上，创造 DevOps 这一词汇的德布瓦在博客中也提到过自己差一点就放弃了这一理念，因为最开始的时候很多人都表示否定，认为开发和运维合作简直太荒谬了。

如此说来，企业的 IT 开发部门和运维部门之间的鸿沟还是很深的。不过，不管开发和运维之间的鸿沟有多深，在这个万物都在迅速变化的时代，企业只有在业务上实现各部门齐心协力，才能在竞争中处于领先地位。

1-1-5　小结

本节我们学习了 DevOps 诞生的背景，包括以敏捷开发为代表的持续开发方式的出现，以及持续开发带来的运维方面的问题，而 DevOps 的出现则是开发人员思考如何解决运维问题的结果。从下一节开始，我们将正式开始学习 DevOps 的相关内容。

1-2 认识 DevOps

1-2-1 以迅速满足商业需求为目标

  DevOps 要求开发部门和运维部门紧密合作，采用各种方法和文化来缩短改善产品或者服务的时间，快速满足商业需求。通过反复改善来实施新的措施，或者通过迅速调整之前进展不顺的地方，为商业活动提供支撑。DevOps 不仅用于开发新的服务或者增加新的功能，对于已有服务来说，还可以从开发和运维两个方面快速改善服务，使其发展壮大，这一点是非常重要的。

  1-1-4 节提到的 Velocity 这个大会名称就形象地体现出了迅速满足商业需求的思想。这里 Velocity 指的是单位时间内对商业的贡献度，而 DevOps 就是探求如何才能迅速实现商业价值的成果之一。

  想要通过开发和运维的紧密合作来改善服务，关键就在于要互相承认对方的专业性，做到互相理解。我们已经介绍了几种支持开发和运维紧密合作的工具，包括基础设施自动化和版本管理共享等，这里我们再来介绍一下这些工具所具备的几种要素。

支持开发和运维紧密合作的工具所具备的要素

抽象化	对所有资源进行抽象化，消除不同平台之间的差异，降低专业难度和复杂度
自动化	通过自动化的方式使用抽象化的资源，降低专业难度，减小开发、运维人员的工作压力
统一管理	通过统一的版本管理系统和沟通工具使信息可视化，构建开发和运维之间紧密的关系
持续集成	通过统一开发部门和运维部门的开发及构建方法，大幅提升系统改善的速度
监控	对资源信息进行集中管理和可视化，构建开发和运维的紧密合作关系

  另外，前面我们也介绍了支持开发和运维紧密合作的文化——尊重、

信任、正确认识失败和避免指责，那么形成这些文化的要素又有哪些呢?主要有以下几点。

支持开发和运维紧密合作的文化所具备的要素

目的意识	如果开发和运维有相同的目标，即共同创造服务、迅速满足商业需求，则更容易实现紧密合作
同理心	开发和运维团队互相考虑对方的感受，接受对方，建立紧密的关系
自主思考	开发部门和运维部门不互相依赖，能自主开展工作，以此来不断接近共同目标

以上这些要素主要是为了消除专业性和复杂性，减少工作量，同时使信息可视化。这样一来，团队中的任何成员都可以基于相同的信息迅速展开工作，还可以通过自动化和持续集成来大幅缩短进行改善所需要的时间，迅速达成目的。另外，这些要素也是为了使开发和运维拥有超越各自任务的共同目标，互相理解对方，并自主思考和行动，从而实现满足商业需求这一共同目的。

围绕 DevOps 的各种文化的观点和工具由各种各样的要素构成，这些观点和工具都有一个共同的目标，那就是实现开发和运维部门的紧密合作，采用各种各样的方法和文化，缩短改善产品或服务所需要的时间，迅速满足商业需求。

1-2-2 PDCA 循环和 DevOps

PDCA 循环是现代质量管理之父爱德华兹·戴明（Edwards Deming）提出的一种管理方法，主要用于在企业活动或商业活动中进行持续的生产改善和采取相应的控制措施。这一方法将业务分为 Plan（计划）→ Do（执行）→ Check（检查）→ Act（处理）四个阶段来进行，在执行改善措施之后，又回到 Plan（计划）阶段，如此循环往复（图 1-6）。

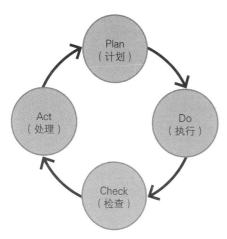

图 1-6 PDCA 循环

PDCA 的要领在于执行完一个 PDCA 循环之后，会为下一个循环设定一个更高的目标。那么在 DevOps 中该如何实现这一循环呢？

DevOps 由支撑 DevOps 的各种思想、改善对策和工具组成，缺少哪一部分都不能构成完整的 DevOps。DevOps 用于平日里的改善和实践，而不是为了一次性完成所有的改善。实施 DevOps 需要以 PDCA 的方式循环进行，持续集成等方法也是用 PDCA 的方式来对服务进行持续改善的。由此，DevOps 和 PDCA 循环就形成了不可分割的关系。

在 DevOps 中，敏捷开发方法是实现 PDCA 循环的方法之一。此外还有一种称为持续集成的方法，通过连续执行可交付物的构建、测试以及结果反馈，可以说实现了以提高可交付物质量为目标的 PDCA 循环。除此之外，开发部门和运维部门之间的沟通、系统环境中所有信息的监控等也都采用了 PDCA 的方法进行持续改善。

1-2-3 抽象化

接下来，我们对支撑开发和运维紧密合作的工具所具备的各个要素进行说明。

抽象化是指对所有资源进行抽象，消除不同平台之间的差异性。基础设施的抽象化包括对操作系统、服务器、存储和网络等的抽象。抽象化可以降低专业性和复杂程度。DevOps 需要开发和运维紧密合作，而通过采用抽象化的方式消除基础设施相关的专业性和复杂性，开发人员就可以完成基础设施的构建和配置等相关工作（图 1-7）。

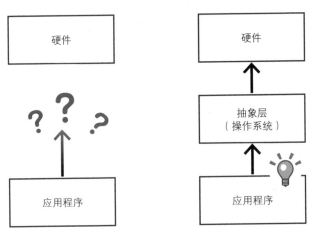

图 1-7　抽象层的作用

如果进一步对抽象化进行分解，我们就可以得到两层含义：一个是"标准化"，即可以用相同的标准或者规则对一个或多个不同的程序和设备进行调用；另一个是伪装成实际并不存在的事物，我们称为"虚拟化"。

标准化和虚拟化也应用在操作系统、服务器、存储和网络等领域，个别硬件技术正逐步在软件领域中普及。为了能够消除基础设施的专业性，让开发人员也参与到基础设施配置的工作中，支撑 DevOps 的技术无可避免地将迎来标准化和虚拟化。

操作系统的抽象化可以追溯到 1979 年，当时为了满足人们在同一操作系统上同时构建多个应用程序的需求，出现了可以使文件系统隔离的 chroot，它就是操作系统虚拟化的原型。与只能对文件系统进行隔离的 chroot 不同，2000 年在 FreeBSD 操作系统上诞生的 Jail 机制可以隔离一部分系统变更权限（root 权限）。2001 年，在 Jail 机制的基础上，Linux 开始开发 Linux-VServer，并由此产生了一个新的构想——对一台服务器上的

CPU 时间、内存和网络等资源进行隔离，使多个虚拟的 Linux 服务器同时运行。2005 年，Solaris Containers 诞生。2008 年，Linux 操作系统中出现了 LXC（Linux Containers），它通过命名空间技术以独立进程为单位实现资源隔离，由此，容器这一概念作为虚拟化的实现方式逐渐普及。2013 年 dotCloud 公司（现已更名为 Docker 公司）开源了使用 LXC 实现的容器技术 Docker，这项技术一经推出便迅速普及开来。现在的 Docker 采用 Go 语言单独实现，大大提高了在不同平台之间的可移植性，使操作系统的抽象化又前进了一步。在开发和运维紧密合作的 DevOps 中，无论是用软件对基础设施配置进行集中管理，还是基于基础设施即代码对配置进行变更，操作系统的抽象化都是最常用的技术之一。在本书的第 3 章，我们将会对 Docker 进行介绍。

我们再来看一下操作系统层以下的物理服务器的抽象化。基于在计算机上创建虚拟计算机的想法，VMware 公司在 1999 年发布了 VMware 1.0。VMware 1.0 可以使用软件来模拟所有的物理硬件，在一个操作系统上运行其他操作系统。虚拟化的硬件被称为虚拟机，而作为虚拟机运行载体的操作系统被称为 Hypervisor（图 1-8）。Hypervisor 有两种实现方式：一种是在安装完 Linux 或者 Windows 等操作系统之后，将 Hypervisor 软件安装在操作系统中；另一种是直接在物理硬件上安装 Hypervisor 软件（也称为 Bare Metal Hypervisor 方式）。举例来说，2003 年出现了将 Linux 内核作为 Hypervisor 的 Xen 技术，2006 年出现了 KVM 虚拟化技术，2007 年 KVM 的代码被合并到了 Linux 内核，从此 Linux 发行版开始内置服务器的虚拟化技术。2009 年发布的 VMware vSphere 作为轻量的专用虚拟化操作系统而备受瞩目，实际上也被大企业采购和使用。现在，为了结合上述操作系统和服务器的抽象化的优点，在虚拟机上运行容器的混合型部署方式正在受到关注。谷歌公司就于 2015 年发布了代号为 Borg 的容器型架构。由于这一架构是在硬件抽象化虚拟机上运行容器，所以不必在意硬件资源的限制，可以通过容器来最大限度地利用硬件。像上面这样，通过服务器的虚拟化，就可以在服务器或者基础设施配置的设计中摆脱硬件资源的物理束缚。如今，需要关注物理硬件的场景已经大幅度减少，只有基础设施工程师才掌握的知识也变得越来越少。

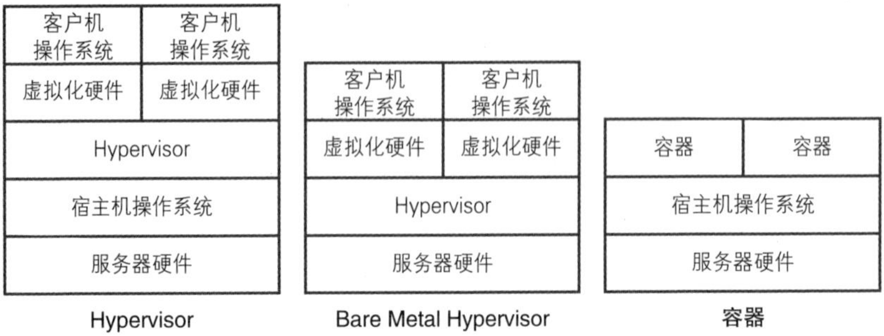

客户机操作系统	客户机操作系统
虚拟化硬件	虚拟化硬件
Hypervisor	
宿主机操作系统	
服务器硬件	

Hypervisor

客户机操作系统	客户机操作系统
虚拟化硬件	虚拟化硬件
Hypervisor	
服务器硬件	

Bare Metal Hypervisor

容器	容器
宿主机操作系统	
服务器硬件	

容器

图 1-8 虚拟化方式

那么存储的抽象化又如何呢？可以在一台物理存储设备上创建多个逻辑存储设备，或者可以根据具体的策略决定操作内容以及进行内容分发的存储设备，我们称为 SDS（Software Defined Storage，软件定义存储）。EMC 和 NetApp 等厂商的很多存储设备专用的操作系统都提供了可以通过软件进行控制的 API（Application Programming Interface，应用编程接口），与软件的亲和性变得越来越高。以前，我们都需要专业的工程师来计算各服务所需要的存储大小，然后确定数据的配置或制订添加磁盘的计划，而开发人员对基础设施工程师所做的工作是一无所知的，但如今根据 SDS 的思想，我们可以用软件来对虚拟化存储进行控制，开发和运维也更容易开展合作了。

VLAN（Virtual Local Area Network，虚拟局域网）是很早以前就为人所知的一个网络抽象化的方法，诞生于 1994 年，是一种把一个物理交换机分离成若干逻辑交换机的技术。尽管在一个系统中设置多个交换机的情况很常见，但这同时也存在一些问题，比如不对交换机进行统一设定网络就不能正常工作，以及对大规模的网络进行灵活变更的需求正在逐渐增加，等等。作为解决这些问题的方法，SDN（Software Defined Network，软件定义网络）被推上了台面。SDN 有几种实现方式，这些实现方式的共同点就是将交换机分成 Control Plane（配置等管理功能）和 Data Plane（数据包转发功能）两个层面。其中 Control Plane 是用软件实现的，开发人员可以低成本地掌握软件知识，从而对网络的配置进行修改。防火墙和负载均衡器这种以前只有专业工程师才能接触到的设备也可以通过软件来控制，因此就算不是基础设施工程师，也可以理解这些设备的配置信息，并进行配置变更。

1-2-4 自动化

自动化是指不需要人为操作，由程序来机械地进行控制的过程。应用程序的构建和测试等操作往往需要重复进行，在这种情况下，就可以对这些操作进行编程，由程序来实施这一连串的操作。

因为抽象化、代码化的基础设施的配置也融入了软件领域，所以是可以实现编程的。那些很早之前就开始应用容器和虚拟化等技术的服务器和操作系统，当然也支持编程。现在存储和网络等硬件一般也都开始提供被称为 REST API 的 API，REST API 可以用 URL 表示资源，通过 HTTP 协议来获取资源的状态或者变更资源的配置。使用 REST API 将资源状态的变更操作按照顺序编写为程序，就不需要像以前那样先编写更新手册，再按照手册内容来进行手工操作了，所有工作都可以机械地自动完成。

抽象化、代码化的操作系统、服务器、存储和网络正在逐渐变得可以根据指定的参数来进行自动化配置，比如想要增加一台服务器时，就可以使用容器等技术自动完成启动操作系统、设置存储和分配网络设备等一连串操作。

自动化也可以通过组合使用各种开源软件来实现，之后我们将介绍的持续集成就是自动化的一个典型例子。

1-2-5 统一管理

问题跟踪系统

沟通工具的统一是在敏捷开发中发展起来的，对 DevOps 中开发和运维的协作意义重大。

　　信息的统一和可视化是开发和运维紧密合作不可欠缺的要素。

　　现在也出现了很多旨在不仅使开发部门和运维部门能顺利沟通，还能在运维方面方便对系统进行管理的工具。

　　比如，问题跟踪系统（Issue Tracking System，ITS）也被称为 ticket 管理工具，当关闭一个记载了问题的 ticket 时，它会立即向聊天工具等沟通工具发送问题关闭的通知，其中比较知名的包括 JIRA、Redmine 和 Trac 等。另外，还出现了 PagerDuty 服务，当发生故障时，PagerDuty 可以将服务器上发生故障的组件的详细信息自动添加到问题跟踪系统中，实施故障（incident）管理并通知相关人员。我们会在第 4 章对问题跟踪系统进行更加详细的说明。

　　不管是 JIRA、Redmine 还是 Trac，都支持敏捷开发。这些工具既支持敏捷开发中的订单（backlog）管理，也支持缺陷（bug）管理和待办事项（todo）管理，当然也支持敏捷开发中用于记录新添加功能的用户故事（user story）。还有一些工具可以使用 GUI 来支持敏捷开发中应用便签管理任务进度（未开始、进行中和已完成）的看板方法，或者和版本管理系统集成，以了解哪个用户故事是由哪部分开发负责的。还有些工具支持用拖曳的方式对订单列表中的订单进行排序，或者根据在团队内表示故事开发规模的故事点数（story point）来制作图表。特别是 JIRA 强化了仪表盘（dashboard）的制作图表和掌握开发现状的功能，这样在团队开发的管理工作中就不需要再去编写很多资料，可以直接从集中管理团队成员在实际开发中参照的任务和需求的地方获取当前真实的进度。从这一特点来说，在迭代（iteration）或冲刺（sprint）这种短的开发周期内进行的持续开发，与采用电子数据灵活对问题进行管理并设置优先级的问题管理系统的契合度非常高。还有一种被称为 ticket 驱动开发的方法，该方法提倡无论是提交应用程序还是基础设施的代码，所有的任务都需要先创建一个 ticket，然后再开始工作。我们会在第 4 章详细介绍这种开发方法。

　　设计文档和平日会议记录要不要统一管理呢？各团队都会用文本文件或者 Excel 来逐个记录这些信息，然后保存到需要设有权限的共享文件夹中。如果我们将这些以传统方式保存的设计文档和会议记录放到以 Wiki 为代表的网站上进行统一管理，那么不同的团队就可以在更大的范围内共享信息，也更加便于搜索，同时还可以支持多人同时编辑以及对修改记录进行管理。这种方式的代表工具有 Redmine 的 Wiki 和 Confluence。这些工具和问题追踪系统一样，在设计上支持和外部系统进行集成，可以将更新信息发送到和外部的沟通工具，也可以通过直接共享 URL 来访问指定的信息。

沟通工具

关于沟通工具，现在网络聊天的方式越来越普遍了。开发部门和运维部门使用同一沟通工具，使双方更容易根据共同的信息来展开沟通。不过，如果将 ticket 管理系统和会议记录等信息网络化，那么就可以根据 URL 和相关人员进行信息交换。早前的沟通工具有 IRC，现在比较有代表性的工具是 Skype、Slack 和 ChatWork 等，很多公司都在工作中采用了这些工具。最近比较引人注目的是将机器人（robot，简称为 bot）接入了聊天工具中。在聊天工具中添加机器人账号之后，就可以解决聊天工具难以和系统集成的问题。比如，将故障检测系统和添加了机器人账号的聊天工具进行集成，在发生故障时，机器人就能识别出来是哪个系统发生了故障。机器人也并不仅限于不同系统之间的集成，还可以代替人来完成简单的工作。我们可以通过编程的方式，让机器人对聊天中的某个词语做出反应，并根据发言的内容来进行操作，这样一来，在团队对话的环境下，就可以根据指定的短语来完成重启服务或者添加服务器这样的工作。这样我们不仅可以实时地看到谁进行了什么操作，还能减少操作之前所需要的步骤，进一步提高效率。聊天工具和机器人的集成，不仅可以实现不同系统之间的集成，还能替代人的手工作业，具备多重效果，因此被特别地称为"ChatOps"。在本书的第 4 章和第 5 章，我们会使用 Slack 来对 ChatOps 和系统之间的集成进行说明。

软件配置管理工具

信息的统一管理不仅限于沟通。利用软件配置管理工具（Software Configuration Management，SCM），我们可以将用代码、软件方式实现的基础设施的配置信息保存到软件配置管理工具中。通过对变更内容和变更者进行版本管理，开发和运维人员就可以根据相同的信息来变更配置或者对变更结果进行确认。这样就可以废弃涉及多个文件的操作手册和不再被维护的配置信息。

软件配置管理工具也包含了支持版本管理和发布管理等功能的系统，其中版本管理工具有 Git、Subversion 和 Perforce 等。在本书的第 2 章和第 3 章，我们将会以 Git 和提供 ASP 服务的 GitHub 为主进行讲解。

1-2-6 持续集成

在敏捷开发中，持续集成（Continuous Integration，CI）是指频繁并持续地实施代码构建和静态测试、动态测试等工作。持续集成有很多优点：可以在早期发现代码导致的问题；减少构建和测试相关的工作成本；测试结果的可视化，等等。如果和基础设施即代码思想相结合，就可以让应用程序和基础设施双方的交付物（代码）按照持续集成的构建、测试和发布的流程进行，使开发和运维共享彼此的意见，提早发现潜在问题。另外，如果使用持续集成工具，就可以使构建和测试之类的工作以自动化的方式重复执行，从而加快从服务改善到可以发布的速度。这样一来就会大大减少交付时间，为 DevOps 的目标——迅速提高商业价值做出贡献。

第 5 章我们会以开源的持续集成工具 Jenkins 为例对持续集成进行介绍。另外，还有很多云的持续集成工具服务，比较有名的有 Travis CI 和 CircleCI 等。在搭建云计算基础设施的情况下，使用这些外部服务可以快速构建持续集成环境。

在完成从构建到测试的任务（job）之后，就可以随时准备在生产环境中发布了，这就是持续交付。这一方法也延续了 DevOps 提高商业价值的思想。在实施服务的改善工作后，可以通过持续交付的方法，以最快的速度将改善结果交付给最终用户。为了能实现生产环境的自动部署，我们还需要采用第 4 章中介绍的蓝绿部署方法来确保部署的安全性，这就需要高级一些的系统架构实现。

我们会在 3-2-4 节对持续集成进行详细介绍。

1-2-7 监控

监控能实时并正确地获取系统运行状态，是实施 PDCA 循环中的 Check（检查）环节所必需的。同时，监控也为下一步的 Action（处理）环节的计划提供了重要依据。

监控的最初目的是实时把握资源的使用情况和服务的死活状态，但是为了进行持续改善，监控开始用于获取和分析商业活动所需要的各种数据。指标监控（metric monitoring）系统不仅用于监控，还可以持续获取资源的使用情况并将其可视化。在这一监控系统中，可以通过将服务器的负载情况（CPU 和内存等的使用量）以及网站用户的 Web 页面访问量数值化，来进行定量分析，从而获取可以方便使用的数值，比如通过这些数值来观察新推出的促销活动的效果，或者强化下次促销活动的基础设施，等等。

我们再来看看和商业联系更加紧密的监控的例子。比如，通过监控购买商品的人数在网站访客中的占比情况，即监控网站转换率，来检测改善的效果。用 A/B 测试将改善后的页面和改善前的页面进行对比，确认改善效果，通过观察各自的页面访问数和用户从哪个页面退出，来思考下一步的改善策略。这里就需要用到监控。

另外，监控还用于其他方面，比如通过监控 CPU 或内存的使用率，以及磁盘 I/O 的资源消耗率等指标，来对系统性能进行优化，达到持续改善的目的（图 1-9）。

知名的监控工具有很多，比如 Zabbix、Munin、JP1 和 Hinemos 等。没有监控就不能进行持续改善，所以监控是 DevOps 中非常重要的一个组成部分。

如果想要将日志作为监控指标的信息来源，则可以考虑通过组合不同的中间件来实现。这些中间件分为 3 类：用于日志收集的中间件、从收集到的日志中检索有用信息的中间件，以及用于将收集结果可视化的中间件。现在，用于服务的服务器数量要比以前多很多，增减服务器也没那么麻烦了，在这种情况下，之前沿用下来的日志收集方式就开始跟不上变化，日志量暴增，因此就很难在一个系统中完成日志的收集、检索和加工等操作。

正因为如此，最近采用最合适的中间件组合来完成日志的相关处理的方式成为了主流。

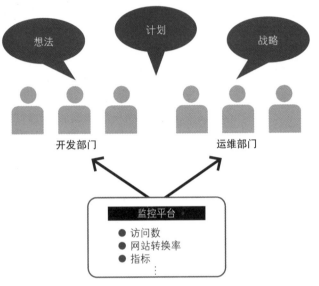

图 1-9 充分利用监控结果

　　比如 Elasticsearch（日志的全文检索）、Logstas（日志的收集）和 Kibana（日志的可视化）的组合，这个组合简称为 ELK 栈，现已被广泛使用，并且正逐渐成为主流。5-2 节中我们会对 ELK 组合进行详细介绍。

　　另外，最近比较流行的监控可视化工具有 Grafana 等，用于日志收集的有 Fluentd。

1-2-8　目的意识、同理心和自主思考

　　接下来，我们来看一下支撑开发和运维紧密合作的文化所具备的要素。

　　在 DevOps 中，开发和运维需要紧密合作，因此拥有共同的目的意识就显得格外重要。一直以来，开发都以增加新功能为目的，而运维则以服务的不间断运行为目的。举个例子，开发为服务添加了新的功能，并想发布

上线，但是在需要确保已有系统稳定运行的运维方看来，新功能可能会导致系统不稳定，追加新功能对双方来说都是比较大的负担。但如果开发和运维将共同目标定为通过服务运营来快速满足商业需求，那么开发部门添加新的功能，然后和运维部门合作将新功能发布上线，完成服务的持续运营，这对开发和运维双方来说就成了自然而然的事情，开发和运维都会深入思考如何才能实现这一共同目标。

开发和运维即使朝着共同的目标运营服务，也不可以在不了解彼此工作的前提下随意开发新功能，或者随意对系统进行维护。开发和运维需要互相体谅对方团队的心情，需要在很多方面达成共识，比如什么样的变化会给双方带来什么样的负担，怎么做才算是对双方都有利，怎么做才能更好地改善服务，等等。

在具备了同理心之后，开发部门和运维部门就不会互相等待对方为自己做些什么了。运维部门的人不会等待开发人员的要求，开发部门的人也不会等待运维人员的意见，双方都会通过自主行动来不断接近共同的目标。

1-2-9 小结

所谓 DevOps，就是开发部门和运维部门紧密合作，采用各种各样的方法和文化，缩短改善产品或服务所需要的时间，迅速满足商业需求。工具和文化是支撑 DevOps 的两个方面。在工具方面，我们了解到采用满足抽象化、自动化、统一管理、持续集成和监控等要求的工具，可以消除专业性或者使信息可视化，从而促进开发和运维紧密合作。在文化方面，我们了解到共同的目的意识、同理心和自主思考等文化的形成，将有助于实现DevOps 的目的。

DevOps 需要通过 PDCA 循环来进行持续改善。我们可以通过组合使用网络聊天工具、问题跟踪系统、版本管理工具、持续集成工具、基础设施自动测试工具和监控工具，来实现 PDCA 循环。

1-3 组织和 DevOps

1-3-1 DevOps能解决组织、团队中的什么问题

前面我们讨论了 DevOps 的意义，也从工具和文化两个方面讨论了构成 DevOps 的基本要素，那么 DevOps 具体能为我们解决什么问题呢？下面我们就来讨论一下 DevOps 能带来什么样的效果。

消除对个人的依赖

如果一项工作特别依赖某一个人，相关技术只有那个人懂，或者那个人不在的话工作就难以进行，就会阻碍 DevOps 开发和运维的紧密合作。从运维的角度来看，对个人的依赖更加致命。如果有些配置方法和部署方法只有某一个人知道，或者更新了只有某一个人了解的服务，在这种情况下，团队信息共享会变得非常脆弱，甚至会给服务的持续运营带来威胁。

这种信息无法共享的问题，从前就只有一种方法可以解决，那就是将服务器、存储和网络等基础设施资源的配置步骤总结成操作手册，然后将所有信息都记录进去。但是现在这些问题有了其他的解决方式——通过配置管理工具使操作步骤可视化。由于这一方法是通过代码实现的，所以也可以描述带有条件判断的工程，对于以前那些必须由人来判断并进行作业的工程，现在不管拥有什么技术背景的人，都可以重复执行了。

本书中介绍的配置管理工具 Ansible 的首席开发者德哈恩就配置管理工具在消除对个人依赖方面所取得的成效做了如下论述。

> 这是一个能让这个会议室中的所有人都轻易进行滚动更新的工具。

滚动更新（rolling update）是一种更新升级方式，是指在由多个组件构成的系统中，每次只更新其中的一部分组件，从而在不停止系统的前提下实现整个系统的更新。一般来说，进行滚动更新需要较高的知识水平，专

业性比较强，因此很难在团队中进行知识共享，要实现团队全员都能完成这样的工作也比较困难。但是，配置管理工具的出现解决了这个难题，使团队内的任何人都可以完成这样高难度的工作，也由此消除了对个人的依赖。

降低团队之间的损耗

在你们公司，团队是按照专家组的形式建立起来的吗？

如果不是，那么请试着想象一下，开发部门在发出构建服务器的请求时，会涉及多少个团队呢？如果涉及服务器组、网络组和存储组等多个团队的话，那么毋庸置疑，这个公司在服务改善的过程中存在着损耗（overhead）过高的问题。如果一个公司由多个专业团队构成，那么团队之间的交流成本就会远高于一个团队的情况，比如需要编写各种文档使团队之间可以进行信息交换，需要各种各样的审批，各团队在实施计划时都会预留一部分的缓冲时间，等等。

开发团队和运维团队的紧密合作，就是要消除上面所说的损耗，形成一种大家一起讨论项目，互相检查，在了解对方工作状况的基础上不断对服务进行改善的关系。支撑开发和运维紧密合作的工具有很多，比如使用版本管理工具或基础设施配置管理工具，可以对开发团队和运维团队所需要的配置信息进行统一管理，实现信息共享，消除专业壁垒，从而有利于人才的流动，从结果来说也有助于组织结构的精简。

另外，如果采用了聊天工具或通用的问题跟踪系统，那么开发部门和运维部门各自的工作、配置管理信息以及系统状态等所有信息都可以被统一管理，不管是谁都可以获得并理解这些信息，从而可以减少团队间沟通交流的成本，构建出能迅速实施改善对策的机制。

提高质量

假设有些信息只有开发团队或运维团队才有，而两个团队之间完全没有共享任何信息，那么在发布新增加的功能时需要最新版本的中间件的情况下，就可能会出现一些问题，比如新功能发布之后不能正常工作等。

我们再来看一个例子。根据市场部门的要求，开发团队在基础设施运维团队不知情的情况下上线了一个促销活动的功能，但事实上这个新功能有 bug，会消耗与访问数不匹配的很多服务器资源，结果服务器的负载异常暴涨，服务陷入了瘫痪的状态。由于运维团队对这次修改并不知情，在访问数没有明显变化的情况下，面对服务器负载突然升高的问题，运维团队也找不出原因。即使从访问日志中找到了出问题的 URL，但由于促销活动功能已经嵌在了网站首页里，所以无法找出问题的根源。最后，运维团队在走过多条弯路之后，终于查明了问题的根本原因，并联系了开发团队，之后开发团队对 bug 进行了修正。从问题的发生到解决，中间花费了近半天的时间，而这期间服务处于完全不可用的状态。那么如何才能解决类似问题呢？如果开发团队和运维团队能共享发布的时机和内容，掌握发布可能影响的范围，一起对服务进行监控，那么就可以在更早的阶段找到问题出现的原因，及早修复 bug。

不光是故障，性能也是一样。如果开发团队只考虑应用程序的开发，运维团队只考虑基础设施的运维，双方分别以这种方式来进行开发和基础设施构建的话，就会出现双方预想的连接池数不匹配，性能发挥不出来的情况。开发和运维一起对服务进行设计是非常重要的，有很多方面需要一起考虑，比如估算访问量、对中间件或者网络进行相应的配置、确定服务器数量，以及对数据库的使用方法进行审查（review）等。如果开发团队只是在需求管理申请表上记录这些工作然后交给运维团队，让运维团队来配置的话，那么运维团队就会在对应用程序的重点需求一无所知的情况下，按照开发团队自己衡量的值进行设置，最终导致失败。在互相了解对方的基础上，在各自擅长的领域中工作是非常重要的。

你是否在认真考虑运维这件事？发生故障时，调查的出发点就是日志。但是，应用程序开发人员可能只会将自己需要的调试信息以调试级别输出到日志文件，而另一方面，运维团队则会计算日志容量，将日志输出级别调整为警告级别。这样一来，在进行故障分析时，日志文件中可能就没有输出任何故障时系统发生的事件，也就导致无法进行故障分析。

在 Web 服务、手机应用程序的开发和游戏开发等各种开发中，组建适合 DevOps 的体制，可以使运维团队和开发团队共享信息，在设计时互相审查，深入了解对方的工作内容，从而不断提高交付成果物的质量。

1-3-2　康威定律

本章我们介绍了什么是 DevOps，以及使用 DevOps 相关的工具能为组织解决什么问题等内容。但是，通过改变开发思想，或者通过引入工具来改变服务系统的配置和结构，就能使组织形式发生变化吗？这个疑问其实很早以前就出现了。1967 年，计算机科学家同时也是一名程序员的梅尔文·康威（Melvin Conway）提出了组织和系统架构的关系法则，也就是现在我们所说的康威定律。

康威定律的大意为：设计系统的组织，其产生的设计等同于组织的沟通结构。

按照这个定律来看，如果一个组织内有开发团队、服务器团队、网络团队和存储团队等多个团队，那么系统也会遵循高度专业化的规则，形成各个功能相互分离的状态。

就像前面所说的那样，专业性越强的团队，损耗就会越大。对于产生这种损耗的组织结构来说，是先进行系统的设计，还是先进行组织结构的设计，在这一点上还存在一定的争议，但是通过引入 DevOps 这一开发和运维紧密合作的观念，以及使用支撑 DevOps 的各种工具，使系统架构和组织结构同时发生变化，将为组织带来不少积极的影响。

1-3-3　小结

要想实施 DevOps，不仅需要工具，还需要文化方面的改变。通过前面的学习，我们了解到实践 DevOps 可以消除对个人的依赖、减少团队之间的损耗、提高品质等。企业在尝试践行 DevOps 的同时，通过对工具和开发方法做出改变，可以更接近 DevOps 提高商业价值的思想。关于在实际工作中如何在组织中引入 DevOps，我们会在第 6 章进行介绍，各位读者也可以结合第 6 章一起阅读。

现在我们来回顾一下本章内容。随着"以敏捷开发为代表的持续开发方式的出现"，出现了"持续开发带来的运维问题"，这就是 DevOps 诞生的背景。为了解决这些问题，出现了基础设施配置管理工具，以及基于基础设施即代码思想的利用软件对基础设施进行管理的工具。

在这样的背景之下，DevOps 诞生了，通过开发和运维的紧密合作来提高商业价值这一新的思想开始普及。各类工具通过抽象化、虚拟化、自动化和监控支撑着 DevOps 通过持续进行 PDCA 循环来提高商业价值。将这些工具和沟通工具结合使用，可以构建出开发和运维更加紧密的关系。

DevOps 不仅需要上面提到的那些工具，还需要在组织层面做出很多努力，比如在文化方面有所改变、消除对个人的依赖、减少沟通成本、创建提高质量的体制等。正如康威定律所说的那样，要着眼于系统架构和组织结构之间的关系，通过这一点我们就能明白需要在系统和组织这两方面同时做出努力。

至此我们学习了 DevOps 的背景、思想、文化和工具，想必各位读者对于什么是 DevOps 这一问题已经有了自己的答案，不过对于如何在自己的组织或团队中实践 DevOps 可能还抱有疑问。在第 2 章，我们将学习从个人环境开始实践 DevOps 的方法。

第 2 章

从个人开始实践DevOps

第 1 章我们介绍了 DevOps 的概要。第 2 章我们将把重点放到 DevOps 实践上，在介绍 DevOps 的相关工具和操作的过程中，通过实践来加深对 DevOps 的理解。在阅读完第 2 章之后，读者就能够使用 DevOps 工具和方法提高个人环境的开发效率，并向团队成员或者朋友介绍 DevOps 的具体方法了。

2-1 从小的地方开始实践DevOps

第 1 章我们介绍了 DevOps 是通过 Dev（开发）和 Ops（运维）的紧密合作提高商业价值的工作方式和文化。通过了解 DevOps 出现的背景和经过，相信大家已经了解了 DevOps 的整体概况。但与此同时，可能有些人也会感到迷惘，因为不管最终 DevOps 有多了不起，它的实现方式都太复杂了。一般来说，团队的规模越大，要说服全体团队成员从根本上替换原有开发方法的阻力就会越大，我们很难一下子对组织进行大幅度的变革。而且，各位读者现在所在的团队和所负责的服务与 DevOps 离得越远，也就越难想象将来 DevOps 的具体形式。不过，与其因为思前顾后而迷失真正的目标，不如思考一下如何一步步实现 DevOps。

从本章开始，我们将介绍如何借助工具将 DevOps 逐步运用到各种工作中去。由于很难一下子就实现开发人员和运维人员紧密合作的目标，所以让我们借助工具的力量，先从创造有利于达成目标的环境开始做起。

因此，我们会先在第 2 章探讨如何在个人范围内使用各种工具进行 DevOps 实践，接着在第 3 章将 DevOps 的应用范围扩大到团队，并在第 4 章讨论如何对组织和系统架构本身进行变革，以创造适合 DevOps 的环境和架构（图 2-1）。

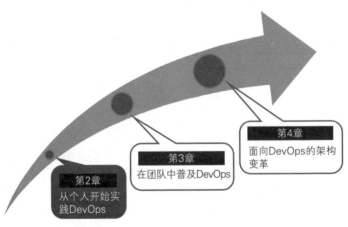

图 2-1　培育 DevOps 成长的土壤

　　第 2 章到第 4 章的内容可以帮助我们借助工具和架构的力量来培养适合 DevOps 成长的土壤。当各位读者实践到第 4 章介绍的内容时，大家所在的团队环境应该会比最开始时更容易实现 DevOps 了。

　　在第 2 章，我们将首先讨论如何一步一步地去培育适合 DevOps 成长的土壤。要想最大程度地消除开发和运维之间的隔阂，提高合作的紧密程度，其前提就是提高各自的工作效率并增强工作的透明度。因此，我们需要先设法提高个人开发工作中的效率，并将工作的内容可视化。这就需要使用到工具。

　　使用工具并不是 DevOps 的目的，但是如果使用工具可以提高开发和运维的效率，促使运维人员和开发人员紧密合作，迅速满足商业活动的需求，那么就也可以算作实现 DevOps 的一种手段。

　　接下来，我们就来思考一下如何在个人能力范围内提高开发和运维效率，并在切身体验 DevOps 的同时，思考如何将 DevOps 的实施扩大到整个团队。

2-2 个人也能够实现DevOps

2-2-1 从哪里开始入手

当前正在进行团队开发的各位读者的情况各不相同，但不管是哪种情况，系统开发和运维的流程大体来说都包含以下几个阶段。

❶ 计划和需求分析
❷ 设计和实现
❸ 测试
❹ 发布
❺ 运维

要想提高商业价值，就需要在确保质量的前提下快速迭代上述几个阶段，持续提供服务。虽然最终还是要通过全面提高上述所有阶段的工作效率，并由团队来实施，才能实现高速的迭代开发，充分发挥 DevOps 的价值，但是这里我们先将焦点集中在个人范围内，探讨一下如何在个人开发中提高效率。下面我们就来思考一下个人实践 DevOps 的方法。具体来说，可以通过以下步骤来不断推进。

❶ 使用 VirtualBox 构建个人开发环境
❷ 使用 Vagrant 使基础设施代码化，简化个人开发环境的构建操作
❸ 使用 Ansible 使构建和配置信息代码化，从而提高开发环境的构建和配置效率
❹ 使用 Serverspec 使基础设施代码化，从而提高构建和配置测试的效率
❺ 使用 Git 高效管理前面编写的各种代码

根据各位读者实际所处的环境的不同，从本节开始的说明会有各种不同的应用场景。因此，如果各位读者觉得在自己的实际工作中也有类似的问题，不妨选择相应的章节来阅读。

2-2-2 构建本地开发环境

统一生产环境和本地开发环境架构的意义

我们的目标是在自己的本地环境中创建一个简单的开发环境[①]。在此之前，我们先来思考一下开发环境的存在具有什么样的意义。

有了开发环境，我们就可以安全地对生产环境中的操作或者步骤进行确认，从而把对服务的影响降到最小。很多情况下，团队中公用的开发环境数量都是有限的，而且还不能一直自由使用。由于环境有限，若其他工作或操作占用了开发环境，服务端应用程序的部署、基础设施的配置变更和测试等工作就只能被迫等待了。

比如，我们在进行中间件的配置变更操作或重启服务器时需要先中断工作，在进行性能测试时需要禁止一些不相关的访问。在这种情况下，即使想进行开发或测试，由于没有环境可用，也只能止步不前，完全没有效率可言。因此，我们必须最大限度地提高开发和测试的效率，迅速应对各种情况的发生。

要解决这个问题，就需要增加开发环境的数量。按照以前的方式，这就需要基础设施工程师精心构建开发环境，然后交给应用程序的开发人员。不过，即使将开发环境交付给了应用程序的开发人员，也还是需要按照开发环境的数量来进行维护，而且还必须保证相应的服务器资源处于可用状态。从工作量和成本的角度来看，这都不是一个很现实的方案。

那么在个人计算机的本地环境中做一个精简版的开发环境会不会好一些呢？从应用程序开发者的角度来看，不需要劳烦基础设施工程师，自己就可以构建一个简单的开发环境，而且这个开发环境还不会占用团队公共环境的服务器资源。应用程序开发者自己构建开发环境并在这个环境中进行开发，可以缩短开发的等待时间，从整体上提高效率。

再回过头来思考一下就会发现，之前在团队公共的开发环境下所开展

---

① 不是简单的开发工具和编译工具，还包括运行环境。——译者注

的工作并不是都要求开发环境必须跟生产环境完全一致，也就是说，有些
工作在本地开发环境下也可以进行。我们将团队公共的开发环境和自己本
地的开发环境所适用的场景放到一起来对比一下。

团队公共的开发环境的适用场景

- 发布之前的最后一次验证
- 性能测试
- 和负载均衡器或交换机相关的测试，以及只有服务器不能完成的测试
- 和 ASP 或 API 等外部接口相关的测试
- 使用数据库等某环境中特有的资源的处理

本地开发环境的适用场景

- 从应用程序开发的初期到单元测试阶段
- 原型开发
- 对风险或者影响较大的变更进行前期调查
- 确认需要完全独占环境的工作内容

可以发现，使用本地开发环境进行开发，有时也会提高开发效率。而
且在服务开发的过程中会重复进行多次这样的开发和测试工作，这就需要
我们不仅构建本地开发环境，还要考虑如何在本地开发环境中尽可能地提
高开发和测试的效率。这样一来，我们构建的本地开发环境就会成为最强
大的开发环境，既不会对其他任何人产生影响，又有助于高效地实施开发
工作。

使用 VirtualBox 构建本地开发环境

通过前面的说明，相信大家已经了解了构建本地开发环境的意义。接
下来，我们将介绍一下使用 VirtualBox 来构建本地开发环境的具体方法。
VirtualBox 是 Oracle 公司提供的一个工具，主要用于在个人终端机上创建
虚拟机。

使用 VirtualBox，可以不受个人终端机的操作系统或者安装工具的影
响，安全地构建一个系统的开发环境。

下面我们就来安装 VirtualBox，构建本地开发环境。这里还要再说一句，以下示例中使用的均是 macOS，不过书中介绍的应用于终端机上的工具也都提供了 Windows 版本，各位读者在阅读时可以根据自己的实际情况将这部分内容进行替换。书中示例使用的 VirtualBox 版本是 5.1.2。

我们可以从 VirtualBox 的官方网站（图 2-2）来下载 VirtualBox 的安装文件。在 VirtualBox 官方网站的主页中间有一个 "Download VirtualBox 5.1" 的链接，点击这个链接就会进入到下载页面。请注意，实际下载的版本今后可能会发生变化。

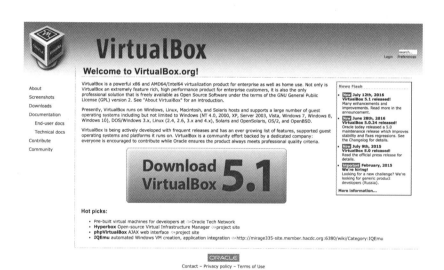

图 2-2　VirtualBox 官方网站

在下载页面，各位读者可以根据自己本地环境的操作系统来下载相应的安装包文件，如图 2-3 所示。

Download VirtualBox

Here, you will find links to VirtualBox binaries and its source code.

VirtualBox binaries

By downloading, you agree to the terms and conditions of the respective license.

- **VirtualBox platform packages**. The binaries are released under the terms of the GPL version 2.
  - **VirtualBox 5.1 for Windows hosts** ⇨x86/amd64
  - **VirtualBox 5.1 for OS X hosts** ⇨amd64
  - **VirtualBox 5.1 for Linux hosts**
  - **VirtualBox 5.1 for Solaris hosts** ⇨amd64
- **VirtualBox 5.1 Oracle VM VirtualBox Extension Pack** ⇨All supported platforms
  Support for USB 2.0 and USB 3.0 devices, VirtualBox RDP and PXE boot for Intel cards. See this chapter from t
  this Extension Pack. The Extension Pack binaries are released under the VirtualBox Personal Use and Evaluatio
  Please install the extension pack with the same version as your installed version of VirtualBox:
  *If you are using **VirtualBox 5.0.24**, please download the extension pack* ⇨**here.**
  *If you are using **VirtualBox 4.3.38**, please download the extension pack* ⇨**here.**
- **VirtualBox 5.1 Software Developer Kit (SDK)** ⇨All platforms

图 2-3　VirtualBox 官方网站

　　下载完成后，根据安装程序的提示进行设置。一般来说，按照画面的提示全部使用默认配置进行安装就可以了。

　　安装完 VirtualBox 之后，我们再来看一下如何在 VirtualBox 上创建虚拟机。在用 VirtualBox 创建虚拟机之前，我们需要先完成操作系统镜像的添加工作。虽然可以从已有的服务器上创建新的操作系统镜像，但这里我们选择使用免费的操作系统镜像。

　　很多地方都可以下载操作系统镜像，这里我们选择使用 CentOS 的镜像。CentOS 的镜像可以从它的官方网站（图 2-4）下载。

图 2-4　CentOS 官方网站

在"Get CentOS Now"菜单中点击"Minimal ISO"，在下一个页面中，就可以从全世界的镜像站点下载 ISO 文件（操作系统的镜像文件）了。当然，我们可以从任何一个站点下载，但是从 Actual Country 列表中的 URL 中选择一个镜像站点应该会比较快。

这里我们要下载的是 CentOS7 的镜像，下载完成后就可以将镜像添加到 VirtualBox 了。启动 VirtualBox 之后，点击"New"，然后按照下面的内容进行设置。

- Name：CentOS
- Type：Linux（在"Name"输入框中输入完成之后，这一项会自动填充）
- Version：Red Hat（64-bit）（在"Name"输入框中输入完成之后，这一项会自动填充）

设置完成之后，点击"Create"（图 2–5）。

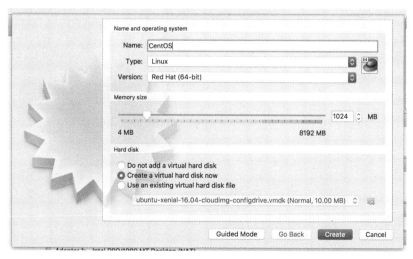

图 2–5　添加镜像的设置 1

在接下来的窗口中，"File location"里面已经填好了"CentOS"，所以我们直接点击"Create"按钮即可（图 2–6）。

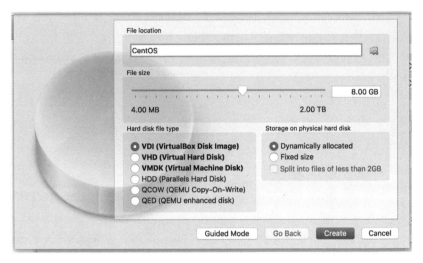

图 2-6　添加镜像的设置 2

　　然后在 VirtualBox 的主窗口中，选择刚才添加的 CentOS，点击上面菜单栏里的"Start"按钮（图 2-7）。

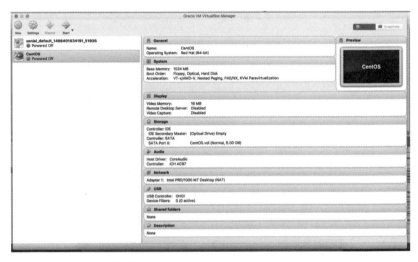

图 2-7　VirtualBox 的主窗口

　　在新窗口中，选择我们刚才在 CentOS 官方网站中下载的 ISO 文件（图 2-8）。

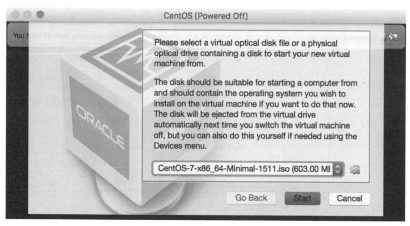

图 2-8　选择操作系统镜像

　　然后就开始了 CentOS 的安装，之后我们只需要按照 CentOS 的安装程序的默认设置进行操作即可（图 2-9）。

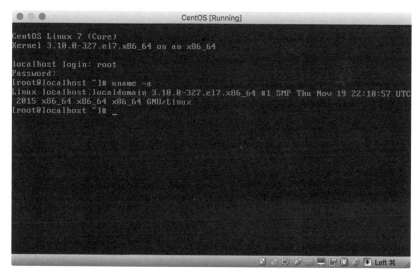

图 2-9　操作系统安装完成后的虚拟机控制台

　　按照上面的步骤，大家就可以在自己的终端机上创建虚拟机了。这个虚拟服务器和公共的开发环境不同，它专属于个人，不会对其他人造成影响，而且还可以被重新构建。在这样的本地环境里，我们可以自由地进行开发。

虽说这个开发环境属于个人，但是我们也希望在这个环境下开发和测试的应用程序也能在原本的公共环境（以及生产环境）下正常工作，因此我们需要将在本地开发环境下进行开发的应用程序代码放到 Git 等版本管理系统（详见 2-3-4 节）中进行管理，然后就可以将应用程序代码部署到公共开发环境，并在公共开发环境中继续进行开发和测试了。

以前，在确保已经准备好公共环境之后，还要和其他团队成员一起对环境的使用进行调整，在没轮到之前，是完全没办法进行开发和测试的。相比之下，预先在本地开发环境中进行开发，可以使整个开发变得更加高效。

2-3 从个人环境到团队环境的准备

到这里，我们已经准备好了本地开发环境。有了本地开发环境，开发工作本身就不会受到阻碍而顺利进行。但是，构建这套环境需要若干步骤，也需要花费一定的时间，这不禁让人觉得有些麻烦。如果是这样，那也就算不上高效了。

另外，即使我们使用这套环境实施了开发，但环境本身属于个人所有，团队的其他成员也是无法使用的。要想使用同样的环境，就需要其他成员也按照上面的步骤各自实施一遍，或者我们不断对构建好的操作系统镜像进行升级，并分发给团队成员。

此外，假如我们已经在本地开发环境中对系统进行了构建和部署并通过了测试，这时候团队的其他成员又要开发新的功能，那么我们应该怎么办呢？如果需要使用自己搭建的本地开发环境去调查 bug，又该怎么处理呢？

既然是团队开发，在团队内共享彼此的经验，避免重复性工作（或者提高重复性工作的效率）就显得格外重要。正因为是重复性工作，所以提高这类工作的效率很容易取得非常明显的效果。

总的来说，只使用 VirtualBox 构建本地开发环境，会遇到以下问题。

- **构建环境需要花费一定的时间和精力**

  虽说环境构建好之后就不需要再花费很多力气了，但在最开始构建时还是需要花费一定的时间和精力的。

  在实际操作中是不会直接使用刚刚安装完成的操作系统来进行开发的，因为还需要进行各种配置工作。考虑到这些操作，就会让人觉得构建工作变得更加烦琐了。

- **环境难以共享**

  要共享这套环境，团队的其他成员就需要进行相同的虚拟机构建操作。或者也可以构建一套 VirtualBox 的镜像，再把这个镜像共享给团队的其他成员，但是这个虚拟机的镜像一般会比较大，怎么管理和共享镜像就成了一个问题。

- **环境难以掌握**

    上述方法虽然能构建出统一的开发环境，但是仅通过观察镜像，我们是无法得知它是如何构建出来的，所以就需要通过其他方式将这个镜像的构建步骤和配置信息记录下来。

- **环境难以维护**

    如果对这个环境进行了更新，就需要实施相应的维护工作，以保持构建步骤、配置信息以及镜像本身的一致性。

接下来，我们就来思考一下如何才能毫不费力地在团队内部实现本地开发环境的共享，以及如何才能统一团队成员之间的开发环境。如果能轻松共享环境以及环境的构建步骤，那我们就可以在团队内部普及构建和维护本地开发环境的经验，甚至还能提高构建的效率。一旦环境构建完成，任何人就都可以构建出相同的环境，并且可以在这个环境下进行开发，并对环境进行维护。

2-3-1　使用 Vagrant 实现本地开发环境的代码化

前面提到的问题正好都是基础设施即代码思想能够解决的。将本地开发环境的构建步骤代码化，能够为我们带来以下好处。

- **方便共享环境**

    通过共享构建环境所需要的代码，任何人都可以重建这套环境。

- **能够掌握环境信息**

    通过代码就可以了解到本地开发环境是如何构建的、由什么构建的等信息。

- **对环境的维护变得更简单**

    只需要修改代码就可以实现对环境的维护。代码本身就是构建环境的具体操作步骤，所以操作步骤和环境信息之间不会产生不一致的问题。

我们可以使用 Vagrant 工具来实现基础设施即代码。Vagrant 是 Hashicorp 公司提供的一个虚拟环境构建工具。仅用 VirtualBox 构建本地开发环境时还需要添加操作系统镜像，而 Vagrant 则可以使以下操作代码化。

- 创建操作系统（虚拟机）
- 对操作系统进行配置
- 启动操作系统后进行配置（构建中间件或者部署应用程序等）

将上面的一系列步骤保存到 Vagrantfile 中并共享这个文件，任何人就都可以构建出同样的环境了。我们会在后面介绍这部分内容。

Vagrant 的基本用法

下面我们就来看一下使用 Vagrant 轻松实现环境共享的具体方法。书中示例使用的 Vagrant 的版本是 1.8.5[①]，可以从 Vagrant 的官方网站（图 2-10）下载。

图 2-10　Vagrant 官方网站

各位读者可以在官方网站的 "DOWNLOAD" 页面选择适合自己环境的安装包下载（图 2-11）。

---

① Vagrant 1.8.5 中有一个 bug，在创建完虚拟机之后不能立刻通过 ssh 登录，这个问题在 1.8.6 版本中已得到解决。

DOWNLOAD VAGRANT

Below are the available downloads for the latest version of Vagrant (1.8.5). Please download the proper package for your operating system and architecture.

You can find the SHA256 checksums for Vagrant 1.8.5 online and you can verify the checksums signature file which has been signed using HashiCorp's GPG key. You can also download older versions of Vagrant from the releases service.

MAC OS X
Universal (32 and 64-bit)

WINDOWS
Universal (32 and 64-bit)

图 2-11　Vagrant 的下载页面

　　和安装 VirtualBox 时一样，我们只要按照页面提示使用默认配置即可。安装完成后，创建一个工作目录，在终端（Windows 下的 command prompt）上进入这个工作目录。之后在该目录中执行下面的命令，创建 Vagrant 虚拟机的模板文件。

▶ 代码清单：在工作目录中初始化 Vagrant

```
$ vagrant init
A `Vagrantfile` has been placed in this directory. You are now
ready to `vagrant up` your first virtual environment! Please read
the comments in the Vagrantfile as well as documentation on
`vagrantup.com` for more information on using Vagrant.
```

　　这时工作目录中就出现了一个名为 Vagrantfile 的文件。Vagrant 通过 Vagrantfile 来记录前面我们介绍过的虚拟机的构建相关的定义和步骤。下面我们就来编辑 Vagrantfile 文件。首先我们来看一下这个例子中的 Vagrantfile 文件，其内容如下所示。这个文件也保存在了下面的 Git 仓库中，想下载的读者可以参考下面的网址（关于 Git 和 GitHub，我们将分别在 2-3-4 节和 3-2-1 节进行介绍）。

参考网址　https://github.com/devops-book/vagrant-demo1.git

▶ 代码清单：Vagrantfile 文件的内容①

```
# -*- mode: ruby -*-
# vi: set ft=ruby :

Vagrant.configure(2) do |config| ————————————————————— Ⓐ
  config.vm.box = "centos/7" ——————————————————————————— Ⓑ
  config.vm.hostname = "demo" ——————————————————————————— Ⓒ
  config.vm.network :private_network, ip: "192.168.33.10" ————— Ⓓ
  config.vm.synced_folder ".", "/home/vagrant/sync", disabled: true — Ⓔ
end
```

从Ⓐ行的 Vagrant.configure 到 end 为止的内容是对虚拟机进行的设置。数字 2 表示 Vagrant 配置文件的版本。也就是说，从这一行开始的配置内容都采用了版本 2 的语法来描述。这里我们无须在意这个版本号的意思。

Ⓑ行的 config.vm.box 表示接下来要构建的虚拟机所使用的基础镜像。这里使用的是来自 Hashicorp 公司的官方 box 的镜像。

Ⓒ行的 config.vm.hostname 用于设置接下来要构建的虚拟机的主机名。

Ⓓ行指定了该虚拟机的 IP 地址。

Ⓔ行表示将宿主机和虚拟机之间的文件夹同步设置为无效。Windows 环境下默认启动该虚拟机时文件夹不能正常同步，所以这里我们明确将其设置为无效。macOS 用户则不必担心这个问题。

完成上面的设置之后，接着我们来构建并启动这个虚拟机。启动虚拟机可以通过以下命令进行。

▶ 代码清单：通过 Vagrant 启动虚拟机

```
$ vagrant up
```

该命令执行后的输出结果如下所示。

---

① 如果因为 Vagrant 1.8.5 中的 bug 而在执行 vagrant up 命令后出现了不断重试 Authentication failure 的问题，请在 Vagrantfile 文件中Ⓔ行后面加上 config.ssh.insert_key = false。

▶ 代码清单：通过 Vagrant 启动虚拟机的输出结果

```
$ vagrant up
Bringing machine 'default' up with 'virtualbox' provider...
==> default: Box 'centos/7' could not be found. Attempting to find
and install...
    default: Box Provider: virtualbox
    default: Box Version: >= 0
==> default: Loading metadata for box 'centos/7'
    default: URL: https://atlas.hashicorp.com/centos/7
==> default: Adding box 'centos/7' (v1603.01) for provider:
virtualbox
    default: Downloading: https://atlas.hashicorp.com/centos/
boxes/7/versions/1603.01/providers/virtualbox.box
==> default: Successfully added box 'centos/7' (v1603.01) for
'virtualbox'!
==> default: Importing base box 'centos/7'...
==> default: Matching MAC address for NAT networking...
==> default: Checking if box 'centos/7' is up to date...
==> default: Setting the name of the VM: demo_default_1462348203986_
67366
==> default: Clearing any previously set network interfaces...
==> default: Preparing network interfaces based on configuration...
    default: Adapter 1: nat
    default: Adapter 2: hostonly
==> default: Forwarding ports...
    default: 22 (guest) => 2222 (host) (adapter 1)
==> default: Booting VM...
==> default: Waiting for machine to boot. This may take a few
minutes...
    default: SSH address: 127.0.0.1:2222
    default: SSH username: vagrant
    default: SSH auth method: private key
    default:
    default: Vagrant insecure key detected. Vagrant will automatically
replace
    default: this with a newly generated keypair for better security.
    default:
    default: Inserting generated public key within guest...
    default: Removing insecure key from the guest if it's present...
    default: Key inserted! Disconnecting and reconnecting using new
SSH key...
==> default: Machine booted and ready!
==> default: Checking for guest additions in VM...
```

```
    default: No guest additions were detected on the base box for
this VM! Guest
    default: additions are required for forwarded ports, shared
folders, host only
    default: networking, and more. If SSH fails on this machine,
please install
    default: the guest additions and repackage the box to continue.
    default:
    default: This is not an error message; everything may continue
to work properly,
    default: in which case you may ignore this message.
==> default: Setting hostname...
==> default: Configuring and enabling network interfaces...
```

　　输出的内容有很多。这里出现了 Machine booted and ready!，表示虚拟机正常启动了。这时我们也可以在 VirtualBox 中看到刚才通过 Vagrant 启动的虚拟机，如图 2-12 所示。

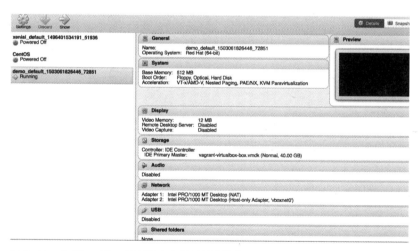

图 2-12　在 VirtualBox 管理器中查看新创建的虚拟机

　　虚拟机启动之后，我们来试着通过 ssh 登录到虚拟机。

▶ 代码清单：通过 Vagrant 登录到虚拟机

```
$ vagrant ssh
```

登录方法非常简单，既不需要指定 IP 地址，也不需要准备 ssh 的密钥，就能轻松地登录到虚拟机中。

▶ **代码清单：通过 Vagrant 登录到虚拟机的输出结果**

```
$ vagrant ssh
[vagrant@demo ~]$
```

我们也可以实际确认一下虚拟机的主机名和 IP 地址是否和之前在 Vagrantfile 中设置的一样。

▶ **代码清单：确认虚拟机的主机名和 IP 地址**

```
[vagrant@demo ~]$ uname -n
demo
[vagrant@demo ~]$ ip addr show dev eth1
3: eth1: <BROADCAST,MULTICAST,UP,LOWER_UP> mtu 1500 qdisc pfifo_
fast state UP qlen 1000
    link/ether 08:00:27:ce:1f:b2 brd ff:ff:ff:ff:ff:ff
    inet 192.168.33.10/24 brd 192.168.33.255 scope global eth1
      valid_lft forever preferred_lft forever
    inet6 fe80::a00:27ff:fece:1fb2/64 scope link
      valid_lft forever preferred_lft forever
```

如上所示，虚拟机的主机名为 demo，IP 地址为 192.168.33.10，与我们之前设置的一致。如果想停止虚拟机，就可以在宿主机上执行下面的命令。

▶ **代码清单：从宿主机上停止虚拟机**

```
$ vagrant halt
==> default: Attempting graceful shutdown of VM...
$
```

如果想重新启动虚拟机，就需要再次运行 vagrant up，然后再通过 vagrant ssh 登录到虚拟机。另外，如果想直接删除虚拟机，则可以使用 vagrant destroy 命令。

▶ **代码清单：从宿主机上删除虚拟机**

```
$ vagrant destroy
    default: Are you sure you want to destroy the 'default' VM? [y/N] y
==> default: Destroying VM and associated drives...
```

如果想再次使用虚拟机，就需要通过 vagrant up 命令重新创建一台新的虚拟机。

到这里我们就介绍完 Vagrant 的基本用法了。虽然只是简单地启动和停止了一下虚拟机，但实质上我们完成了以下操作。

- 创建 Vagrantfile
- 使用 **vagrant up** 命令构建虚拟机
- 使用 **vagrant ssh** 登录到虚拟机

可以发现，比起之前只用 VirtualBox 构建虚拟机，使用 Vagrant 要轻松得多。

▆ Vagrant 进阶

从这里开始，我们将会介绍一些 Vagrant 更深层次的使用方法。上一节我们只是简单地进行了虚拟机的启动操作，但在实际的开发工作中，有些读者可能也想在虚拟机启动之后对服务器进行一些配置工作。首先我们来看一下示例中将会使用到的 Vagrantfile。这个文件也托管在 GitHub 上，各位读者可以在 GitHub 上查看该文件。

> 参考网址　https://github.com/devops-book/vagrant-demo2.git

▶ 代码清单：Vagrantfile 文件的内容

```
# -*- mode: ruby -*-
# vi: set ft=ruby :

Vagrant.configure(2) do |config|
  config.vm.box = "centos/7"
  config.vm.hostname = "demo"
  config.vm.network :private_network, ip: "192.168.33.10"
  config.vm.synced_folder ".", "/home/vagrant/sync", disabled: true
  config.vm.provision "shell", inline: $script ——————————————Ⓐ
end

$script = <<SCRIPT ————————————————————————————————————————Ⓑ
  yum -y install epel-release
  yum -y install nginx
```

```
  echo "hello, vagrant" > /usr/share/nginx/html/index.html
  systemctl start nginx
SCRIPT
```

这个配置文件的关键点在于🅐行的 config.vm.provision。这里将调用从🅑行开始的一段 shell 脚本。这段代码的作用是在虚拟机 demo 构建好之后进行如下操作：

- 安装 EPEL（企业版 Linux 附加软件包）和 nginx
- 替换 index.html 文件内容
- 启动 nginx

有两种方式可以执行 provision 中指定的命令：一种是重新创建新的虚拟机；另一种是执行 vagrant provision 命令。特别是使用 vagrant provision 命令可以在已经启动的虚拟机中只执行 provision 中指定的操作。

▶ 代码清单：在运行的虚拟机中执行 provision 中指定的操作

```
$ vagrant provision
```

如果各位读者已经执行了前面所有的操作，那么可能已经通过 vagrant destroy 命令把虚拟机删除了，因此我们需要在修改完 Vagrantfile 之后，再次执行 vagrant up 命令，重新创建虚拟机，这样才算构建完成。在创建并运行新的虚拟机之后，从其他客户机访问虚拟机中的 nginx 服务，也会得到如下结果。

▶ 代码清单：从宿主机访问虚拟机中的 nginx 服务

```
$ curl http://192.168.33.10/
hello, vagrant
```

通过维护 Vagrantfile 中 inline 部分的脚本，我们就可以根据自己的实际环境来构建服务器了。

■ 通过 Vagrantfile 实现本地开发环境代码化的意义

到这里我们就完成了将本地开发环境的构建步骤代码化的工作。下面我们再来回顾一下使用 Vagrant 带来的好处。

Vagrantfile 中记录着环境相关的构建步骤以及环境信息。这就解决了我们在 2-3 节的开头提出的几个问题。

- **提高了环境构建工作的效率**

  只要将构建方法记录到 Vagrantfile 中，任何人就都可以通过 vagrant up 命令轻松构建出相同的环境。

- **方便环境共享**

  通过共享 Vagrantfile，可以轻而易举地实现环境信息的共享。

- **容易掌握环境**

  通过 Vagrantfile，可以轻松地知道 "这台服务器是干什么用的"。

- **可以由团队来维护环境**

  此外，团队的任何成员都可以使用该文件，并且只需要运行 vagrant up 命令就能够使用环境。

Vagrant 使环境构建相关的经验更加容易在团队成员之间共享，同时也提高了构建工作的效率，使开发变得更为高效。

专栏

Vagrant 进阶参考资料

网上有不少关于 Vagrant 的资料，大家可以参考一下。除了 Vagrant 官网之外，以下网站也很有参考价值。

- **搜索 Vagrant Box**

  https://app.vagrantup.com/boxes/search

Vagrant 还有很多便捷的用法，比如同时启动多台虚拟机，从零开始创建虚拟机镜像（在 Vagrant 中称为 Box），等等。网上有各种 Vagrant 的用法以及 Vagrantfile 的示例，大家可以参考一下，提高对 Vagrant 的掌握程度。

2-3-2　使用Ansible将构建工作通用化，并向其他环境展开

通过前面的介绍，我们了解了如何使用 VirtualBox 和 Vagrant 来高效管理和使用本地开发环境，不过还有很多可以改善的地方，比如下面这些内容。

- **不容易理解构建步骤**

  虽然构建步骤记录在 Vagrantfile 中，但终究是通过 shell 脚本的形式描述的，因此对于构建步骤，不同的人会有不同的编写方式。比如要修改中间件的配置或版本的情况下，如何进行代码化就完全依赖于实现者个人了。

- **不能添加新的配置**

  Vagrantfile 中记载的构建步骤是最初创建虚拟机时从零开始构建新系统的步骤，但实际上我们有时会对已经创建好的虚拟机添加新的配置项。在这种情况下，重新从零开始执行这些构建步骤还是一个好的选择吗？这个问题也完全依赖于实现方法。

  当然，我们可以通过 vagrant provision 命令执行 shell 脚本，只执行操作系统的配置操作，但是这就需要在 shell 脚本中编写很多条件处理语句，最终还是得依赖脚本来实现。

- **构建步骤很难在其他环境中复用**

  通过 Vagrantfile 得到的只是本地开发环境下的构建步骤而已，然而好不容易实现了代码化，应该在更大的范围内使用才对，比如横向扩展时添加的新服务器、开发环境、生产环境，或者其他系统的 Web 服务器等。

  这时如果还在 Vagrantfile 中直接描述构建步骤和配置值，那么代码将很难移植到其他环境中去。这是因为我们在构建不同环境时肯定会依赖于这个环境的参数。比如，网络不同，服务器的 IP 地址就会发生变化。一旦服务器的物理配置发生改变，如果是 Java 运行的应用程序，那么其 JVM 的堆大小也需要进行相应的调整。就算构建步

骤一模一样，只要设置的参数不同，就很难凭借 Vagrantfile 中单纯的描述方式来实现跨环境的代码化。

上面说到的这些问题，主要集中在如何使构建操作系统之后的环境配置更易于理解，并在更大范围内复用。这些问题可以总结为以下两个方面。

- **想要消除环境构建步骤（代码）对个人的依赖**
- **想在不同的环境中使用相同的步骤**

首先我们来思考一下这些问题的解决策略。

消除构建步骤对个人的依赖

我们来想一下为什么当前只使用 Vagrant（和 Vagrantfile）会出现这些问题。正如前文所述，Vagrant 只是一个将环境构建代码化的工具，并没有强制规定代码化的具体实现方式。也就是说，构建步骤也可以以 shell 脚本的形式写在 Vagrantfile 中。但由于 shell 脚本的描述方式过于灵活，所以构建步骤的描述方法会出现因人而异的情况。如果针对错误处理及环境之间的差异来编写很多条件处理语句，那么代码就会变得更加复杂。

在实际操作中，很多构建都引入了各种各样的软件包并进行了复杂的配置，这就使得构建步骤也随之变得复杂，给阅读和代码维护带来一定负担。

反之，如果构建步骤采用统一的格式进行描述，又会是怎样的一番光景呢？这样一来，任何人都只需要着眼于变更的地方，从结果来说也更易于对环境进行变更。

在不同的环境中使用相同的步骤

采用 Vagrantfile 的方式描述的环境构建步骤是面向本地开发环境的，而我们的初衷可能是在生产环境和开发环境中也使用同样的步骤。

那么，为什么这些构建步骤不能直接在公共开发环境或生产环境中使用呢？原因有以下几点。

- **参数不同**
  比如 IP 地址或 JVM 堆大小等依赖于具体环境的配置值，以及节点个数都各不相同。这些依赖于环境的参数使得用于本地开发环境的构建步骤不能被直接使用。尽管有时候操作系统的版本或类型有所不同，但我们还是希望尽可能使用相同的构建步骤。

- **不能确保安全性**

  在本地开发环境的情况下，即使构建失败也不会造成任何影响，但在生产环境下是不允许有任何失误的。这就需要我们在事前、事后仔细检查，在掌握变更范围的基础上认真地去执行。

基础设施配置管理工具

前面的那些问题都可以通过 Ansible 和 Chef 等基础设施配置管理工具来解决。基础设施配置管理工具有以下几个特征。

- **声明式**
- **抽象化**
- **收敛性**
- **幂等性**
- **省时省力**

这些特征如实地体现了工具的性质，而且它们之间有着千丝万缕的联系，并不互相排斥。下面我们就依次对这 5 个特性进行说明。

声明式

所谓声明式，就是指通过配置信息来明确描述配置对象的状态，并管理这个状态。德哈恩将配置管理工具称为**声明式语言**。声明式侧重于描述希望服务器进入的状态，而不是描述希望服务器如何进行处理。比如 Ansible 中用下面这种方式描述正在运行的状态。

▶ 代码清单：Ansible Playbook 中的声明式描述方法

```
service:
    name: nginx
    state: started
```

上面这种描述方法非常易于理解，而且不依赖于 shell 脚本这种特定的描述方式，任何人看到这段代码都能理解这是要使 nginx 处于运行状态。另外，由于描述的是状态，所以没有像"如果 nginx 没有运行的话该如何如何"这样多余的信息。也就是说，在此之前我们并不关心 nginx 是否处于运行状态，只需要声明 nginx 为正在运行状态即可。这样一来，描述内容就会变得非常简洁，也有助于开发者理解。

抽象化

抽象化是指不需要根据配置对象所在的环境的细微差别而分开编写配置信息，尽量消除代码执行时的专业性。比如在 Chef 的情况下，不管是 Ubuntu、Debian GNU/Linux 还是其他的一些支持它的操作系统，配置管理的描述都是一样的。配置管理信息在 Ansible 中称为 Playbook，在 Puppet 中称为 Manifest，在 Chef 中称为 Cookbook。不管是什么形式的配置管理信息，只要按照声明式的描述方法对各个状态进行抽象描述，就可以使整个配置管理信息变得抽象，从而像 Web 服务器、DB 服务器那样实现服务器状态的抽象化。

这样一来，开发人员就不必再去关注作为开发前提的环境了。不管是 Red Hat 还是 Ubuntu，都只需要编写同样的配置。另外，无论实际安装软件包时使用的是 yum 命令还是 apt-get 命令，都不需要详细设置，全部由工具负责处理。也就是说，开发人员只需要关注状态就可以了。

稍微补充一下，在编写 Ansible Playbook 时，还需要自己负责一些抽象层的工作，这一点请注意。

收敛性

收敛性是指不管对象的状态如何，最终都会变为指定的期望状态。状态具备了收敛性就可以从时间轴分离出来。为了便于理解，我们以变更配置文件为例进行说明。在按照程序化的操作步骤对配置文件进行修改时，会基于原文件的内容，替换需要修改的部分。读者中也许有人编写过这类脚本，通过 sed 或 awk 命令对文件进行改写，以实现配置文件变更的自动化。但是，如果在开始配置变更时配置文件的状态和设想的不一样，那我们该怎么处理呢？这样的话，改写操作也许就不能顺利进行了。

另外，收敛性和修改之前的配置文件内容没有任何关系，它只保证能实现配置文件中指定的最终结果。

这一点对开发人员来说也大有益处，因为开发人员只看描述内容就可以了解具体的状态。如果是程序化的操作步骤，那么每条命令都会有其依赖的前提条件，而开发人员则需要深刻理解这些前提条件。然而，有时候这些前提条件并没有被明确记录。由此看来，程序化的操作本身也潜藏着一定的危险。

幂等性

我们把无论执行多少次都能得到相同结果的特性称为幂等性。这个概念结合了前面介绍的声明式和收敛性。幂等性这一性质在基础设施配置管理中有重大意义。在不能保证幂等性的 shell 脚本中，需要先获取当前的状态，然后通过 if 语句对各种条件进行严格的定义。

如果不这么做，我们就无法预测也无法保证在不同状态下执行什么样的命令会得到什么样的结果。这和 shell 脚本使用者的心理也是一致的。在使用 shell 脚本描述环境构建步骤时，使用者必须通过脚本的内容对脚本执行过程的安全性进行确认，而实现者也必须十分留意各种情况并进行相应的处理。因此，这种方式就加大了实现者和使用者双方的负担，最坏可能会出现没人敢使用这个脚本的情况。

但是，如果使用具有幂等性的工具，那么上面所说的各种处理（在很大程度上）就会由工具来负责。这样一来，使用者就只需要定义所期望的状态，不需要再去考虑达到这个状态的具体方式了。配置文件的描述会变得简单，构建过程也会变得更安全。即使出现了失误而运行很多次，也不会对最终结果造成任何影响。

最终，有了幂等性的保障，使用者就可以放心地去使用配置管理工具了。如果我们自己编写了工具，却因为不放心而不敢去使用的话，也就不利于在团队范围内共享知识了。

▌省时省力

配置管理工具可以根据配置信息快速地对配置对象进行配置。只要编辑好配置信息,剩下的工作就都可以自动进行,省时省力。另外,配置管理工具可以同时对多台服务器进行操作,因此执行速度非常快。不仅如此,描述方式为声明式的配置管理工具还有助于轻松掌握多个管理对象的状态及配置,管理效率也很高,此外还有以下优点。

- **可移植性**
  - 将环境分发给团队成员时,配置信息是用文本格式传输的,因此非常轻量,更易于传输(传统的虚拟机镜像为二进制形式,文件很大,不方便传输)
- **代码审查**
  - 配置信息以文本文件的形式保存,有助于对比不同版本之间的差异,节约代码审查的时间
  - 因为是抽象化的描述内容,所以不需要考虑操作系统或者版本之间的差异,可以提高代码审查的速度
- **版本管理**
  - 出错的时候可以快速回滚到上一版本
  - 对特定服务的版本不进行升级操作,可以使环境固定化
- **开源**
  - 由于使用人数众多,所以出现什么问题的时候可以在全世界范围内寻求经验
  - 提供对新的操作系统及版本的支持,能够节省维护时间
  - 中间件构建步骤的代码可以在互联网上获得

使用配置管理工具,不仅可以加快服务器配置管理的执行速度,还可以享受到上述种种好处。

▌Ansible 的基本用法和幂等性

下面我们将以 Ansible 为例,在之前使用 Vagrant 构建的环境上对基

础设施进行配置管理。Ansible（图 2-13）是使用 Python 语言编写的基础设施配置管理工具。

图 2-13　Ansible 官方网站

使用 Ansible，我们可以在一台用于控制的服务器上对构建对象服务器进行配置管理工作。Ansible 有如下一些特点。

- 构建对象服务器上不需要安装客户端工具
- 配置信息语法规则简单
- 最少只需要一个命令就可以运行起来（不需要对 Ansible 进行配置），容易入门

下面我们就来使用一下 Ansible。本节的目标是在虚拟机中构建一台安装了 nginx 的 Web 服务器。这次我们会在构建对象服务器上直接安装 Ansible 软件。实际工作中一般不会直接在对象服务器中安装 Ansible，而是在独立的用于控制的服务器上运行 Ansible 命令，远程对对象服务器进行配置。关于这一方法，我们会在 5-1-5 节进行介绍，各位读者可以阅读该节来了解相关内容。

这里我们直接使用前面已经配置好的虚拟机环境来测试一下 Ansible。也就是说，我们需要保证此时该虚拟机中已经安装好了 nginx。如果是 CentOS 等 Red Hat 系列的 Linux 系统，那么在 EPEL 源中就能找到 Ansible，因此就可以通过 yum 命令来安装。

▶ 代码清单：在虚拟机环境中安装Ansible

```
[vagrant@demo ~]$ sudo systemctl stop nginx.service #为了方便后面的演
示，先停止nginx服务
[vagrant@demo ~]$ sudo yum -y install epel-release
[vagrant@demo ~]$ sudo yum -y install ansible
```

这里我们使用 2.1.1 版本的 Ansible 来进行配置管理。

下面的命令基本上都在虚拟机上执行。

▶ 代码清单：在虚拟机环境中确认Ansible的版本

```
$ ansible --version
ansible 2.1.1.0
  config file = /etc/ansible/ansible.cfg
  configured module search path = Default w/o overrides
```

接着我们来试着运行一下 Ansible。如果只想运行 Ansible 本身，可以使用 ansible 命令。该命令的使用方法我们会在后面具体说明，这里先来实际执行一下。

▶ 代码清单：使用ansible命令启动nginx的示例

```
$ sudo sh -c "echo \"localhost\" >> /etc/ansible/hosts"
$ ansible localhost -b -c local -m service -a "name=nginx
state=started"
```

这条命令会启动这台机器上的 nginx 服务。/etc/ansible/hosts 文件被称为 Inventory 文件，用于定义今后用 Ansible 进行远程控制的对象服务器列表。我们可以从这个文件定义的服务器中选择作为运行对象的服务器。第 2 行用于运行 ansible 命令，其中各个参数的意义如表 2-1 所示。不过这里只是一个运行 ansible 命令的示例，所以大家不需要记住每个参数的具体含义。

表 2-1   ansible 命令（例）中的运行参数的意义

参　　数	意　　义
`localhost`	是Inventory文件中定义的服务器之一，作为本次命令运行时的操作对象服务器
`-b`	在对象服务器上运行命令时的用户角色，只有-b的情况下会以root用户的身份运行

（续）

参　数	意　义
`-c local`	如果需要连接的服务器是本机，就不需要通过 ssh 的方式，所以指定为 local 的方式（通常连接远程服务器才需要使用 ssh 的方式）
`-m service`	表示使用 service 模块。Ansible 中的模块指的是操作的分类。比如按照 "创建、删除文件" "启动、停止服务" "安装、卸载软件包" 等单位来进行处理
`-a "name=nginx state=started"`	针对上面的模块设置的额外参数。这里定义的是 "针对 nginx 服务" "确保服务处于正在运行状态"

　　总的来说，上面的命令发出的指令为 "确保本地主机中 nginx 服务处于正在运行状态"。如果 nginx 服务没有处于运行状态，那么上面的命令就会输出以下结果。

▶ 代码清单：nginx 没有运行时执行 ansible 命令的结果

```
$ ansible localhost -b -c local -m service -a "name=nginx state=started"
127.0.0.1 | SUCCESS => {
    "changed": true, ─────────────────────────────────── Ⓐ
    "name": "nginx",
    "state": "started"
}
```

　　上面的输出结果并不难理解。请大家先记住 Ⓐ 行，即 `"changed":` `true` 这一行，后面会用到。我们先来确认一下 nginx 服务是否处于运行状态。

▶ 代码清单：确认 nginx 服务的状态

```
$ systemctl status nginx.service
● nginx.service - The nginx HTTP and reverse proxy server
  Loaded: loaded (/usr/lib/systemd/system/nginx.service; disabled;
vendor preset: disabled)
    Active: active (running) since Fri 2016-05-06 10:06:52 EDT;
17min ago
（省略其余输出）
```

　　如上所示，nginx 服务已经处于运行状态。接着我们再来运行一遍 ansible 命令，看看会发生什么。

▶ 代码清单：在nginx运行时执行ansible命令的结果

```
$ ansible localhost -b -c local -m service -a "name=nginx
state=started"
localhost | SUCCESS => {
    "changed": false, ─────────────────────────────── Ⓐ
    "name": "nginx",
    "state": "started"
}
```

可以看到，这次执行 ansible 命令时输出的结果与之前略有不同。Ⓐ
行变成了 "changed":false，表示状态没有发生任何变化，也就是说，
nginx 服务已经处于正在运行的状态了，不需要再进行任何操作。这就是我
们前面说到的通过声明式的方式来定义具备收敛性的状态，并且满足幂等
性。也就是说，不管这之前 nginx 服务处于什么状态，也不管运行了多少次
同样的命令，通过把 nginx 服务定义为 started 状态，Ansible 就能保证
nginx 服务处于正在运行状态。

▞ Ansible 进阶：ansible-playbook

通过前面的介绍，相信大家已经了解了幂等性的强大之处，以及如何
通过一条 ansible 命令来完成单个操作。接下来，我们将会更加全面地使
用 Ansible。这里再次说明一下，要用 Ansible 实现的目标有以下 3 个。

❶ 使用统一的格式来描述环境的配置信息和构建步骤
❷ 管理依赖于环境的参数
❸ 在运行前确认将要变更的地方

我们把这 3 个目标记在心里，来更加深入地使用 Ansible。这里我们就
以下面的 Git 仓库为例进行说明。大家可以打开下面的 URL 中的文件，参
照着文件来阅读。能够使用 Git 的读者可以将下面的 URL 中的仓库克隆
（我们会在 3-2-1 节介绍 git clone 命令）到本地，一边操作一边观察运
行结果。

参考网址 https://github.com/devops-book/ansible-playbook-sample.git

如果想在虚拟机中安装 Git，就可以使用以下命令。

▶ **代码清单：安装 Git**

```
$ sudo yum -y install git
```

Git 安装完成之后，可以通过下面的命令将仓库克隆到虚拟机上。

▶ **代码清单：克隆 ansible-playbook-sample 仓库**

```
$ git clone https://github.com/devops-book/ansible-playbook-sample.git
```

这个仓库的目录结构如下所示，这里省略了和本例无关的内容。

▶ **代码清单：ansible-playbook-sample 的目录结构**

```
ansible-playbook-sample
├── site.yml ─────────────────────────────── Ⓐ
├── development ────────────────────────────── Ⓑ1
├── production ──────────────────────────────── Ⓑ2
├── roles ──────────────────────────────────── Ⓒ
│   ├── common
│   │   ├── meta
│   │   │   └── main.yml
│   │   └── tasks
│   │       └── main.yml
│   └── nginx
│       ├── meta
│       │   └── main.yml
│       ├── tasks
│       │   └── main.yml
│       └── templates
│           └── index.html.j2 ──────────────── Ⓓ
└── group_vars ─────────────────────────────── Ⓔ
    ├── development-webservers.yml
    └── production-webservers.yml
```

在之前的例子中，ansible 命令只完成了一个处理，但在实际操作中我们是不会只进行 nginx 的安装工作的，大多数情况下要完成从安装、配置到启动这一系列操作，构建一个运行环境。在这种情况下，我们就需要将处理或者操作对象以分组的方式来进行管理，这时就不再使用 ansible 命令了，而是使用 ansible-playbook 命令。

ansible-playbook 命令会提前将构建信息定义在 playbook 文件中。在执行构建时，通过指定 playbook 文件，就可以自动开始一系列的操作。

我们来看一个具体的例子。首先，使用上面克隆的仓库来实际执行一下构建操作。

▶ 代码清单：运行playbook进行构建

```
$ cd ansible-playbook-sample # 进入刚才克隆到本地的目录
$ ansible-playbook -i development site.yml
```

该示例用于安装 nginx 并替换 index.html 文件的内容。和之前使用 Vagrant 时不同，这里我们预想不同环境需要不同的配置，因此 index.html 文件也会根据环境的不同而被替换为不同的内容。

运行结果如下所示。

▶ 代码清单：虚拟机中playbook的运行结果

```
PLAY ***********************************************************

TASK [setup] ************************************************** — Ⓚ1
ok: [localhost] ───────────────────────────────────── Ⓚ2


TASK [common : install epel-release] *********************** — Ⓛ1
ok: [localhost] ───────────────────────────────────── Ⓛ2


TASK [nginx : install nginx] ******************************* — Ⓜ1
ok: [localhost] ───────────────────────────────────── Ⓜ2


TASK [nginx : replace index.html] ************************** — Ⓝ1
changed: [localhost] ───────────────────────────────── Ⓝ2


TASK [nginx : nginx start] ********************************* — Ⓞ1
ok: [localhost] ───────────────────────────────────── Ⓞ2


PLAY RECAP ************************************************** — Ⓟ1
localhost                  : ok=5     changed=1      unreachable=0
failed=0 ───────────────────────────────────────────── Ⓟ2
```

首先我们来看一下运行结果。从Ⓚ1~Ⓚ2到Ⓞ1~Ⓞ2的每一部分表示任务及其运行结果。字母后面是 **1** 的行表示所执行的操作，字母后面是 **2** 的行表示该操作的运行结果，各种结果的含义如表 2-2 所示。

表 2-2　Ansible 运行结果的含义

运行结果	含　义
ok	对象状态已经和期望的状态相同（即不需要执行任何操作，所以并没有运行）
skip	根据一些具体条件，该任务被忽略（没有被执行）。比如事先在 Ansible 中设置了任务 1 执行成功的话就不再执行任务 2，这种情况下任务 2 就不会被执行
changed	通过执行该任务，对象进入到期望的状态
unreachable	不能连接到操作对象服务器（错误）
failed	虽然能连接到操作对象服务器，但操作因某种原因而失败（错误）

比如在❶1~❶2 中，操作为 TASK [common : install epel-release]（❶1），相应的运行结果为 ok : [localhost]（❶2），意思就是 epel-release 软件包已经安装好了，因此没有做任何操作。另外，在❶1~❶2 部分，替换 index.html 文件内容的任务的运行结果为 changed。❷1~❷2 是此次命令运行结果的总结。❷2 表示操作对象服务器以及对各种执行结果的计数。也就是说，在对本地主机所做的操作（任务）中，有 5 个结果是 ok，1 个结果是 changed。这时 index.html 文件的内容就变成了开发环境下的配置内容。

▶ 代码清单：查看 index.html 文件

```
$ curl localhost
hello, development ansible
```

接着我们来对生产环境进行配置。

▶ 代码清单：生产环境的配置

```
$ ansible-playbook -i production site.yml
```

这里省略了这个命令的输出结果，这时再去查看一下 index.html，就可以确认 index.html 文件的内容已经变成了生产环境下的配置内容。

▶ 代码清单：查看生产环境下配置的 index.html 文件

```
$ curl localhost
hello, production ansible
```

像上面这样定义对哪些服务器实施了哪些操作的配置文件称为 playbook

文件。在这个例子中，**Ⓐ**中的 site.yml 就是一个 playbook 文件（这里省略了被注释掉的内容）。

▶ 代码清单：ansible-playbook-sample/site.yml **Ⓐ**

```
---
- hosts: webservers ──────────────────────── ❶
  become: yes ────────────────────────────── ❷
  connection: local ──────────────────────── ❸
  roles: ─────────────────────────────────── ❹
    - common
    - nginx
```

简单来说，这个 playbook 文件定义了以下内容。首先，❶定义了操作对象，表示从另行定义的 Inventory 文件对 webservers 服务器组进行操作。❷指明了在操作对象服务器上以 root 用户的身份来执行处理。❸表示这次的操作对象服务器不是远程服务器，因此不需要通过 ssh，而是以 local 的方式来连接。最后的❹表示该操作包含 common 和 nginx 这两个角色（role）定义的操作。关于角色，我们很快就会在后面讲到。这样，通过对 playbook 文件进行定义，一系列的操作就都会被明确地记录下来。

定义操作对象：playbook 和 Inventory 文件

playbook 文件中的 hosts：webservers 引用的是以其他方式定义的 Inventory 文件中的一组服务器。我们在 ansible 命令的例子中介绍过 Inventory 文件，即 /etc/ansible/hosts 文件，除此之外，也可以使用其他文件作为 Inventory 文件，并在运行时使用 -i 参数进行指定。这次我们为不同的环境指定了不同的 Inventory 文件，比如**Ⓑ1**的 -i development 和**Ⓑ2**的 -i production。

▶ 代码清单：ansible-playbook-sample/development **Ⓑ1**

```
[development-webservers]
localhost

[webservers:children]
development-webservers
```

上面代码中的主机组之间是父子关系，因此稍微有点复杂，不过这里我们只需要知道 `localhost` 属于 `webservers` 组和 `development-webservers` 组即可。在执行 `ansible-playbook` 命令时，由于 playbook 文件中设置的是 `webservers`，所以根据 Inventory 文件里的设置，`localhost` 将成为操作对象。

定义操作内容：playbook 和角色

playbook 文件 site.yml 中指定了 `common` 和 `nginx` 两个角色，但并没有对这两个角色具体进行定义。`common` 和 `nginx` 执行的具体内容记录在了 **C** 的 roles 文件夹下面的各个 tasks 里。

▶ 代码清单：ansible-playbook-sample/roles/nginx/tasks/main.yml **C**

```
---
# tasks file for nginx
- name: install nginx
  yum: name=nginx state=installed

- name: replace index.html
  template: src=index.html.j2 dest=/usr/share/nginx/html/index.html

- name: nginx start
  service: name=nginx state=started enabled=yes
```

我们将这种使用连字符（-）和冒号（:）逐条书写的语法称为 YAML。以 YAML 格式编写的文件，其扩展名通常为 .yml。在这个 nginx 的例子中，我们只需要像上面那样定义从安装、配置到启动的一系列操作，就可以在实际执行时进行批处理操作了。由于记录格式是统一的，所以编写起来也比 shell 脚本更加流畅。这种方式的优点在于可以通过标准化的格式来描述构建步骤，不需要像 shell 脚本那样编写很多条件处理语句。

设置依赖于环境的变量值：vars 和 template

我们已经介绍了如何通过角色来定义一系列的操作，但是还没有介绍如何为不同的环境分别编写不同配置值。要解决这个问题，就需要使用 **E** 中的 group_vars。

▶ 代码清单：ansible-playbook-sample/group_vars/development-webservers.yml **E**

```
env: "development"
```

上面的代码定义了在使用 `development-webservers` 组时要使用 `env` 这一变量。这个 `env` 的值用于上文的 tasks 中的 `template` 描述的部分。在 `template` 模块中会进行以下操作：解释源代码文件（`src=index.html.j2` 的文件）中记载的变量，然后使用解释后的值进行替换，并将新产生的文件保存到指定路径。

▶ 代码清单：ansible-playbook-sample/roles/nginx/templates/index.html.j2 **D**

```
hello, {{ env }} ansible
```

也就是说，index.html.j2 文件中的 `{{env}}` 部分将会引用 `group_vars` 中 `env` 的值，并使用 `development` 字符串进行替换。group_vars 目录下的文件能够以 Inventory 中的组为单位进行定义，因此这里可以按照环境来分开编写不同的配置值。

▮ 运行前对变更内容进行确认：dry-run 模式

如果我们按顺序执行了前面例子中的操作，那么此时 index.html 文件就变成了开发环境下的状态。

▶ 代码清单：当前 index.html 文件的内容

```
$ curl localhost
hello, development ansible
```

假设接下来我们要对配置内容进行修改，稍微修改一下 nginx 的 `role` 下面保存的用于生成 index.html 文件的模板。

▶ 代码清单：ansible-playbook-sample/roles/nginx/templates/index.html.j2 **D**

```
Hello, {{ env }} ansible!!
```

将该文件的第一个字母改为大写字母，同时在末尾增加"!!"……假设我们想使用这种新的模板来直接更新当前系统，但在执行更新操作之前，想必有人会觉得直接更新到实际环境会有一些风险，因此希望能事先确认一下所要做的更新操作是否和预期一致。Ansible 提供了一个被称为 `dry-run` 模式的运行选项。在这种模式下，Ansible 不会真正地在实际环境中执行更新操作，而是事先显示在实际执行时哪些地方会被修改。

▶ 代码清单：以 dry-run 模式运行 ansible-playbook 命令

```
$ ansible-playbook -i development site.yml --check --diff
```

在上面的命令中，`--check` 选项表示该命令会以 `dry-run` 模式运行，`--diff` 选项用于显示详细的变更内容，运行结果如下所示。

▶ 代码清单：通过 dry-run 模式事先确认变更内容和详细的差异

```
$ ansible-playbook -i development site.yml --check --diff

PLAY ***************************************************************

（略）

TASK [nginx : replace index.html] *********************************
changed: [localhost]
--- before: /usr/share/nginx/html/index.html ————————— ⓐ
+++ after: dynamically generated
@@ -1 +1 @@
-hello, development ansible ———————————————————— Ⓑ1
+Hello, development ansible!! ——————————————————— Ⓑ2

TASK [nginx : nginx start] ****************************************
ok: [localhost]

PLAY RECAP ********************************************************
localhost                     : ok=5    changed=1    unreachable=0
failed=0
```

由于执行时指定了 `--diff` 选项，所以 ⓐ～Ⓑ2 的内容也添加在了显示内容中。这几行表示对 index.html 文件的内容进行了变更。Ⓑ1 行以 - 开始，表示本次操作将会把该行从原文件中删除。

相反，Ⓑ2 行以 + 开始，表示本次操作将会把该行添加到文件中。从这两行我们可以看到，本次操作将会从 index.html 文件中删除 `hello, developmen ansible`，增加 `Hello, development ansible!!`。

　　像这样，我们可以在确认变更差异的同时，对实际将要变更的具体
内容进行检查。如果将要进行的变更和自己预期的一致，那么就可以在真
实的环境中执行这些变更。在真实的环境中执行变更时，要去掉 --check
选项。

▶ 代码清单：运行playbook执行变更

```
$ ansible-playbook -i development site.yml --diff
```

　　通过上面的命令，我们就可以在对象环境中执行计划的变更内容。

▶ 代码清单：确认变更结果

```
$ curl localhost
Hello, development ansible!!
```

基础设施配置管理工具的作用

　　在前面的内容中，我们粗略地介绍了使用 Ansible 进行基础设施配置管
理和自动构建的相关内容。针对之前我们想要克服的种种问题，Ansible 都
提供了相应的解决方法，如下所示。

- **不容易理解构建步骤**

  由于通过 Ansible 的声明式的描述方式描述的状态具备收敛性，所以
  在编写配置信息时，我们就可以不必在意多余的前提条件，只需理
  解配置对象的目标状态即可。也就是说，我们看到的并不是配置的
  过程，而是想要达到的配置结果。

- **不能添加新的配置**

  得益于幂等性和收敛性，所有的配置都从复杂的依赖关系中解放了
  出来。因此，我们在编写配置信息时就不必再考虑环境条件这一前
  提，新的配置也可以完全交给配置管理工具来实现。

- **构建步骤很难在其他环境中复用**

  通过抽象化的配置信息，我们可以不必在意具体的操作系统等环境，
  只需要简单地理解构建操作应达到的预期状态即可。

　　到这里，我们通过 Ansible 将原来在 Vagrant 的 Vagrantfile 中描述的构

建步骤独立了出来，使其变得更为通用。之前只能用于本地开发环境中的构建步骤，通过 Ansible 也可以在公共开发环境或生产环境中使用了。也就是说，之前只能在个人范围内使用的技术，现在也可以在团队范围内共享了。这一点不管对团队成员之间的协作（比如开发人员和运维人员之间的协作），还是对团队之间的协作，都有很大的促进作用。

专栏

Ansible使用进阶

为了帮助各位读者理解 DevOps 的本质，本节我们只对 Ansible 最重要的部分进行了介绍，但其实 Ansible 在构建和配置工作的自动化方面也具备很多功能。鉴于篇幅有限，Ansible 的很多便捷功能和最佳实践都无法一一介绍，这里我们来着重看一下以下几个功能。

- Tag
  只执行指定的任务。
- Dynamic Inventory
  可以从外部动态读取 Inventory（主机列表）。
- Ansible Galaxy
  不必从零开始编写角色，直接从互联网上获取并使用即可。
- Ansible Tower
  这是 Red Hat 公司开发的一款工具，提供了用于 Web 浏览器的仪表盘以及通过 REST API 对 Ansible 进行操作的功能。

如果想详细了解这些功能，可以参考 Ansible 官方文档（Ansible Documentation）。

和 Vagrant 一样，网上也有很多关于 Ansible 的资料，各位读者可以根据自己的实际情况进行学习。

专栏

基础设施配置管理工具

本节我们介绍了基础设施配置管理工具 Ansible，但正如 1-1-3 节中提到的那样，世界上存在各种各样的基础设施配置管理工具。这里我们就来介绍几个具有代表性的工具，看一下它们都有哪些特征。

■ Ansible

Ansible 是使用 Python 语言编写的配置管理工具，由 Red Hat 公司提供。

Ansible 主要有以下几个特点。

- agentless

  不需要事先在配置对象的服务器中安装 agent，因此实施起来比较容易。

- YAML 格式的配置文件

  使用 YAML 语法定义基础设施配置信息，即使是不擅长编写代码的人也很容易上手。

- 安装简单

  只需要安装一个软件包即可，配置管理入门简单。

■ Chef

Chef 是一款使用 Ruby 和 Erlang 语言编写的配置管理工具，由 Chef Software 公司提供。Chef 的前身为 Chef-Solo。在日本，正是得益于 Chef-Solo，基础设施配置管理才逐渐普及。

一般来说，Chef 跟 Ansible 一样，从配置管理服务器上对配置对象服务器进行配置管理，不过它也可以使用 Chef-Client 的本地模式，只对本机进行配置管理。因此，在不需要进行大规模的基础设施配置管理的情况下，可以使用 Chef。

另外，Chef 的配置文件采用的是以 Ruby 为基础的 DSL 语法，因此可以达到灵活编写配置信息的效果。

■ Itamae

Itamae 是由 Cookpad 公司的荒井良太开发的一款非常简单、轻量的基础设施配置管理工具。该工具设计的初衷是融合 Ansible 简单的特性和 Chef 灵活的 DSL 语法，成为一款使用起来非常方便的工具。

要使用 Chef，就必须理解各种各样的术语和配置，所以开始基础设施配置管理的门槛较高，让人望而却步。因此，现在越来越多的公司在积极引入 Itamae。

Itamae 具有如下特点。

- 和 Chef 相比，需要管理的元素和掌握的术语较少
- agentless
- 独立的插件机制

■ Puppet

Puppet 诞生于 2005 年，是这几个配置管理工具中出现较早的一个。Puppet 是由 Puppet Labs 公司采用 Ruby 语言开发的，但是和 Chef 不同，它需要采用独自的 DSL 语法来描述基础设施配置信息，因此被认为使用门槛较高。与其他配置管理工具不同，Puppet 采用 pull 模式，即从配置对象服务器发起处理。

2-3-3 使用 Serverspec 实现基础设施测试代码化

前面介绍的内容说到底也只是为了提高构建和配置变更的效率，但在实际应用中，我们不会只去做构建或者配置变更的工作。大家所在的团队在进行上述操作的同时，也一定会进行相应的测试。

传统的测试大多是基于操作步骤或者参数配置表额外编写测试设计文档或测试方法，然后再根据这些文档逐项进行测试。实际上，这些测试工作也可以和之前介绍的构建、配置一样实现代码化。实现基础设施测试的代码化有以下几个优点。

- 测试代码即测试设计文档
- 测试代码可以复用
- 可以通过代码对测试用例进行评审

最重要的是，我们可以通过工具来执行测试，这样一来，测试工作的成本也会大大降低。虽然大家都清楚测试的重要性，但实际操作中测试不充分导致 bug 或故障的情况却屡见不鲜。原因就在于，虽然大家都知道测试是必要的，但是执行起来却非常困难。

基础设施测试就更加困难了。过去我们都是通过人眼来逐项确认基础设施的构建和配置步骤的，这是因为将测试代码化和通用化的难度太大了。

文件夹的权限如何、是否已经安装了所有的软件包、服务是否处于正在运行状态……如果对这些内容一条一条地进行确认，就需要花费大量的精力。要是服务器数量增加的话，问题就更加严重了。我想各位读者中一定有人经历过文件夹的权限错误致使故障发生的情况吧。如果事先进行过测试，这种情况应该就可以避免。不过话说回来，也正是因为准备和执行（全面的）测试的难度较大，才会出现前面所说的情况。

那如果编写好的测试代码可以被多次使用，测试也可以轻松执行，又会怎么样呢？毋庸置疑，这有助于提高测试的效率，而且对提高服务质量也很有帮助。充分发挥可以快速地进行测试这一优点，也是持续集成的基本思想。关于持续集成，我们会在第 3 章详细介绍。

使用 Serverspec 实现测试自动化

Serverspec 是一个可以帮助我们方便、简单地进行测试的工具，特别是可以对基础设施（服务器）的配置进行测试。

图 2-14　Serverspec 官方网站

除了前面我们说到的代码化的优点，Serverspec 还具有如下特征。

- 使用固定格式编写测试用例列表
- 输出测试结果报告

由此可见，使用 Serverspec 可以使我们直接享受基础设施即代码的好处。也就是说，即使在测试阶段，我们也能受到基础设施即代码的恩惠，省时省力。

Serverspec 的基本用法

下面我们就来实际安装并使用一下 Serverspec。在前面的介绍中，我们使用 Ansible 进行了基础设施配置管理，这里也同样使用 Ansible 来安装 Serverspec。

我们需要去掉 playbook 文件中 - serverspec 所在行的注释。

▶ 代码清单: ansible-playbook-sample/site.yml

```
---
- hosts: webservers
  become: yes
  connection: local
  roles:
    - common
    - nginx
    - serverspec # 去掉这一行的注释
```

Serverspec 用的 role 文件夹及其下面的 task 等可以在 2-3-2 节介绍过的以下 Git 仓库中找到。

参考网址 | https://github.com/devops-book/ansible-playbook-sample.git

task 中会进行安装 Ruby 以及使用 gem 安装 Serverspec 的工作。

▶ 代码清单: ansible-playbook-sample/roles/serverspec/tasks/main.yml

```
# tasks file for serverspec
- name: install ruby
  yum: name=ruby state=installed

- name: install serverspec
```

```
gem: name={{ item }} state=present user_install=no
with_items:
 - rake
 - serverspec
```

我们来试着执行一下安装操作。

▶ 代码清单: 使用Ansible安装Serverspec

```
$ ansible-playbook -i development site.yml --diff
(略)
TASK [serverspec : install ruby] ********************************
changed: [localhost]

TASK [serverspec : install serverspec] ****************************
changed: [localhost] => (item=rake)
changed: [localhost] => (item=serverspec)
(略)
```

从上面的输出可以看出，Serverspec 已经被成功安装。Serverspec 有两种运行模式：一种是通过 ssh 远程进行测试；另一种是在安装了 Serverspec 的本地主机上进行测试。这里我们选择使用 Serverspec 的本地主机模式。虽然也可以事先设置好 Serverspec 之后再使用，不过因为这是我们第一次接触 Serverspec，所以还是采用交互式的方式来对 Serverspec 进行初始化。

▶ 代码清单: 初始化Serverspec时使用的命令

```
$ serverspec-init
```

因为这里使用的操作系统类型是 CentOS，所以选择 1）UN*X。另外，因为我们将以本地主机模式执行，所以选择 2）Exec(local)。

▶ 代码清单: 实际对Serverspec进行设置

```
$ mkdir ~/serverspec && cd ~/serverspec # 创建安装用的文件夹
$ serverspec-init
Select OS type:

  1) UN*X
  2) Windows

Select number: 1
```

```
Select a backend type:

 1）SSH
 2）Exec（local）

Select number: 2

 + spec/
 + spec/localhost/
 + spec/localhost/sample_spec.rb
 + spec/spec_helper.rb
 + Rakefile
 + .rspec
```

初始化操作完成之后，就会自动创建一整套执行文件。测试内容保存在 spec/localhost/*_spec.rb 文件中。同时创建的还有一个示例文件，我们来看一下这个文件的内容。

▶ 代码清单: spec/localhost/sample_spec.rb（节选）

```
require 'spec_helper'

describe package（'httpd'）, :if => os[:family] == 'redhat' do ⟵ Ⓐ1
  it { should be_installed } ──────────────────────────── Ⓐ2
end

describe service（'httpd'）, :if => os[:family] == 'redhat' do ⟵ Ⓑ1
  it { should be_enabled } ───────────────────────────── Ⓑ2
  it { should be_running } ───────────────────────────── Ⓑ3
end

describe port（80）do ────────────────────────────────── Ⓒ1
  it { should be_listening } ─────────────────────────── Ⓒ2
end
```

从 describe 到 end 之间的代码（Ⓐ、Ⓑ和Ⓒ代码块）是重点。虽然大家多多少少都能理解这些代码，但是这里我们还是来说明一下具体的测试内容，如下所示。

- httpd 已经安装完成：Ⓐ2
- httpd 服务已经设置为启用：Ⓑ2

- httpd 服务已经处于正在运行状态：**B**3
- 80 端口处于正在 listen 的状态：**C**2

测试文件的格式的确是代码的形式，不过相信很多人都能感觉到，测试用例中的 should 行等处都非常接近自然语言。这就是 Serverspec 的强大之处。虽说测试用例是使用代码编写的，但如果只是以机械的方式来描述，对人们来说可读性就会降低，反而不便。相反，如果将可读性放在第一位，那工具就无法做出严格的界定，测试的判断标准就会变得模糊。

Ansible 使用 YAML 格式编写构建步骤，和 Ansible 相同，Serverspec 也采用了类似的描述方式，提高了测试文件的可读性，同时也可以由工具来解释代码并进行测试，很好地满足了机器和人类双方的需求。下面我们就来实际执行一下这些测试。因为这里还没有安装 httpd，所以 httpd 相关的前 3 项测试注定会失败。不过，最后一个测试用例会成功，因为 nginx 正在使用 80 端口。我们可以使用 rake 命令在 spec 所在的文件夹下执行测试。

▶ 代码清单：执行 Serverspec 测试的命令

```
$ rake spec
```

运行结果如下所示。

▶ 代码清单：执行 Serverspec 测试的结果

```
$ rake spec
/usr/bin/ruby -I/home/vagrant/.gem/ruby/gems/rspec-core-3.4.4/
lib:/home/vagrant/.gem/ruby/gems/rspec-support-3.4.1/lib /home/
vagrant/.gem/ruby/gems/rspec-core-3.4.4/exe/rspec --pattern spec/
localhost/\*_spec.rb

Package "httpd" ─────────────────────────────────── Ⓐ
  should be installed (FAILED - 1)

Service "httpd"
  should be enabled (FAILED - 2)
  should be running (FAILED - 3)

Port "80"
  should be listening
```

```
Failures: ───────────────────────────────────────────────── Ⓑ

  1）Package "httpd" should be installed
     On host `localhost'
     Failure/Error: it { should be_installed }
       expected Package "httpd" to be installed
       /bin/sh -c rpm\ -q\ httpd
       package httpd is not installed

     # ./spec/localhost/sample_spec.rb:4:in `block（2 levels）in <top
（required）>'

  2）Service "httpd" should be enabled
     On host `localhost'
     Failure/Error: it { should be_enabled }
       expected Service "httpd" to be enabled
       /bin/sh -c systemctl\ --quiet\ is-enabled\ httpd

     # ./spec/localhost/sample_spec.rb:12:in `block（2 levels）in <top
（required）>'

  3）Service "httpd" should be running
     On host `localhost'
     Failure/Error: it { should be_running }
       expected Service "httpd" to be running
       /bin/sh -c systemctl\ is-active\ httpd
       unknown

     # ./spec/localhost/sample_spec.rb:13:in `block（2 levels）in <top
（required）>'

Finished in 0.09569 seconds（files took 0.41051 seconds to load）
4 examples, 3 failures

Failed examples: ─────────────────────────────────────────────── Ⓒ

rspec ./spec/localhost/sample_spec.rb:4 # Package "httpd" should be
installed
rspec ./spec/localhost/sample_spec.rb:12 # Service "httpd" should
be enabled
rspec ./spec/localhost/sample_spec.rb:13 # Service "httpd" should
be running
```

```
/usr/bin/ruby -I/home/vagrant/.gem/ruby/gems/rspec-core-3.4.4/
lib:/home/vagrant/.gem/ruby/gems/rspec-support-3.4.1/lib /home/
vagrant/.gem/ruby/gems/rspec-core-3.4.4/exe/rspec --pattern spec/
localhost/\*_spec.rb failed
```

输出的内容有很多，大体上可以分为 3 部分。

- 开头的 **A** ~：测试用例列表和测试结果
- `Failures`: **B** ~：失败的测试用例的详细情况
- `Failed examples`: **C** ~：失败的测试用例的列表（总结）

B 段最后的 `4 examples`，`3 failures` 是对测试结果的总结。

另外，在实际操作中，输出结果的内容会由不同颜色区分开来，更加清楚易懂，如图 2-15 所示。

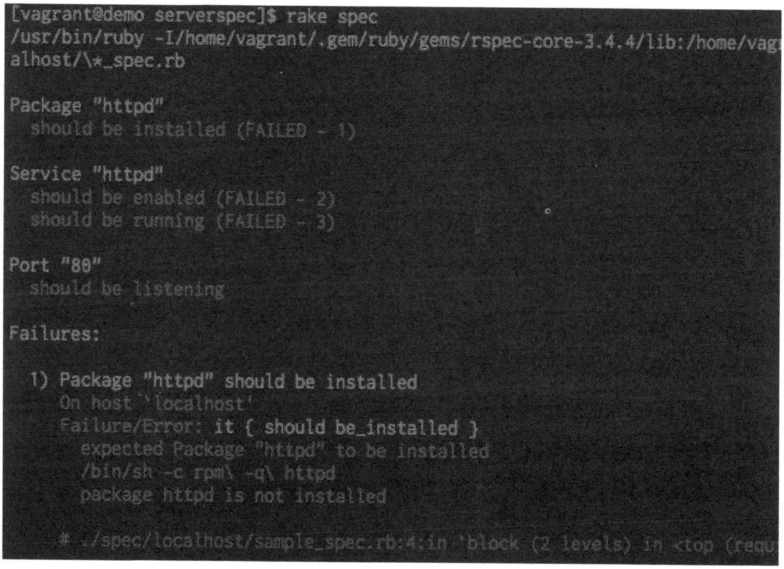

图 2-15　Serverspec 测试的执行结果

为构建对象的基础设施编写测试代码

上一节我们通过 `serverspec-init` 命令实际执行了一个测试，本节将以 nginx 为例，具体编写一下测试代码并执行。示例中使用的 nginx 是我们之前采用 Ansible 构建的，测试代码的发布也将采用 Ansible 进行。我们需要去掉 playbook 文件中 serverspec_sample 所在行的注释。

▶ 代码清单：ansible-playbook-sample/site.yml

```
---
- hosts: webservers
  become: yes
  connection: local
  roles:
    - common
    - nginx
    - serverspec
    - serverspec_sample   # 去掉这一行的注释
```

测试代码已经在 serverspec_sample 文件夹下准备好了，我们直接使用即可。

▶ 代码清单：ansible-playbook-sample/roles/serverspec_sample/tasks/main.yml

```
---
# tasks file for serverspec_sample
- name: distribute serverspec suite
  copy: src=serverspec_sample dest={{ serverspec_base_path }}

- name: distribute spec file
  template: src=web_spec.rb.j2 dest={{ serverspec_path }}/spec/
localhost/web_spec.rb
```

接下来使用在 Ansible 发布之前用 serverspec-init 命令生成的整套文件。

▶ 代码清单：使用 Ansible 命令发布 spec 文件

```
$ cd ~/ansible-playbook-sample
$ ansible-playbook -i development site.yml
（省略中间部分内容）
TASK [serverspec_sample : distribute serverspec suite] ************
changed: [localhost]

TASK [serverspec_sample : distribute spec file] ******************
changed: [localhost]
```

```
PLAY RECAP *******************************************************
localhost                    : ok=9    changed=2    unreachable=0
failed=0
```

上面的命令会在 /tmp/ 目录下创建一个名为 serverspec_sample 的文件夹，测试代码的一整套文件都会保存在这个文件夹下。

▶ 代码清单: 确认在/tmp/目录下创建的serverspec_sample文件夹

```
$ ls -ld /tmp/serverspec_sample
drwxr-xr-x. 3 root root 4096  5月  7 17:40 /tmp/serverspec_sample
```

下面我们就可以执行测试了。

▶ 代码清单: 执行测试

```
$ cd /tmp/serverspec_sample
$ rake spec
```

测试结果如下所示。🅐处显示失败的测试用例为 0 个，也就是说，所有的测试都成功通过了。

▶ 代码清单: 测试的执行结果

```
$ rake spec
/usr/bin/ruby  -I/home/vagrant/.gem/ruby/gems/rspec-core-3.4.4/
lib:/home/vagrant/.gem/ruby/gems/rspec-support-3.4.1/lib /home/
vagrant/.gem/ruby/gems/rspec-core-3.4.4/exe/rspec --pattern spec/
localhost/\*_spec.rb

Package "nginx"
  should be installed

Service "nginx"
  should be enabled
  should be running

Port "80"
  should be listening

File "/usr/share/nginx/html/index.html"
  should be file
  should exist
```

```
content
  should match /^Hello, development ansible!!$/

Finished in 0.1387 seconds (files took 0.3647 seconds to load)
7 examples, 0 failures ──────────────────────────────── Ⓐ
```

如果我们把 nginx 服务停止之后再执行一遍测试，结果又是怎样的呢？

▶ 代码清单：停止nginx服务

```
$ sudo systemctl stop nginx.service
```

▶ 代码清单：停止nginx服务后再次测试

```
$ rake spec
（省略中间部分内容）

Failures:

  1) Service "nginx" should be running ──────────────── Ⓐ1
     On host `localhost'
     Failure/Error: it { should be_running }
       expected Service "nginx" to be running
       /bin/sh -c systemctl\ is-active\ nginx
       inactive

     # ./spec/localhost/web_spec.rb:9:in `block (2 levels) in <top
(required)>'

  2) Port "80" should be listening ──────────────────── Ⓑ1
     On host `localhost'
     Failure/Error: it { should be_listening }
       expected Port "80" to be listening
       /bin/sh -c ss\ -tunl\ \|\ grep\ --\ :80\\\

     # ./spec/localhost/web_spec.rb:13:in `block (2 levels) in <top
(required)>'

Finished in 0.13048 seconds (files took 0.31146 seconds to load)
7 examples, 2 failures

Failed examples:

rspec ./spec/localhost/web_spec.rb:9 # Service "nginx" should be
running ────────────────────────────────────────────── Ⓐ2
```

```
rspec ./spec/localhost/web_spec.rb:13 # Port "80" should be
listening ──────────────────────────────────────── Ⓑ2

/usr/bin/ruby -I/home/vagrant/.gem/ruby/gems/rspec-core-3.4.4/
lib:/home/vagrant/.gem/ruby/gems/rspec-support-3.4.1/lib /home/
vagrant/.gem/ruby/gems/rspec-core-3.4.4/exe/rspec --pattern spec/
localhost/\*_spec.rb failed
```

和我们预期的一样，nginx 服务处于正在运行状态的测试用例（Ⓐ1 和
Ⓐ2）和 80 端口处于正在 listen 状态的测试用例（Ⓑ1 和 Ⓑ2）都失败了。

像这样，我们能轻松地进行基础设施的状态相关的测试。测试变得简
单了，在开发过程中就可以随时进行测试。下面，我们就来具体看一下测
试代码的内容。

▶ 代码清单：/tmp/serverspec_sample/spec/localhost/web_spec.rb

```
require 'spec_helper'

describe package('nginx') do
  it { should be_installed }
end

describe service('nginx') do
  it { should be_enabled }
  it { should be_running }
end

describe port(80) do
  it { should be_listening }
end

describe file('/usr/share/nginx/html/index.html') do
  it { should be_file }
  it { should exist }
  its(:content) { should match /^Hello, development ansible!!$/ }
end
```

正如我们在开头介绍 Serverspec 时说过的那样，Serverspec 测试代码中
从 describe 到 end 之间的部分，是以被称为 resource 的测试对象为单位
进行组织的。其中，it 或 its 指定要执行的测试用例。Serverspec 支持的
测试用例可以参考 Serverspec 官方网站的"RESOURCE TYPES"页面。

通过组合测试用例，可以对基础设施进行高效的测试。

集成构建和测试过程

到这里，基础设施测试也实现了自动化，那么在什么样的情况下需要对系统（特别是基础设施）进行测试呢？构建和测试有着斩也斩不断的关系。在进行构建时，我们是按照自己期望实现的配置或状态来进行操作的，而在测试时，我们则需要对正确的配置或状态进行描述，并执行测试。可以说 Ansible 等基础设施配置管理工具和 Serverspec 是一致的。每做出一次修改，就应该执行一次测试，这才是一个理想的开发流程。像这样在构建之后立刻进行测试，并尽可能地提高一系列工作的效率，这样的实践方式称为持续集成。关于持续集成，我们会在第 3 章进行说明。

专栏

输出HTML格式的测试结果

Serverspec 还提供了将测试结果输出为 HTML 格式的功能。比如，当我们需要把测试结果分享给他人时，相比把测试命令的输出结果复制下来给对方看，HTML 格式的测试报告更容易让人理解。要想输出 HTML 格式的测试报告，除了 Serverspec 之外，还需要再安装一个名为 coderay 的 gem 软件包。

▶ 代码清单：安装coderay

```
$ gem install coderay
```

安装完 coderay 之后，需要在 rake spec 命令之后设置输出选项，这样才能输出 HTML 格式的测试结果报告。

▶ 代码清单：使用coderay输出HTML格式的测试报告

```
$ rake spec SPEC_OPTS="--format html" > ~/result.html
```

我们也可以在浏览器上查看这个 HTML 格式的测试报告。如果你已经按照前面的步骤一路操作了下来，那么现在就应该已经有了一个 nginx 服务，只需要按照下面的步骤操作，就可以在浏览器中查看测试报告了。

▶ **代码清单:配置nginx以使用用户能从浏览器查看测试报告**

```
$ sudo mv ~/result.html /usr/share/nginx/html/ # 复制到网站根目录下
$ sudo setenforce 0 # 禁用 SELinux
$ sudo systemctl start nginx.service # 启动 nginx 服务
```

然后访问下面的网址,就可以看到 HTML 格式的测试报告了。

参考网址 http://192.168.33.10/result.html

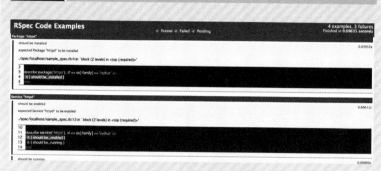

图 2-A HTML 格式的 Serverspec 测试执行结果报告

专栏

基础设施配置相关的测试工具

本节我们以 Serverspec 为例对基础设施测试工具进行了介绍。除此之外,还有很多可以应对不同层次的测试的专门的工具。这里我们就来简单介绍一下其中的几个。

- **Test Kitchen**
  该工具可以对 Chef 的 Cookbook 和 Ansible 的 playbook 等多种基础设施配置管理工具的代码进行集成测试。
- **Kirby**
  该工具可以统计 Ansible 的代码覆盖率。

除此之外,还有一款名为 AnsibleSpec 的工具。顾名思义,这是一个和 Ansible 组合起来使用的工具,具体来说就是综合了 Ansible 在远程连接时使用的 SSH 配置和 Serverspec 在远程连接时的方法,但测试本身和 Serverspec 相同。

大家可以根据不同的测试目的选择恰当的测试工具使用。

2-3-4 使用 Git 在团队内共享配置信息

到这里，我们以 VirtualBox、Vagrant 和 Ansible 为例对基础设施即代码的世界观进行了说明。与之前需要通过手工操作来进行复杂的配置和管理相比，在采用这些工具之后，可以很容易地确认操作步骤，同时也实现了安全、自动化的构建，这让我们切身感觉到离 DevOps 的世界观更近了一步。本节我们将开始思考如何对代码进行管理才能使配置信息更容易在团队内共享。

代码的版本管理

通过之前基于 VirtualBox、Vagrant 和 Ansible 对基础设施即代码的世界观的说明，代码本身的重要性已经毋庸置疑。Vagrant 的 Vagrantfile、Ansible 的 playbook 和 Serverspec 的 spec 文件都属于代码。代码是反映基础设施状态的"镜子"，正因为这面镜子具有可信赖性，我们才可以实现基于基础设施即代码的 DevOps 的世界观。

这些文件会被公开并成为审查的对象，被用于管理历史修改记录，同时它们也是基础设施构建的"种子"，应由团队全员共同培育。因此，如何管理并充分利用这些文件，不仅与构建或者测试等独立的工作息息相关，对开发整体来说也是非常重要的课题。

为了在团队内共享这样的世界观，可以使用 Git 进行版本管理以及推进审查流程，下面我们就来介绍一下。

大家先来思考一下，在 Git 出现之前我们是如何管理代码的呢？如何处理上面提到的那些"代码"才是最理想的呢？在回答这个问题之前，我们先来思考一下开发中经常出现的问题，这样可能更容易找到答案。比如，大家或许都有过以下经历。

- 文件名后面添加了零零散散的标记，比如 _yyyymmdd 或 _r3 之类的日期和版本号等，经常不知道应该使用哪个
- 不知道都做了哪些修改

- 多人同时编辑同一文件时，把他人修改的内容给覆盖掉了
- 不知道某段代码在哪里使用了，以及是否真的被使用了

由此，我们往往会陷入不能使用代码进行沟通的状况。我想大家都已经深刻理解了代码本身对基础设施即代码思想的重要性。但如果代码丧失了可信赖性，需要我们花费大量时间逐一去调查并和团队成员讨论其意义的话，那就谈不上什么省时省力了。DevOps 旨在让代码成为沟通的平台，并在此基础上不断推进工作的进行，如果连共通的语言都没有确立，就会白白浪费很多时间。

也就是说，基础设施即代码中的代码是以下面这些状态为前提的。

❶ 明确"谁"在"什么时候"进行了"什么样"的修改
❷ 明确哪部分代码在哪里使用了

只有具备了这些状态，代码才具备可信赖性，才能成为沟通的平台。

能实现并保持上面这些状态的系统，我们称之为版本管理系统。

代码管理中的 Git

我们在前面讲过，版本管理系统不只有 Git，还有很早之前就已经被广泛使用的 CVS 和 Subversion 等。不过，今后要是进行新的开发，笔者还是会毫不犹豫地推荐 Git，理由会在后面向大家说明。代码是开发流程的基础，既然已经建立起了开发团队，那么团队中就可能已经有了一套自己长年使用的版本管理系统。在这种情况下，大家就需要衡量一下 Git 的优点和切换的成本，然后再决定是不是要使用 Git。

Git 是林纳斯·托瓦兹（Linux Torvalds）开发的版本管理系统，目的是帮助管理 Linux 内核的开发。与其他版本管理系统普遍采用被称为"集中式"的仓库管理方式不同，Git 采用了"分布式"的管理方法。

在分布式版本管理系统中，除了在远程服务器上有一个中心仓库之外，还可以在每个人的本地环境下克隆一个完全一样的仓库，并使用这个本地仓库进行开发。而集中式版本管理系统只有一个保存在远程服务器上的仓库。

和集中式版本管理系统相比，分布式版本管理系统具有以下几个优点。

- 由于是对本地仓库进行操作的，所以大部分操作的执行速度都很快
- 个人可以自由提交，能够自由把控将多个提交批量对外公开的时机
- 除了推送（push）和拉取（pull）操作以外，其他操作都可以在没有网络连接的情况下进行（我们会在 3-2-1 节对推送和拉取进行介绍）

此外，由于 Git 是当下比较流行的版本管理系统，所以关于它的资料也有不少，这也可以算是 Git 的一个优点。

从个人开始使用 Git 管理代码

下面我们就来看看如何使用 Git 管理代码。首先来说明一下 Git 的机制。我们先暂且忘掉和团队成员共享代码的这一目的，来思考一下个人如何进行版本管理。

Git 的本地仓库分为 3 个区，分别是工作区（working directory）、暂存区（staging area）和版本库（repository），如图 2-16 所示。

图 2-16　Git 本地仓库

在本地仓库中，首先在工作区进行开发。然后，为了把因为在工作区中进行的开发而发生变化的文件提交到版本库，先将这些发生变化的文件从工作区移动到暂存区。

接着，将已经移动到暂存区的多个文件一次性提交到版本库中。Git 就是通过文件在这 3 个不同区域之间的移动来进行版本管理的。

安装 Git 并进行初始化

下面我们就来实际使用一下 Git。Git 是通过命令行进行操作的，因此

我们需要使用二进制的 Git 程序。二进制的 Git 程序可以从 Git 的官方网站（图 2–17）下载。官方网站上为各种操作系统提供了相应的下载文件，大家可以根据自己的实际情况下载使用。

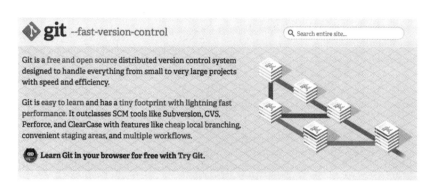

图 2–17　Git 官方网站

安装完成之后，就可以运行 Git 命令了。下面是一个在 macOS 的终端上运行 git 命令的示例。

▶ 代码清单：查看 Git 版本

```
$ git --version
git version 2.6.4 (Apple Git-63)
```

除此之外，还有其他 Git 客户端（对 Git 进行操作的工具）可供选择，比如面向 Windows 用户的 Git for Windows、可以进行图形化操作的 TortoiseGit 和 SourceTree 等。

初始化 Git

接着，我们来设置 Git 的用户信息，该信息用于标识是谁使用 Git 发起了提交。

▶ 代码清单：初始化 Git

```
$ git config --global user.name <用户名>
$ git config --global user.email <用户邮箱地址>
```

◤ 创建 Git 仓库

下面我们就来实际操作一下。先从创建一个新的 Git 仓库开始。创建 Git 仓库需要使用 `git init` 命令。

▶ 代码清单：初始化 Git 仓库的命令

```
$ git init
```

这个新仓库只是作为一个示例创建的，因此这里我们选取 `sample-repo` 作为仓库名。在同名的文件夹下执行 `git init` 命令，就可以创建出这个仓库。

▶ 代码清单：Git 仓库初始化的执行与结果

```
$ mkdir sample-repo
$ cd sample-repo
$ git init
Initialized empty Git repository in /Users/test/sample-repo/.git/
```

这样本地仓库就创建完成了。

◤ 掌握 Git 命令

下面我们就来学习一下各种各样的 Git 命令吧。

▍git status：确认 Git 仓库的状态

现在仓库是空的，我们可以创建一个文件，然后在不同的区域之间进行操作。

▶ 代码清单：创建新文件

```
$ echo 'Hello,git!' > README.md
$ cat README.md
Hello,git!
```

这时只是新添加了一个文件而已，该文件还在工作区中（图 2–18）。

图 2–18　在工作区中添加文件之后的状态

我们可以通过 git status 命令确认当前 Git 仓库的状态。

▶ 代码清单：确认仓库状态的命令

```
$ git status
```

▶ 代码清单：仓库状态的确认结果

```
$ git status
On branch master

Initial commit

Untracked files:
  (use "git add <file>..." to include in what will be committed)

    README.md

nothing added to commit but untracked files present (use "git add"
to track)
```

可以看到新创建的文件 README.md 在 Untracked files 列表中。这就表示文件还在工作区中。

git add：将文件从工作区移动到暂存区

接下来，我们试着将这个文件移动到暂存区，这时需要使用 git add 命令。

▶ 代码清单：将文件移动到暂存区

```
$ git add 文件名
```

在文件名部分，既可以使用通配符来指定文件，也可以使用 "." 来指定包括子文件夹在内的当前文件夹中的全部内容。

▶ 代码清单: 将包括子文件夹在内的当前文件夹中的全部内容移动到暂存区

```
$ git add .
```

虽然不会输出任何结果，但这条命令会将工作区的内容移动到暂存区（图 2-19）。

图 2-19　将文件移动到暂存区之后的状态

这时我们可以再次使用 git status 命令来确认一下仓库当前的状态。

▶ 代码清单: 将文件移动到暂存区后仓库的状态

```
$ git status
On branch master

Initial commit

Changes to be committed:
  (use "git rm --cached <file>..." to unstage)

    new file:   README.md
```

输出结果和之前稍有不同，出现了一行 Changes to be committed: 的内容，这一行表示 README.md 文件已经被移动到了暂存区。我们再向暂存区添加一个文件。

▶ 代码清单: 向暂存区添加第二个文件

```
$ mkdir test-dir
$ echo test! > test-dir/README.md
$ git add .
```

```
$ git status
On branch master

Initial commit

Changes to be committed:
  (use "git rm --cached <file>..." to unstage)

    new file:    README.md
    new file:    test-dir/README.md
```

这样一来，第二个文件就添加到了暂存区中（图 2-20 ）。

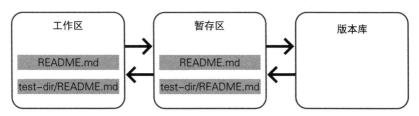

图 2-20　向暂存区添加第二个文件后的状态

git commit: 将暂存区的内容提交到版本库

接着我们来进行提交操作，提交操作通过 git　commit 命令实现，提交后的状态如图 2-21 所示。

▶ 代码清单: 提交文件的命令

```
$ git commit -m "提交信息"
```

图 2-21　将文件提交到版本库之后的状态

　　提交时需要填写提交信息。在实际的开发中，修改代码需要有相应的理由，大多数情况下我们会将修改理由或者管理用的 ticket 编号等记录到提交信息中。

▶ **代码清单: 指定提交信息并进行提交的命令**

```
$ git commit -m "first commit"
```

▶ **代码清单: 指定提交信息并进行提交后的结果**

```
$ git commit -m "first commit"
[master ( root-commit ) a6abcd4] first commit
 2 files changed, 2 insertions ( + )
 create mode 100644 README.md
 create mode 100644 test-dir/README.md
```

　　文件提交之后再使用 git status 命令就看不到任何变更内容了。这就表示版本库和工作区以及暂存区之间没有任何差异。

▶ **代码清单: 文件提交后仓库的状态**

```
$ git status
On branch master
nothing to commit, working directory clean
```

git log: 显示提交记录

　　我们可以使用 git log 命令来查看之前的提交记录。

▶ **代码清单: 查看提交记录**

```
$ git log
commit a6abcd46121f35ac1d5d87aeab9d98c2ca4582be
Author: test <test@example.com>
Date:    Sat May 14 20:34:31 2016 +0900

    first commit
```

　　如上面的结果所示，刚才的提交显示在了提交记录中。如果想把一条提交记录精简成一行显示，可以使用 --oneline 选项。

▶ 代码清单: 将提交记录显示为一行

```
$ git log --oneline
a6abcd4 first commit
```

这个有点像随机数的字符串（上面例子中的 a6abcd4）称为提交 ID
（commit ID），专门用于识别提交的位置。

这个提交 ID 在后面介绍 git reset 命令时也会用到。

git diff: 对比工作区和暂存区之间的差异

这里我们来稍微修改一下 README.md 文件。

▶ 代码清单: 更新 README.md 文件

```
$ echo 'Hello, Git!!' > README.md
```

可以使用 git diff 命令来确认工作区和暂存区中文件的差异（图 2-22）。

▶ 代码清单: 确认文件差异

```
$ git diff
```

图 2-22　确认文件差异以及版本库的状态

如下所示，修改前后的差异被清楚地显示了出来。

▶ 代码清单: 确认工作区和暂存区之间的差异

```
$ git diff
diff --git a/README.md b/README.md
index ac9b53a..ce26356 100644
--- a/README.md
+++ b/README.md
@@ -1 +1 @@
```

```
-Hello,git!
+Hello, Git!!
```

git reset: 撤销修改

我们直接将刚才修改的文件用 `git add` 命令添加到暂存区。

▶ 代码清单: 将之前的修改添加到暂存区

```
$ git add .
$ git status
On branch master
Changes to be committed:
  (use "git reset HEAD <file>..." to unstage)

    modified:   README.md
```

要想将这个文件从暂存区中删除,可以使用 `git reset` 命令。

▶ 代码清单: 撤销已经移动到暂存区中的修改

```
$ git reset
```

执行完 `git reset` 命令之后,会输出修改的文件被从暂存区中移出的消息。

▶ 代码清单: 撤销已经移动到暂存区中的修改

```
$ git reset
Unstaged changes after reset:
M    README.md
```

这时我们可以像下面这样确认 README.md 文件已经被移出了暂存区。

▶ 代码清单: README.md 文件被移出暂存区之后仓库的状态

```
$ git status
On branch master
Changes not staged for commit:
  (use "git add <file>..." to update what will be committed)
  (use "git checkout -- <file>..." to discard changes in working
directory)

    modified:   README.md
```

使用--hard选项，工作区的所有修改内容都会被撤销，回退到最新提交的状态。

▶ 代码清单：将工作区恢复到修改之前的状态

```
$ git reset --hard
HEAD is now at a6abcd4 first commit
$ git status
On branch master
nothing to commit, working directory clean
```

在这种情况下，我们上面对 README.md 文件所做的修改就被全部撤销了。需要注意的是，这项命令会把修改的内容彻底删除，因此使用时需要多加留意。

如果想回退到指定版本，则需要在 git reset 命令末尾加上提交 ID。

▶ 代码清单：将工作区回退到指定版本

```
$ git reset --hard <提交ID>
```

这样一来，我们就可以自由地回退到任意一个指定的版本了。

充分利用 Git 命令推进开发

我们来重新思考一下如何使用上面介绍的这些 Git 命令来推进开发。

通过 git init 命令对代码进行版本管理，我们就能放心地推进开发工作了。之所以这么说，是因为我们可以使用 git add 或 git commit 命令设置一些"可以回退的点"，这样就可以随时回退到这一时间点的代码了。回退操作只会在个人环境下生效，所以不会给团队其他成员带来任何影响。

比如，我们每次只对代码进行少量的添加或修改，在反复试错的过程中推进开发。如果大家没有这方面的经验，可以试着想象一下我们前面介绍的 Vagrant 的 Vagrantfile、Ansible 的 playbook，或者 Serverspec 的 spec 的创建过程。在添加一些新的代码时，有时是能正常工作的，但有时也会出现代码修改错误导致系统不能正常工作的情况。在这种情况下，如果无论怎么尝试都不能解决问题，修改后的代码还是不能正常工作，那么我们就会想回到之前能工作的状态，这时只需要运行 git reset 命令就可以了。

我们还可以使用 git diff 命令来确认提交之后仓库中发生的变化，以此来准确把握仓库的状态。

而如果没有使用 Git，就会陷入一种比较麻烦的境地，因为我们必须一点一点地排查现在的代码，才能找到什么时候的代码是能正常工作的。也许有人会说："在每进行到一个新的阶段时，把文件或文件夹复制一份保存下来不就可以了吗？"但实际上在不停地进行排错、试验的过程中，工作会进入到一种混乱的状态，这时如果要从零零散散的文件夹中找到想要使用的代码，势必要花费很长时间，而且这些文件夹一经删除就再也找不回来了。

考虑到这些情况，使用 Git 取代原始的复制文件夹的方式来进行版本管理明显更加安全可靠。不管是多么简单的代码，如果大家都能做到先执行 git init 命令创建仓库，然后再一点一点地提交代码来推进开发，那么开发工作就会变得更加安全和高效。

专栏

提交单位

在 Git 这样的分布式版本管理系统中，本地仓库中的提交不会对他人产生任何影响，因此可以放心地进行提交。在实际进行开发时，个人可以根据自己的情况，在考虑到可能需要执行的代码回退操作的基础上，来决定每次提交的范围，非常方便。

不过，如果今后需要和团队成员共享这些信息的话，就另当别论了。关于这一点，我们会在下一章进行介绍。之所以会出现这种情况，是因为我们一般以提交为单位来查看代码之间的差异，如果提交太过琐碎，那么比较提交之间的差异就会变得非常麻烦。

因此在团队中共享代码时，我们希望将修改"合并"起来，以一个合适的粒度进行提交。这里所说的"合并"指的是一个有意义的单位，比如"解决问题编号为 × × 的问题""添加 × × 功能"，或者"解决 × × bug"等。这样做的一个好处是，以后我们在查看提交记录时，就能很清楚地了解到在什么时候做了什么样的修改。

如果已经在本地进行了多次提交，可以使用 git rebase -i 命令对这些小的提交进行合并。如果想将本次要执行的提交和上一次的提交进行合并，则可以使用 git commit --amend 命令。

专栏

基础设施即代码是否需要文档

通过前面的说明，相信大家已经明白了在 DevOps 的世界观中代码具有重要的意义。之所以说代码非常重要，是因为在 DevOps 的世界中，代码是构建步骤，是配置参数，也是测试设计文档。

那么，如果只用代码就可以对配置进行管理，是不是就不需要编写详细的设计文档了？刚接触这些工具的人可能会认为代码就是全部。

然而笔者却觉得详细的设计文档（或类似的文档）仍是不可或缺的。之所以这么说，是因为代码里保存的只是最终结果而已，并不能体现出设计文档中具有重要意义的"设计过程"和"思想"等内容。为什么要这么配置呢？为什么使用这个参数呢？如果这些信息不保存下来，那么在团队中共享知识的目的就只能算达成了一半。

当然，设计文档的内容和编写方式还有改善的余地。既然已经用代码将配置信息描述出来了，那么再用自然语言把基本相同的内容重写一遍就没有任何意义。所以，把最终的结果交给代码来管理就可以了。另外，如果已经使用 Git 等配置管理工具对代码进行管理，那么就不需要在共享文件夹中使用 Excel 编写设计文档了，通过将设计文档放到 Git 仓库的 README.md 文件中，就可以将具体实现和设计思想保存在同一个地方，具有很大的意义。

总的来说，详细的设计文档的必要性并没有消失，只不过我们需要在设计文档的作用和编写方式上做出一些变革，管理方式也需要再重新思考一下。

2-3-5 基础设施即代码和DevOps的目标

到目前为止，我们通过逐步深入地实践基础设施即代码，在不断解决问题的过程中提高了工作效率。那么，如果我们按照之前介绍的步骤一步一步地实践下来，是不是就可以说基于基础设施即代码实现了 DevOps 呢？

答案是 No。基础设施即代码思想不过是 DevOps 的一部分而已，只是我们在 2-1 节介绍的效率化的一种实现方式，代表不了 DevOps 的所有目标。

为了提高商业价值，我们一直在追求效率化（主要是以基础设施为对象），但是效率化是没有终点的。因此，分析影响商业价值提高的所有原因，并找到相应的解决方式，这一点非常重要。

本章介绍的内容都是围绕在个人范围内进行的 DevOps 实践，但正如 DevOps 的定义所示，其目标在于通过开发和运维的紧密合作来提高商业价值，只有团队成员共同参与合作，才能发挥出更大的效果。因此，在接下来的第 3 章，我们将对如何在团队内实践 DevOps 进行说明。

第 **3** 章

在团队中普及 **DevOps**

在第 2 章中，我们以本地开发环境作为实施 DevOps
的入口，使用各种工具对基础设施即代码思想进行了
实践。本章我们将把在个人范围内实践 DevOps 的方
法推广到团队中去，通过具体示例来看一下如何引入
DevOps 这种开发方式。在阅读完本章之后，读者应
该就能够充分理解如何在团队内实施 DevOps，并能
亲自进行实践了。

3-1 在团队内实施 DevOps 的意义

第 2 章中我们以个人为起点学习了"精简版"的 DevOps，但在实际的服务开发和运维中，个人能够自由地进行开发的范围是非常有限的，而且也不可能由个人自由地进行运维，因此在设计和具体实现的审查、故障处理等服务开发的各个关键环节，我们都需要以团队协作的形式来开展工作。即使现在团队人数非常少，个人可以自由地开展工作，但只要未来希望能够拓展服务，就不可避免地要考虑团队协作的情况。另外，从持续提供服务的观点来看，也需要尽早摆脱对个人的依赖，因为团队成员随时可能会发生变化。也就是说，不管服务开发的规模如何，只要想提高商业价值，就必须考虑以团队协作的方式来推进开发。

反过来说，如果可以在团队层面而非个人层面实现效率化，就能进一步拓宽通向 DevOps 的道路。团队采用统一的工作方式可以将效率提高很多倍。正如我们多次强调的 DevOps 的含义一样，只有使团队全体成员拥有共同的意识，采取统一的行动，才能发挥 DevOps 的价值。

但是，和个人开发相比，在团队中进行开发和运维又有不同的难处。即使你非常了解 DevOps 的优点，其他团队成员也不一定与你意见相同。沟通的缺失会造成信息不同步，甚至会降低开发、测试以及发布过程中的工作效率。如果不将 DevOps 的意义清楚地传达给团队的每一个成员，只是武断地采用一些新工具，结果恐怕会离你理想中的 DevOps 越来越远。要想实现 DevOps，就必须注意培养有利于实施 DevOps 的土壤，否则有可能给开发现场带来混乱，甚至完全背离开发和运维紧密合作的目标。为了解决这些团队中特有的问题，我们也需要进一步思考引入工具和工作流程的具体方式。

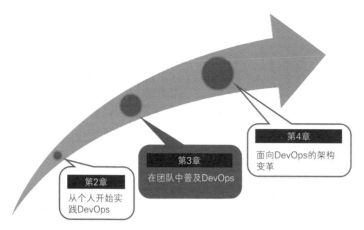

图 3-1　培育 DevOps 成长的土壤

第 3 章我们将以团队中的服务开发和运维为前提，在更大的范围内实现效率化（图 3-1）。这里我们的目标并不只局限于减少工作量，还会涉及如何让开发成员和运维成员更容易地了解到彼此都在做些什么、开发进入到了什么样的状态，这样开发人员和运维人员就能共享信息，进而实现紧密合作。

本章我们会对以下 4 个部分的内容进行介绍。

❶ 提高团队开发和沟通的效率：GitHub
❷ 更简单地进行本地开发环境的创建及共享：Docker
❸ 使工作程序化（定型化）并进行历史记录管理：Jenkins
❹ 通过持续工作来提高效率：持续集成（CI）和持续交付（CD）

下面就让我们来看一下如何形成团队特有的沟通方式，以及如何实现团队工作的效率化。

3-2 实现团队工作的效率化

实现团队工作的效率化是 DevOps 的一大前提。本节我们将介绍几种有助于提高工作效率的工具，并通过实际使用这些工具，来看一下团队工作应该做出怎样的改变。

3-2-1 使用GitHub进行团队开发

在 2-3-4 节，我们介绍了如何使用 Git 在个人范围内对代码进行版本管理。不过，因为代码并不是由一个人使用的，所以代码的版本管理应该是在团队中进行的操作。以团队为单位使用代码的场景不胜枚举，比如代码审查、其他成员使用代码、其他成员对代码进行修正，等等。

本节我们将把第 2 章介绍的代码版本管理方法扩大到团队范围，了解一下如何在团队内实现效率化，和团队成员共享仓库，推进团队开发。这里我们将和团队成员共享 2-3-4 节创建的 sample-repo 仓库，并高效地对这个仓库进行代码审查。

具体来说，我们将实施以下内容。

❶ 将仓库发布到 GitHub，供团队其他成员使用
❷ 引入分支思想，实现多条线并行开发，比如二期开发和运维同时进行
❸ 通过 pull request 操作，提高代码的修改、审查等一系列工作的效率

GitHub（图 3-2）是一个利用了 Git 的代码托管平台。这里我们就通过 GitHub 来介绍一下 Git 的相关操作。另外，如果你所在的环境不能访问互联网，那也没有关系，我们会在后面的专栏里为那些想要使用 GitHub 相关功能的读者介绍类似的服务，大家可以参考一下专栏的内容。

我们在第 2 章所做的操作都是在本地仓库的范围内进行的。本地仓库是个人进行开发工作的仓库，上一章创建和修改的仓库都属于本地仓库。而远程仓库是用于团队成员共享代码的仓库。将本地仓库的变更推送到远

程仓库，团队成员就可以从远程仓库拉取最新的代码进行开发了（图 3-3）。

　　GitHub 上的仓库属于远程仓库。通常在开发的时候，我们会将远程仓库克隆到开发机器上的本地仓库，然后对本地仓库进行修改，最后再将修改的内容推送到远程仓库。

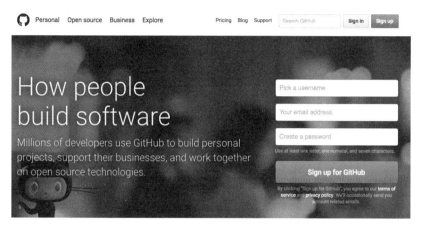

图 3-2　GitHub 官方网站

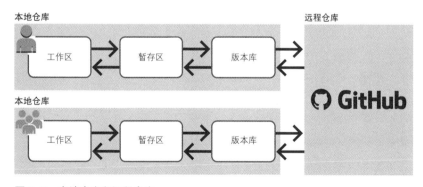

图 3-3　本地仓库和远程仓库

注册 GitHub 账号

　　如果你是第一次使用 GitHub，请需要先注册一个账号。在 GitHub 首页输入用户名、邮箱地址和密码，就可以进行注册。之后 GitHub 会向注册的邮箱地址发送一封确认用的邮件，请不要忘记查看邮件并进行确认。注册完成之后，就会进入到个人仪表盘页面（图 3-4）。

图 3-4　GitHub 仪表盘页面

仪表盘页面的左上部分（图中的"devopsbook-test"）显示的是你的用户名。大家需要把后面示例中出现的 devopsbook-test 都替换成自己的用户名。

创建远程仓库并推送

下面我们来创建一个远程仓库。通过创建远程仓库，就可以公开一直以来由个人使用的本地仓库，使团队其他成员也能访问。除了创建远程仓库，我们还需要将本地仓库和远程仓库关联，方法有两种：第一种方法是创建好远程仓库后，将这个远程仓库克隆到本地；第二种方法是先创建本地仓库，然后将本地仓库和远程仓库关联。因为第 2 章中我们已经在本地环境下创建了 sample-repo 仓库，所以这里采用第二种方法。

在 GitHub 仪表盘页面的右上角有一个"+"按钮，点击这个按钮并选择下面的"New repository"，就会进入到创建新仓库的页面。为了便于理解，我们在该页面的"Repository name"栏中输入和本地仓库相同的名称"sample-repo"，然后点击页面底部的"Create repository"按钮（图 3-5）。

这里默认的仓库公开权限为"Public"，也就是说，全世界的人都可以访问这个仓库。如果你只想对指定用户（比如团队开发成员等）公开代码，那么可以选择"Private"仓库，但需要注意的是，在 GitHub 上创建私有仓库需要额外付费。

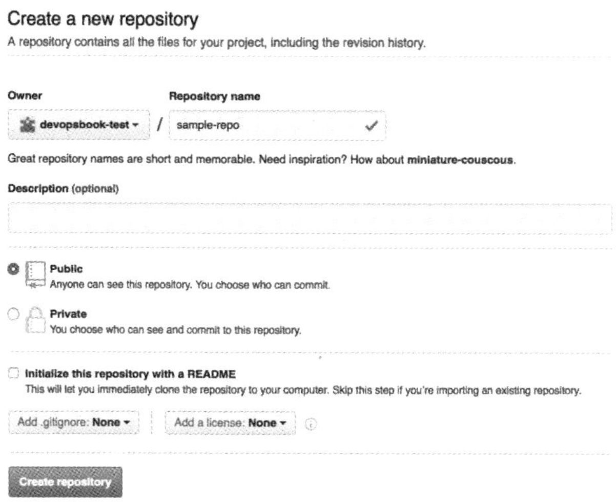

图 3-5 创建 GitHub 仓库

这样远程仓库就创建好了（图 3-6）。

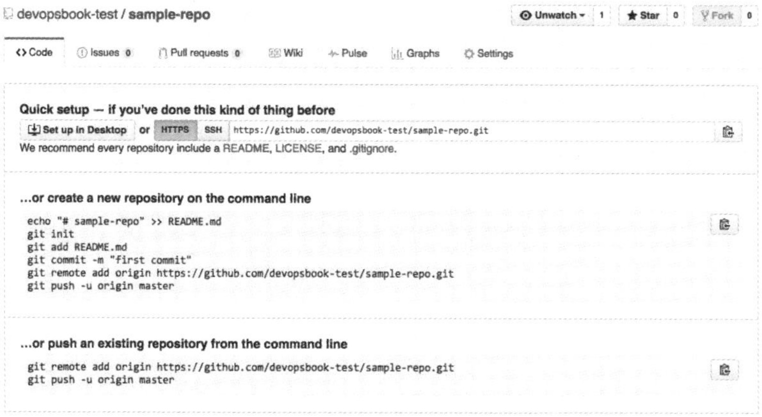

图 3-6 GitHub 仓库创建完毕

接下来,我们将本地仓库和远程仓库关联。

仓库创建完成的页面中已经显示出了具体的操作步骤,我们按照页面上的步骤操作即可。

▶ 代码清单:将远程仓库添加到本地仓库,并将代码推送到远程仓库

```
$ git remote add origin https://github.com/你的GitHub用户名/仓库名 .git
$ git push -u origin master
```

git remote add 命令的作用是将远程仓库以 origin 的名字添加到本地仓库中。之后的 git push 命令将 master 分支下的内容推送到 origin(即远程仓库)。关于分支,我们会在后面进行介绍,这里大家只需要了解远程分支和我们本地的仓库一致即可。下面来看一下实际的执行结果。

▶ 代码清单:将远程仓库添加到本地仓库,并将代码推送到远程仓库(执行示例)

```
$ git remote add origin https://github.com/你的GitHub用户名/sample-
repo.git
$ git push -u origin master
Counting objects: 5, done.
Delta compression using up to 4 threads.
Compressing objects: 100%(2/2), done.
Writing objects: 100%(5/5), 311 bytes | 0 bytes/s, done.
Total 5(delta 0), reused 0(delta 0)
To https://github.com/你的GitHub用户名/sample-repo.git
 * [new branch]      master -> master
Branch master set up to track remote branch master from origin.
```

这时如果我们在 GitHub 上刷新一下刚才创建的远程仓库的页面,就会看到本地仓库中的内容已经同步到远程仓库中了(图 3-7)。

参考网址 https://github.com/你的GitHub用户名/sample-repo

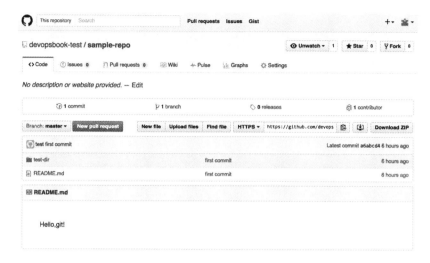

图 3-7　GitHub 上的 sample-repo 仓库页面

　　通过上面的操作，我们就可以公开个人使用的代码，使团队的其他成员也能使用这些代码。今后在不断推进开发的过程中，如果在本地进行了修改，就可以通过 git push 命令将本地仓库的修改同步到远程仓库中。

git clone：将远程仓库克隆到本地仓库

　　前面的操作是在远程仓库和本地仓库一对一的情况下进行的。如果团队的其他成员需要使用上述仓库进行开发，而本地还没有相应的仓库存在，这时就需要把远程仓库克隆到本地。在这种情况下，我们需要使用 git clone 命令。git clone 命令可以将远程仓库克隆到本地，创建一个新的本地仓库（图 3-8）。

图 3-8　git clone 示意图

▶ **代码清单：克隆远程仓库**

```
$ git clone 远程仓库的URL
```

在 GitHub 上的想要克隆到本地的代码仓库的页面上，可以找到这个远程仓库的 URL。在这个例子中，该 URL 如下所示。

▶ **代码清单：将sample-repo仓库克隆到本地**

```
$ git clone https://github.com/你的GitHub用户名/sample-repo.git
```

如下所示，可以将远程仓库克隆到本地。

▶ **代码清单：将sample-repo仓库克隆到本地（执行示例）**

```
$ git clone https://github.com/你的GitHub用户名/sample-repo.git
Cloning into 'sample-repo'...
remote: Counting objects: 5, done.
remote: Compressing objects: 100% (2/2), done.
remote: Total 5 (delta 0), reused 5 (delta 0), pack-reused 0
Unpacking objects: 100% (5/5), done.
Checking connectivity... done.
$ ls -1 sample-repo
README.md
test-dir/
```

◼ git pull：将远程仓库中的修改同步到本地

git clone 命令是一个基于远程仓库在本地创建一个相同仓库的方法。如果其他开发人员对远程仓库做了修改，那么我们还需要将这些修改同步到自己的本地仓库中，这时就需要使用 git pull 命令（图 3-9）。

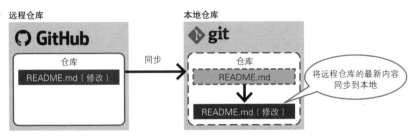

图 3-9　git pull 示意图

▶ **代码清单: 将远程仓库的修改同步到本地**

```
$ git pull
```

　　git pull 命令实际上会执行 fetch（取得）和 merge（合并）两步操作，也就是先取得远程仓库的最新内容，然后将其合并到本地仓库中。这里我们试着对远程仓库的内容做一些修改。

▶ **代码清单: 对远程仓库进行修改**

```
$ echo '# Hello, git!' > README.md
$ git add .
$ git commit -m "修改标题"
[master 3b42c33] 修改标题
 1 file changed, 1 insertion(+), 1 deletion(-)
$ git push -u origin master
Counting objects: 3, done.
Delta compression using up to 4 threads.
Compressing objects: 100%(2/2), done.
Writing objects: 100%(3/3), 305 bytes | 0 bytes/s, done.
Total 3(delta 0), reused 0(delta 0)
To https://github.com/你的GitHub用户名/sample-repo.git
   a6abcd4..3b42c33  master -> master
Branch master set up to track remote branch master from origin.
$ git log --oneline
3b42c33 修改标题
a6abcd4 first commit
```

　　这时其他成员可以使用 git pull 命令将第二个提交同步到自己的本地仓库。

▶ **代码清单: 其他成员同步最新提交**

```
$ git log --oneline
a6abcd4 first commit
$ git pull
remote: Counting objects: 3, done.
remote: Compressing objects: 100%(2/2), done.
remote: Total 3(delta 0), reused 3(delta 0), pack-reused 0
Unpacking objects: 100%(3/3), done.
From https://github.com/你的GitHub用户名/sample-repo
   a6abcd4..3b42c33  master     -> origin/master
Updating a6abcd4..3b42c33
```

```
Fast-forward
 README.md | 2 +-
 1 file changed, 1 insertion(+), 1 deletion(-)
$ git log --oneline
3b42c33 修改标题
a6abcd4 first commit
$ cat README.md
# Hello, git!
```

　　如上所示，在执行完 git pull 命令之后，通过执行 git log 命令进行确认，就会发现新增加了一个提交。另外，README.md 文件中也会显示出最新的内容。

专栏

Git 托管服务

　　有很多被用于通过 GUI 来对 Git 进行管理的服务。本节对互联网服务 GitHub 的用法进行了介绍，无法访问互联网的读者可以选择使用与 GitHub 类似的服务。以下工具和服务都是以 Git 为基础的，大家可以根据自己的实际情况进行选择。

- **GitHub**

  GitHub 是最为知名的一个 Git 托管服务。免费版可以托管 Public 仓库（在互联网上完全公开），付费版可以创建 Private 仓库。此外还有面向企业的 GitHub Enterprise 版。

- **GitLab**

  GitLab 是一个开源的 Git 托管工具。免费版 CE（Community Edition）用于在公司内部搭建私有的 Git 服务，但在功能上有一些限制。如果想使用 GitLab 的全部功能，则需要付费购买 EE（Enterprise Edition）。

- **GitBucket**

  GitBucket 是一个运行在私有服务器上的 Git 服务。

◤ 利用分支使团队开发更轻松

　　前面我们介绍了将本地仓库的内容推送到远程仓库，以及将远程仓库的最新内容同步到本地的方法，但这对于团队开发来说还远远不够。

　　其中最大的问题就是远程仓库只有一个。在日常的服务运维中，发布后的维护和下一期新功能的开发通常会同时进行。如果只有一个仓库，就无法同时管理用于开发新功能的代码和用于解决运维中发生的 bug 的代码，所以我们需要将这两部分代码分开管理。虽说是分开管理，但也不是说要把它们完全隔离起来。这是因为在生产环境中对 bug 的修改也需要同步到开发新功能的代码中，否则新功能发布时就会出现代码回退的问题，导致故障发生。

　　在这种情况下，我们就需要采用 Git 的分支功能（图 3-10），该功能也是 Git 的一大特点。分支，顾名思义，表示在一个仓库中可以分出多个部分。不仅如此，我们还可以对比不同分支之间的差异，或者将修改的内容合并到其他分支上去。以前面的例子来说，就是把仓库分成生产环境维护和新功能开发这两个分支来进行管理。此外，分支的个数也不仅限于生产环境维护和新功能开发这两个，通过充分应用分支功能，还可以实现多个版本并行开发。实际上前面的例子中使用的都是 master 这一个分支。我们也可以把这一个分支分为多个，更灵活地进行开发。

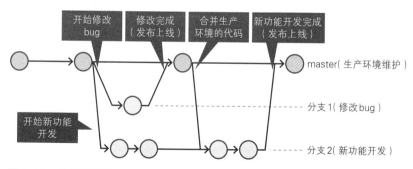

图 3-10　分支示意图

◤ git branch：确认分支状态，创建新分支

　　我们可以使用 `git branch` 命令来确认当前的分支状态。

▶ 代码清单：确认分支状态

```
$ git branch
```

如前所述，现在只有 master 一个分支。

▶ 代码清单：确认分支状态（执行示例）

```
$ git branch
* master
```

带有 * 的分支表示当前正在使用的分支。

要创建新的分支，只需要在 git branch 命令后面加上新的分支名即可。

▶ 代码清单：创建新分支

```
$ git branch 想要创建的新分支名
```

▶ 代码清单：创建新分支（执行示例）

```
$ git branch develop
$ git branch
  develop
* master
```

这样我们就创建了一个名为 develop 的新分支。通过执行 git branch 命令，可以确认这个新分支是否被创建成功。

git checkout：在分支之间切换

要将当前的工作分支切换到其他分支，需要使用 git checkout 命令。

▶ 代码清单：切换分支

```
$ git checkout 分支名
```

▶ 代码清单：切换分支（执行示例）

```
$ git checkout develop
Switched to branch 'develop'
$ git branch
* develop
  master
```

这样就切换到 develop 分支了。接下来，我们在 develop 分支上对代码进行修改。

▶ 代码清单: 在当前分支修改代码

```
$ echo 'update test' >> README.md
$ cat README.md
# Hello, git!
update test
$ git add .
$ git commit -m "updated README"
[develop 09c98b8] updated README
 1 file changed, 1 insertion(+)
$ git log --oneline
09c98b8 updated README
3b42c33 修改标题
a6abcd4 first commit
```

这里添加了一个 `updated README` 的新提交。接下来我们再切换到 master 分支，查看一下提交信息。

▶ 代码清单: 切换到 master 分支查看提交信息

```
$ git checkout master
Switched to branch 'master'
Your branch is up-to-date with 'origin/master'.
$ git log --oneline
3b42c33 修改标题
a6abcd4 first commit
$ cat README.md
# Hello, git!
```

可以看到，master 分支上并没有出现刚才在 develop 分支上所做的提交。这是因为刚才的提交是在 develop 分支上进行的，不会对其他分支产生任何影响。当然，如果再切换回 develop 分支，我们就可以在提交信息中看到刚才的提交。

▶ 代码清单: 切换到 develop 分支查看提交信息

```
$ git checkout develop
Switched to branch 'develop'
$ cat README.md
# Hello, git!
update test
```

如果想将这个修改同步到远程仓库，则还是需要使用 git push 命令。

▶ 代码清单：将修改推送到远程仓库

```
$ git push origin develop
Counting objects: 3, done.
Delta compression using up to 4 threads.
Compressing objects: 100% (2/2), done.
Writing objects: 100% (3/3), 303 bytes | 0 bytes/s, done.
Total 3 (delta 0), reused 0 (delta 0)
To https://github.com/你的 GitHub 用户名/sample-repo.git
 * [new branch]      develop -> develop
```

这时如果到 GitHub 上看一下 sample-repo 仓库中 develop 分支的页面，就会发现 develop 分支的内容已经同步到了远程仓库中（图 3-11）。

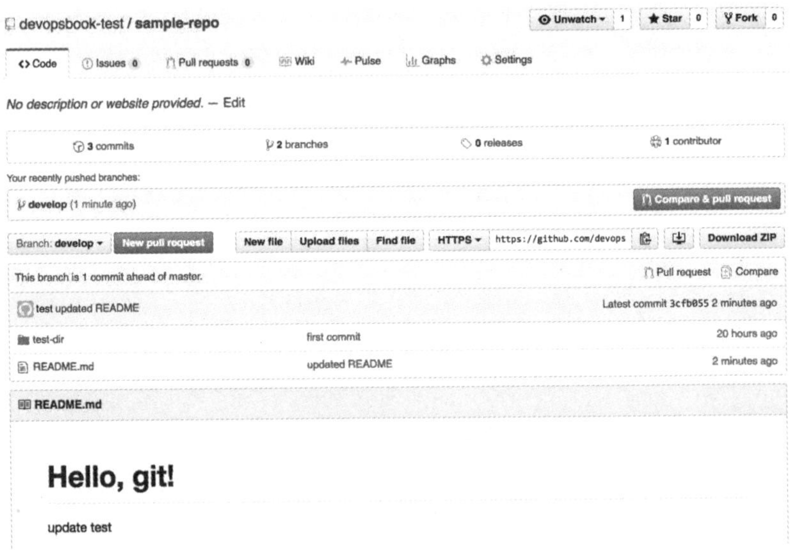

图 3-11 GitHub 上 develop 分支的状态

代码的修改可以在开发和运维等多条线上同时进行，通过在不同的分支之间进行切换，可以更安全、更高效地对代码进行修改。

基于 pull request 的开发流程

在前面的例子中，为了不对 master 分支产生影响，我们使用了 develop 分支进行开发。

但是，我们不可能一直在与其他分支完全无关的分支上进行开发。如果 master 分支是生产环境的分支，那么我们的开发内容终究需要合并到 master 分支上去。但是，在一般的开发流程中，在未经任何人确认的情况下直接将修改内容合并到 master 分支是不可行的。理想的流程是，在完成测试并进行代码审查的基础上，在征得团队成员的同意后，再将修改内容合并到 master 分支。

也就是说，需要把 develop 分支中的修改内容合并到 master 分支上。

合并操作以及相关的测试和代码审查所需要的沟通信息可以在 GitHub 上进行统一管理。这个功能在 GitHub 中被称为 pull request，采用的是一种"合并申请"的形式。通过 pull request 操作，我们就能以代码为中心，对"进行了什么样的审查""根据审查做了怎样的修改""修改内容是什么时候被合并的"等信息进行集中管理。

下面我们就来实际使用一下 pull request 功能。这里会从审查的发起者和实施者这两个不同的角度来看一下具体的页面内容（图 3-12）。

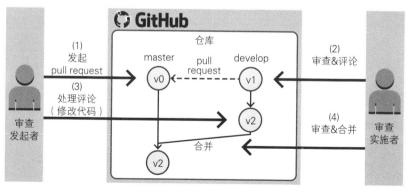

图 3-12　pull request 流程

(1) 发起 pull request（审查发起者）

首先由申请审查的人发起 pull request。

在刚才的 GitHub 页面上，有一个"Compare & pull request"按钮，点击这个按钮。

接着就进入到了 pull request 页面（图 3-13）。在这个页面中，我们既可以确认代码的修改内容，也可以对创建的 pull request 内容进行检查。

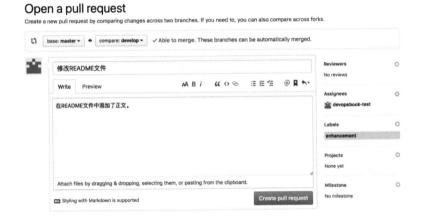

图 3-13 创建 pull request

在页面的右侧有几个菜单，比如有标识这个 pull request 是用于修正 bug 还是用于开发新功能的"Labels"，还有指定由谁来负责审查的"Assignee"，等等。大家可以根据实际情况来选择使用这些选项。另外，由于这里使用的是个人仓库，所以审查的发起者和实施者都是本人。

页面的底部会显示实际的提交内容以及 master 分支和 develop 分支之间的差异（图 3-14）。

图 3-14 对比不同分支之间的差异

如果我们通过前面的确认判定可以发起审查，就点击"Create pull request"按钮。这样就完成了发起 pull request 的操作（图 3-15）。

图 3-15 pull request

我们可以通过下面的 URL 访问刚才创建的 pull request。

参考网址 https://github.com/你的GitHub用户名/sample-repo/pull/1

(2) 审查 & 评论（审查实施者）

下面，我们从审查实施者的角度来对这个 pull request 进行确认。审查实施者会访问上面的网址，从代码修改的正确性以及是否符合编码规范等方面来对这个 pull request 进行审查。

审查顺利通过当然最好不过了，但有时候也会在评论中指出问题。这种情况下可以将评论（指正内容）直接插入到 pull request 中。我们既可以在 pull request 页面最底部的评论栏里输入评论内容，也可以从"Files changed"标签页直接对每一行代码进行评论。

这里我们试着为代码添加评论。将鼠标移动到代码行上时，会自动出现一个"+"按钮，点击这个按钮，然后在显示的评论栏中输入想要添加的评论（图 3-16）。

图 3-16　为代码添加评论

通过上面的方法，我们就可以给接受审查的代码添加评论了。

(3) 处理评论（审查发起者）

下面，我们再把角色切换回审查发起者这一方。审查发起者在收到审查评论时，需要再次对代码进行修改。

前面我们对 develop 分支的代码进行了修改，审查后再次修改代码的流程也和之前一样，即修改代码→提交→推送到远程分支。

　　按照评论中指出的内容对 README.md 进行修改之后，再次将修改内容推送到 develop 分支。

▶ **代码清单：按照评论中指出的内容进行修改，并将修改推送到远程仓库**

```
$ git diff # 确认修改内容
diff --git a/README.md b/README.md
index fb35f72..b2e408f 100644
--- a/README.md
+++ b/README.md
@@ -1,2 +1,2 @@
 # Hello, git!
-update test
+Update Test
$ git add .
$ git commit -m "处理评论"
[develop 17ccc3e] 处理评论
 1 file changed, 1 insertion(+), 1 deletion(-)
$ git push origin develop
Counting objects: 3, done.
Delta compression using up to 4 threads.
Compressing objects: 100%(2/2), done.
Writing objects: 100%(3/3), 317 bytes | 0 bytes/s, done.
Total 3(delta 0), reused 0(delta 0)
To https://github.com/你的GitHub用户名/sample-repo.git
   3cfb055..17ccc3e  develop -> develop
```

　　在用 git diff 命令确认完修改内容之后，就可以按顺序执行 git add、git commit 和 git push 命令了。

(4) 审查 & 合并（审查实施者）

　　我们再切换到审查实施者的角度来进行确认。和前面一样，打开下面的网址，就可以看到新的修改已经被推送到了远程仓库中（图 3-17）。

参考网址　https://github.com/你的GitHub用户名/sample-repo/pull/1

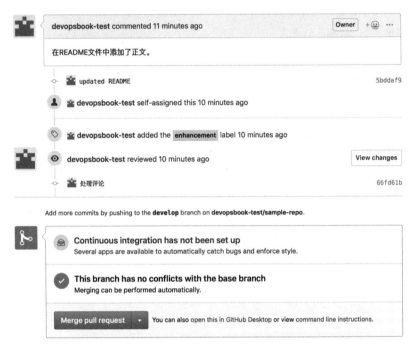

图 3-17 确认审查指出的问题已经得到修改

这次审查没有发现问题，于是我们就可以合并代码了。合并操作非常简单，只需要点击页面下方的"Merge pull request"按钮即可（图 3-18）。

修改README文件 #1

Merged devopsbook-test merged 2 commits into `master` from `develop` 40 seconds ago

图 3-18 合并完成

这时如果确认一下 master 分支的代码，就会看到刚才在 develop 分支上修改的内容已经被合并到了 master 分支上（图 3-19）。

图 3-19　确认 develop 分支的内容已经被合并到 master 分支

在开发中使用 GitHub 带来的效果

在前面的内容中，我们介绍了以 GitHub 为中心的代码管理方法和基于 pull request 的开发流程。

Git 使代码管理变得简单，GitHub 以代码为中心大大提高了开发的效率，它们都是非常便利的工具和服务。以前，记录表、参数表和操作步骤等文件全都分散地保存在共享文件夹中，我们需要花费很大的精力才能知道哪个是正确的，哪个是最新的。而现在一切以代码为中心，基于代码进行沟通，一切都变得清晰顺畅了。

根据基础设施即代码的思想，不仅是应用程序，包括基础设施在内的所有的一切都可以用代码的形式来表现，进而能够实现以 Git 为中心进行沟通。开发相关的所有人员都可以基于 Git 进行对话，由此产生的交流和变更也都可以集中进行管理。

为了实现开发和运维的紧密合作，我们需要在很多方面下功夫。Git 可以使开发流程透明化，使彼此的信息以一种简洁明了的方式在各个成员间共享，可以说是一个非常得力的工具。

专栏

git-flow 和 GitHub Flow：以 Git 为中心的分支模型

本节我们对以 Git 为中心的开发流程进行了简单的介绍，使用 master 和 develop 这两个分支，并在这两个分支之间进行了 pull request 操作。

但实际的开发场景不会这么简单，比如可能会有多个环境，或者需要同时开发多个版本的程序，这时开发就变得复杂了。

与 Subversion 等传统的版本管理系统相比，Git 能够轻松地创建分支，所以应对上面的场景也可以做到游刃有余。在使用 Git 的情况下，只要根据环境或者版本的数量创建相应的分支即可。但另一方面，由于创建分支太容易了，所以如果工作流程不够完善，开发就会陷入混乱的状态，这也是 Git 的一个弊端。大家可以设想一下，在没有制订分支的创建规则和使用规则的情况下，每个人都根据自己的需求随意创建新分支，最后分支的数量一定会变得非常多。哪个分支是因为什么被创建的，哪个分支和哪个分支合并适用于哪个环境……光是想想就让人瑟瑟发抖。

为了避免上面这种弊端的出现，我们需要提早在团队内制订分支策略和开发流程，比如可以规定如下内容。

- 在什么时候使用哪个分支
- 在什么时候合并到哪个分支
- 在不同的环境中分别使用哪个分支
- 在修改 bug 或者添加新功能时使用哪个分支

有很多以 Git 为中心的开发流程可供参考，其中比较有名的是 git-flow 和 GitHub Flow 这两种。

- git-flow

  http://nvie.com/posts/a-successful-git-branching-model/
- GitHub Flow

  http://scottchacon.com/2011/08/31/github-flow.html

这里不再对这两个流程进行详细介绍。我们也不能一概而论地说它们哪个好哪个不好，因为不同的系统有不同的开发规则和发布规则。重要的是，不要在实际开发工作中对这些流程生搬硬套，而是要对这些流程的优缺点进行分析，使用适合我们自己的开发环境的流程。Git 以及以 Git 为中心的开发流程并不局限于开发、构建或者运维等部分环节，对开发整体也有很大的影响。正因为如此，我们才需要对这些流程进行深入分析，定制出最符合自己的实际环境的流程，以大幅提高开发效率。

专栏

Git的相关图书

Git 的操作很深奥，掌握的内容越多，开发效率就越高。也正因为如此，本书无法对 Git 相关的知识进行一一介绍。与 Vagrant 和 Ansible 一样，互联网上也有大量关于 Git 的资料，不过这里笔者还是想推荐各位读者阅读一下以下图书，可以帮助大家对 Git 有一个系统性的理解。

- 《为工程师打造的Git教科书——实用的版本管理和团队开发方法》[1]
  另外，该书的高级篇有电子书版本，想要进一步提升自身技能的读者可以阅读一下。
- 《为工程师打造的Git教科书（高级篇）——理解Git内部机制》[2]

3-2-2　使用Docker进一步提高开发效率

我们在第 2 章介绍了如何使用 VirtualBox 和 Vagrant 构建个人开发环境，在第 3 章前面的章节中介绍了如何使用 GitHub 和其他开发成员共享开发环境。

---

[1] 原书名为『エンジニアのための Git の教科書　実践で使える！バージョン管理とチーム開発手法』，暂无中文版。——译者注

[2] 原书名为『エンジニアのための Git の教科書「上級編」　Git 内部の仕組みを理解する』，暂无中文版。——译者注

共享环境的方法大致分为两种：一种是共享 Vagrantfile 或者 Ansible 的 Playbook 等配置文件；另一种是直接共享虚拟机镜像。这些方法在开发环境仅限于一台虚拟机的情况下比较实用，如果虚拟机的配置比较复杂，或者虚拟机数量比较多，那么在团队中共享这样的开发环境就会比较困难。比如使用 Vagrantfile 或者 Playbook 文件共享配置信息，然后再由团队成员各自进行构建，这种情况下每个团队成员都需要花费一定的时间，而直接共享以 GB 为单位的虚拟机镜像也很麻烦。另外，从在本地开发环境中自由地进行开发的观点来看，由于本地开发机器的资源有限，所以同时运行多个虚拟机也是不现实的。

要解决以上问题，可以使用接下来将要介绍的容器技术。使用容器能够让我们更加轻松地和团队成员共享开发环境，并以传统虚拟机不可比拟的速度快速启动开发环境，从而更加顺畅地进行开发工作。

我们在第 1 章也介绍过，历史上存在很多的容器技术，这里我们以 Docker 为例来进行介绍。

什么是 Docker

Docker 是由 Docker 公司（原 dotCloud 公司，2013 年更名为 Docker）开发的容器管理软件（图 3-20）。

图 3-20　Docker 主页

在对容器的概念进行说明时经常会提到虚拟机。虚拟机和容器技术从资源隔离的角度来看非常相似，不过二者专用或者共享的范围不一样，这些不一样的地方也成为了它们各自的特点。

我们先来看一下大家比较熟悉的虚拟机。虚拟机在物理主机以及安装在物理主机上的 Hypervisor 虚拟软件上运行。拿前面我们介绍过的例子来说，物理主机就相当于本地开发机器，虚拟化的 Hypervisor 就相当于 VirtualBox。如图 3-21 所示，每个虚拟机都有自己的客户机操作系统（guest OS），并且和其他虚拟机保持互相隔离的状态。在最上层运行的是应用程序，应用程序和操作系统之间是运行应用程序所需要的二进制文件（Bins）和系统库文件（Libs）。

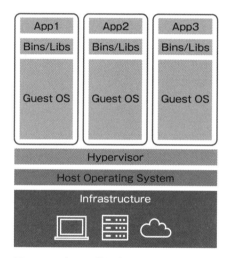

图 3-21　虚拟机的概念（出处：Docker 主页）

另一方面，容器（图 3-22）本身没有自己的操作系统，所有的容器都在同一个运行环境 Docker Engine 上运行。在虚拟机中，客户机操作系统是一个专有的区域。想要复制虚拟机，就需要将包含客户机操作系统在内的虚拟机导出为镜像的形式。而容器中不存在客户机操作系统，它只需要用想要运行的应用程序和运行这些应用程序所需要的最低限度的资源，就可以实现环境的再现。

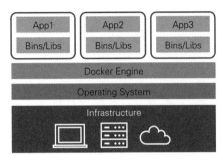

图 3-22 容器的概念（出处：Docker 主页）

Docker 的优点

从开发者的角度来说，使用 Docker 容器和使用虚拟机可以达到相同的效果，那么我们使用容器来代替虚拟机进行开发有什么好处呢？

启动速度更快

随着开发不断向前推进，有时我们需要在全新的运行环境中运行应用程序进行测试。当然，因为我们原来的环境就是使用虚拟机镜像创建的，所以只需要使用这个镜像重新创建一个虚拟机，就可以得到一个全新的环境。但是启动虚拟机需要从头开始启动整个环境，其中还包括启动虚拟机中的操作系统，这就难免会产生等待的时间。如果重复进行这种操作，就会浪费很多时间。

相反，容器不需要自己的操作系统，因此和虚拟机相比，在快速启动运行环境方面具有压倒性的优势。特别是在需要启动多个环境的情况下，容器也可以保持相同的启动速度，不会产生额外的等待时间（图 3-23）。

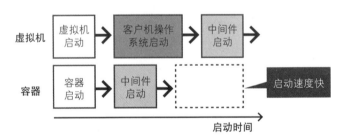

图 3-23 虚拟机和容器的启动时间对比

资源使用效率更高

根据所开发的应用程序的不同，有时我们需要让多个组件在多台服务器上协作运行。

虽说是本地开发环境，为了尽量按照生产环境的配置进行开发，也需要同时运行多台虚拟机。随着多核 CPU 和 64 位操作系统的普及，个人计算机可使用的 CPU 和内存等资源得到了优化，但是要想同时运行多台虚拟机，还需要有相应的资源才行。而如果使用的是容器，那么所需要的资源量就比使用虚拟机时少很多，而且还可以同时运行多个组件，不会给开发带来任何不良影响（图 3-24）。

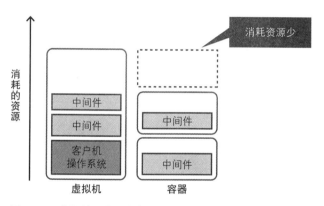

图 3-24　虚拟机和容器的资源消耗对比

另外，在使用虚拟机时，可能经常会遇到这种情况：本想启动多台虚拟机的，但由于资源不足，只好启动一台虚拟机，并将所有软件都安装到这台虚拟机中。如果我们以本地开发环境比较简单为由而将需要的软件都安装到一台虚拟机中，那么无意之中这些软件就会根据安装顺序等而形成一种依赖关系，从而出现在本地开发环境中能正常运行的应用程序到了生产环境下就不能正常运行的情况。而如果我们将使用的各个软件都放到容器中运行，那么就能确保各个软件的独立性，从而就不必再为依赖关系的问题而烦恼，顺利推进开发。

开发环境共享更加方便

和物理主机不同，虚拟机可以使用镜像进行复制并共享。然而，由于虚拟机是把包括操作系统在内的所有内容都进行虚拟化，所以即便是在虚拟机中刚刚安装好操作系统，虚拟机的镜像大小通常也会有几 GB，因此虚拟机并不适合频繁被共享。

相反，容器的虚拟化不包括操作系统，只要把必要的部分镜像化，就可以进行容器的复制。在容器里保存什么内容取决于构建方式，根据构建方式的不同，容器镜像大小可能只有几 MB。此外，镜像的配置能够用 Dockerfile 文件进行描述，这样就可以将配置以文本文件的方式快速共享出去，然后由个人来构建镜像。当然也可以直接共享镜像本身，这种情况下需要使用 Docker Hub 服务（图 3-25）。像在 GitHub 上共享 Git 项目一样，Docker Hub 可以用于共享 Docker 容器的镜像，我们之后会对这一服务进行介绍。

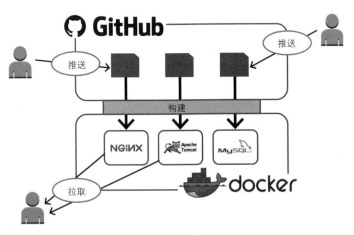

图 3-25 GitHub 和 Docker 的集成示意图

此外，在 Docker 中我们还可以使用 Docker Compose 工具，基于配置文件的内容同时启动多个容器。使用 Docker Compose，不仅可以共享单个容器，还可以共享由多个这样的单个容器构成的本地开发环境。从这一点来说，基于 Docker 的开发环境共享变得越来越方便了。

◤ 体验 Docker

下面我们就试着在本地开发环境中安装 Docker，来实际体验一下上面提到的 Docker 的优点。在准备好 Docker 的运行环境之后，将从以下两个阶段对 Docker 进行应用。

1. 使用 Docker

首先我们将使用公有的容器镜像来运行几个容器。

我们将看到，即使是在同一台宿主机上，也可以非常方便地区分使用多个操作系统以及预先安装好的中间件软件。

2. 共享 Docker 环境

在团队中共享环境时，可以使用 Dockerfile 或由 Dockerfile 文件构建的镜像。另外，使用 Docker Compose 有助于在团队中轻松地共享由多个容器组成的 Docker 环境。

◤ 准备 Docker 环境

在使用 Docker 之前，我们需要先准备好使用 Docker 的环境。除了在本地开发环境中安装 Docker 软件之外，还需要准备好 Docker Hub，以便在团队中共享镜像。

▎安装Docker

下面我们就来安装一下 Docker，看一下 Docker 到底是一个什么样的软件。我们会使用第 2 章中构建好的 CentOS 7 虚拟机，在这个虚拟机中安装 Docker。需要注意的是，在执行 Docker 相关操作时需要 root 权限。

▶ 代码清单：安装Docker

```
[root@demo ~]# yum install -y docker
```

然后启动 Docker 服务。

▶ 代码清单: 启动 Docker 服务

```
[root@demo ~]# systemctl start docker.service
[root@demo ~]# docker version
Client:
 Version:         1.10.3
 API version:     1.22
 Package version: docker-common-1.10.3-46.el7.centos.10.x86_64
 Go version:      go1.6.3
 Git commit:      d381c64-unsupported
 Built:           Thu Aug  4 13:21:17 2016
 OS/Arch:         linux/amd64

Server:
 Version:         1.10.3
 API version:     1.22
 Package version: docker-common-1.10.3-46.el7.centos.10.x86_64
 Go version:      go1.6.3
 Git commit:      d381c64-unsupported
 Built:           Thu Aug  4 13:21:17 2016
 OS/Arch:         linux/amd64
```

　　如上所示, 这里我们将使用 Docker 1.10.3 来对容器进行操作。

Docker Hub

　　在实际启动容器之前, 我们先来介绍一下 Docker Hub 服务。我们已经知道 Git 用于管理代码, 而 GitHub 服务则可以实现代码的共享。同样, Docker 用于管理容器的镜像, 而 Docker Hub 服务则可以对容器的镜像进行共享。如果对公共服务的安全性有所顾虑, 大家也可以选择使用 Docker Hub 的私有版本 Docker Trusted Registry, 或者使用 Docker Registry 在同一个数据中心构建 Registry 对 Docker 镜像进行管理 (图 3-26)。

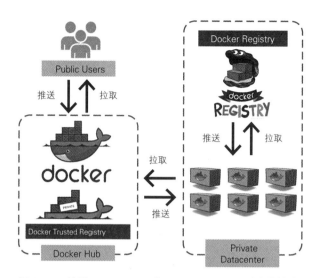

图 3-26　使用 Docker Hub 或 Docker Registry 对容器镜像进行管理

后面的内容我们都会基于 Docker Hub（图 3-27）进行说明，不过 Docker Registry 也已经作为 Docker 容器公开，按照官方文档的说明进行操作，就可以轻松地构建一个私有的 Docker 镜像仓库。在使用 Docker Registry 时，需要明确指定自己的 Docker Registry 的地址。

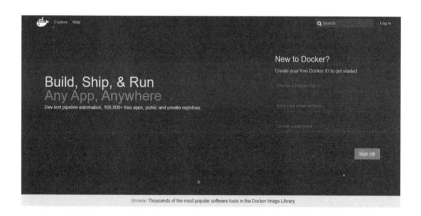

图 3-27　Docker Hub 主页

如果你还没有 Docker Hub 的账号，就需要使用下面的信息来注册新的账号。

- Docker Hub ID
- 邮箱地址
- 密码

注册完 Docker Hub 账号之后，可以使用下面的命令登录。

▶ 代码清单：登录到 Docker Hub

```
[root@demo ~]# docker login
Username: [Docker Hub ID]
Password: [密码]
Email: [邮箱地址]
WARNING: login credentials saved in /root/.docker/config.json
Login Succeeded
```

上面命令中出现的 WARNING 是 Docker Hub 的认证信息的保存地址，大家无须在意。通过以上操作，我们就完成了 Docker 环境的准备工作。

使用 Docker

下面我们就来实际使用一下 Docker。首先下载作为容器基础的镜像，然后再启动一个或多个容器，在此过程中感受一下容器的启动速度，并观察一下单个容器消耗的资源量。

下载 Docker 镜像

想要运行容器，就得先准备好作为容器启动基础的镜像。我们既可以使用后面介绍的 Dockerfile 来自己构建镜像，也可以使用互联网上公开的镜像。这里我们选择使用公开的镜像，首先执行下面的命令。

▶ 代码清单：搜索 Docker 镜像

```
[root@demo ~]# docker search centos
INDEX       NAME                              DESCRIPTION
docker.io   docker.io/centos                  The official build of CentOS.
docker.io   docker.io/ansible/centos7-ansible Ansible on Centos7
```

```
docker.io    docker.io/jdeathe/centos-ssh              CentOS-6 6.7 x86_64 / CentOS-7 7.2.1511 x8...
docker.io    docker.io/jdeathe/centos-ssh-apache-php   CentOS-6 6.7 x86_64 / Apache / PHP / PHP M...
docker.io    docker.io/nimmis/java-centos              This is docker images of CentOS 7 with dif...
docker.io    docker.io/million12/centos-supervisor     Base CentOS-7 with supervisord launcher, h...
docker.io    docker.io/consol/centos-xfce-vnc          Centos container with "headless" VNC sessi...
docker.io    docker.io/torusware/speedus-centos        Always updated official CentOS docker imag...
docker.io    docker.io/nickistre/centos-lamp           LAMP on centos setup
(略)
```

docker search 命令用于查找 Docker 镜像，在默认状态下会对 Docker Hub 进行搜索。

NAME 列表示的是各镜像仓库的名称，在 Docker Hub 的情况下一般会显示为 docker.io/[Docker Hub ID]/[镜像仓库名称]。

以上搜索结果中的第一条 docker.io/centos 中并没有用户名这一项，但搜索结果中的 OFFICIAL 列（篇幅原因省略了这一列）显示的却是 OK，这就说明这个镜像是由 Docker 公司提供的 Docker 官方镜像。

下面我们就使用 docker pull 命令来下载这个官方 CentOS 镜像。

▶ 代码清单：下载 Docker 镜像

```
[root@demo ~]# docker pull docker.io/centos
Using default tag: latest
Trying to pull repository docker.io/library/centos ... latest: Pulling from library/centos
Digest: sha256:1a62cd7c773dd5c6cf08e2e28596f6fcc99bd97e38c9b324163e0da90ed27562
Status: Image is up to date for docker.io/centos:latest

[root@demo ~]# docker images
REPOSITORY          TAG          IMAGE ID         CREATED          VIRTUAL SIZE
docker.io/centos    latest       a65193109361     2 weeks ago      196.7 MB
```

顾名思义，docker images 用于列出本地所有的镜像。我们可以通过该命令看到刚才下载的 docker.io/centos 镜像。其他几列中，IMAGE ID 是该镜像唯一的 ID，CREATED 表示镜像的创建时间，VIRTUAL SIZE 表示镜像的大小。另外，这里 TAG 列的值显示的是 latest，这是因为在运行 docker pull 命令时，如果没有指定 tag，就会默认下载 tag 为 latest 的镜像。如果想要下载指定 tag 的镜像，就可以像下面这样在镜像仓库名称后面加上英文冒号和 tag 名，然后执行 docker pull 命令。

▶ 代码清单: 下载指定 tag 的镜像

```
[root@demo ~]# docker pull docker.io/centos:centos6.8
[root@demo ~]# docker images
REPOSITORY           TAG            IMAGE ID         CREATED          VIRTUAL SIZE
docker.io/centos     centos6.8      ab6a44fbd5f6     2 weeks ago      194.5 MB
docker.io/centos     latest         a65193109361     2 weeks ago      196.7 MB
```

启动容器

下面我们就使用刚才下载的镜像来启动一个容器。

启动容器需要使用 docker run 命令。

▶ 代码清单: 启动容器

```
$ docker run [选项] 镜像名 [要执行的命令]
```

通过执行上面的命令, 就可以启动起一个容器。

在使用 CentOS 6.8 的镜像来启动容器的情况下, 可以执行下面的命令。由于命令较长, 这里使用了 \ 进行换行。

▶ 代码清单: 启动容器

```
$ docker run -td --name centos6.8 \
docker.io/centos:centos6.8
```

-td 选项是 -t 和 -d 两个选项的组合。-t 选项用于给容器分配伪终端 (Pseudo-TTY), -d 选项用于指定容器以后台模式 (detach) 运行。

后面的 --name centos6.8 给新启动的容器设置了容器名。我们可以按照自己的喜好为容器设置一个名字, 使它更好辨认。

最后的 docker.io/centos:centos6.8 是镜像名。这是容器启动时使用的基础镜像。将前面 docker images 命令的输出结果中 REPOSITORY 列和 TAG 列的内容用英文冒号连接起来, 就是镜像名。

这里, 我们没有指定 "[要执行的命令]" 这部分的内容, 这就表示执行镜像中定义的默认命令。

在容器中必须保持进程以前台模式 (foreground) 持续运行。什么都不运行的空的容器是不存在的。在容器里有一个根进程, 只有这个根进程在

运行，容器才会运行。也就是说，如果这个根进程停止了，容器自身也会
停止。

需要注意的是，这里的前台模式是指在容器中使用的运行模式。从
Docker 宿主机的角度来看，容器本身可以用后台模式运行，而容器中的进
程则必须以前台模式运行。

比如 nginx 容器就要求 nginx 进程以前台模式在容器中运行。我们使用
的这个 CentOS 镜像也被定义为必须以前台模式运行 /bin/bash 进程。也
就是说，在启动容器时执行了默认命令 /bin/bash。Dockerfile 中有对这
一点的描述，关于 Dockerfile，我们会在后面进行介绍。现在只需要知道基
于 CentOS 镜像启动的容器会默认执行 /bin/bash 命令就可以了。

执行上面的 docker run 命令会得到以下输出结果。

▶ 代码清单：启动容器（执行示例）

```
[root@demo ~]# docker run -td --name centos6.8 \
 docker.io/centos:centos6.8
32ef93f50d32（略）
```

运行上面的命令后，会输出一个 64 位长度的看起来像随机字符的字符
串，这里省略了部分运行结果。这个随机字符串被称为容器 ID，用于识别
正在运行的容器。

上面的命令几乎瞬间就可以执行完，也就是说，容器在一瞬间就启动
了。由此可见，和使用 vagrant up 命令启动虚拟机相比，容器的启动速
度要快得多。

如果想查看容器的运行状态，可以使用 docker ps 命令。

▶ 代码清单：查看容器的运行状态

```
$ docker ps [选项]
```

"［选项］"部分可以什么都不指定。在不指定任何选项时，执行该命
令就会列出所有处于正在运行状态的容器。如果想把已经停止的容器也一
起显示出来，可以使用 -a 选项，操作起来非常方便。

在这个例子中，该命令的执行结果如下所示（由于篇幅有限，代码显
示时有换行）。

▶ **代码清单: 查看容器的运行状态 (执行示例)**

```
[root@demo ~]# docker ps
CONTAINER ID        IMAGE                          COMMAND
32ef93f50d32        docker.io/centos:centos6.8     "/bin/bash"
  CREATED              STATUS             PORTS             NAMES
  17 minutes ago       Up 17 minutes                        centos6.8
```

可以看到, 前面执行 docker run 命令时指定的运行参数以及对应的运行结果在这里都显示了出来。CONTAINER ID 显示的是启动容器时返回的容器 ID, IMAGE 和 NAMES 显示的也都是启动容器时指定的值。

此外, STATUS 列显示为 Up, 这就表示该容器已经处于正在运行状态。

进入容器

接下来, 我们就试着进入容器。和虚拟机不同, 容器不是服务器, 因此不能通过 ssh 命令等方式进入。

对容器实施某种操作时, 可以使用 docker exec 命令。

▶ **代码清单: 在容器中执行命令**

```
$ docker exec [选项] 容器名 要执行的命令
```

docker exec 命令本身并不用于进入容器。比如, 在查看前面我们启动的 centos6.8 容器的操作系统版本时, 会像下面这样使用 docker exec 命令。

▶ **代码清单: 在容器中执行命令 (执行示例)**

```
[root@demo ~]# docker exec centos6.8 cat /etc/redhat-release
CentOS release 6.8 (Final)
```

这个示例表示在容器 centos6.8 中执行 cat /etc/redhat-release 命令。可以看到, 运行结果中显示 CentOS 的版本为 6.8。

要使用 docker exec 命令进入容器, 只需在容器中执行 /bin/bash 命令即可。因此, 我们需要执行以下命令。

▶ **代码清单: 在容器中执行 bash 命令**

```
[root@demo ~]# docker exec -it centos6.8 /bin/bash
[root@32ef93f50d32 /]#
```

这里的 -it 选项是 -i 和 -t 两个选项的组合。-i 选项表示为容器打开标准输入，从而实现交互式（interactive）操作。-t 选项和执行 docker run 命令时的意义相同，表示为容器分配伪终端（Pseudo-TTY）。

从上面的输出结果中可以看到，shell 的提示符发生了变化，这就说明我们进入到了容器中。这时我们可以查看一下操作系统的版本，验证一下是否已经进入到了容器中。

▶ 代码清单: 在容器中执行命令

```
[root@32ef93f50d32 /]# cat /etc/redhat-release
CentOS release 6.8 (Final)
```

如上所示，我们确实已经进入到了容器中。之后就可以像使用虚拟机一样，对这个容器进行构建，使用这个容器自由地进行开发。

从容器中退出时，可以使用 exit 命令。

▶ 代码清单: 从容器中退出

```
[root@32ef93f50d32 /]# exit
exit
[root@demo ~]#
```

停止容器

停止容器需要使用 docker stop 命令。

▶ 代码清单: 停止容器

```
$ docker stop 容器名
```

要想停止容器 centos6.8，我们就需要执行下面的命令。

▶ 代码清单: 停止容器（执行示例）

```
[root@demo ~]# docker stop centos6.8
centos6.8
```

这时再使用 docker ps 命令查看容器的运行状态，STASUS 列就会像下面这样显示为 Exited，这就表明容器已经停止了。如果要列出已停止的容器，就需要使用 -a 选项。

▶ 代码清单: 查看容器的运行状态

```
[root@demo ~]# docker ps -a
CONTAINER ID        IMAGE                          COMMAND
32ef93f50d32        docker.io/centos:centos6.8     "/bin/bash"
  CREATED              STATUS                      PORTS              NAMES
  47 minutes ago      Exited (137) 19 seconds ago                    centos6.8
```

　　要想重新启动已停止的容器，则需要使用 docker start 命令，而不再使用 docker run 命令。

▶ 代码清单: 启动容器

```
$ docker start 容器名
```

　　如下所示，容器又重新启动了起来。

▶ 代码清单: 启动容器 (执行示例)

```
[root@demo ~]# docker start centos6.8
centos6.8
[root@demo ~]# docker ps -a
CONTAINER ID        IMAGE                          COMMAND
32ef93f50d32        docker.io/centos:centos6.8     "/bin/bash"
  CREATED              STATUS                      PORTS              NAMES
  49 minutes ago      Up 3 seconds                                   centos6.8
```

删除容器

　　如果要删除容器，我们就需要使用 docker rm 命令。

▶ 代码清单: 删除容器

```
$ docker rm [选项] 容器名
```

　　一般情况下，我们不能删除正在运行的容器，若想强制删除正在运行的容器，就需要在 "[选项]" 中使用 -f 选项。

▶ 代码清单: 删除容器 (执行示例)

```
[root@demo ~]# docker rm -f centos6.8
centos6.8
```

　　这时再使用 docker ps 命令查看容器的状态，就可以确认容器 centos6.8 已经被删除了。

▶ **代码清单: 删除容器后容器的状态**

```
[root@demo ~]# docker ps -a
CONTAINER ID       IMAGE                      COMMAND
  CREATED                STATUS            PORTS
                                                        NAMES
```

启动更多的容器

　　前面我们针对一个容器展开了各种各样的简单操作。

　　能够在一台宿主机上轻松使用各种容器是 Docker 的一大长处。有时我们需要准备开发对象或测试对象之外的环境。比如，为了测试反向代理，需要安装 Web 服务器；为了开发应用程序，需要安装缓存服务器或数据库服务器，等等。这时 Docker 就派上用场了，使用 Docker 可以快速构建上面提到的 Web 服务器、缓存服务器和数据库服务器等环境。

　　下面我们就来尝试启动多个容器。

▶ **代码清单: 启动 Ubuntu 容器**

```
[root@demo ~]# docker pull docker.io/ubuntu
[root@demo ~]# docker run -td --name ubuntu-latest \
docker.io/ ubuntu:latest
[root@demo ~]# docker exec -it ubuntu-latest \
cat /etc/os-release
NAME="Ubuntu"
VERSION="16.04 LTS (Xenial Xerus)"
ID=ubuntu
ID_LIKE=debian
PRETTY_NAME="Ubuntu 16.04 LTS"
VERSION_ID="16.04"
HOME_URL="http://www.ubuntu.com/"
SUPPORT_URL="http://help.ubuntu.com/"
BUG_REPORT_URL="http://bugs.launchpad.net/ubuntu/"
UBUNTU_CODENAME=xenial
```

　　像这样，我们也可以使用 Ubuntu 等和宿主机操作系统不同的其他发行版的操作系统。

接着，我们来使用一下打包好了各种中间件的镜像。

▶ **代码清单: 启动 nginx 容器**

```
[root@demo ~]# docker pull docker.io/nginx
[root@demo ~]# docker run -d -p 8000:80 --name nginx-latest \
 docker.io/nginx:latest
4bdd5d83bd0 (略)
```

我们先下载了 nginx 镜像，nginx 服务也非常容易打包到镜像里。

在 docker run 命令中，我们使用了 -p 选项，该选项用于在宿主机和容器之间进行端口转发。也就是说，上面的例子表示将 Docker 宿主机上的8000 端口和 nginx-latest 容器的 80 端口进行了映射。

这时执行 docker ps 命令会输出以下结果。

▶ **代码清单: 查看容器的运行状态**

```
[root@demo ~]# docker ps
CONTAINER ID     IMAGE                      COMMAND
5e528c992dea     docker.io/nginx:latest     "nginx -g 'daemon off'"
  CREATED          STATUS            PORTS                              NAMES
  5 minutes ago    Up 5 minutes      443/tcp, 0.0.0.0:8000->80/tcp      nginx-latest
```

从 COMMAND 列中我们可以看出，启动容器时指定的是 nginx -g 'daemon off' 命令。也就是说，这个命令（也就是 nginx）在该容器中是以前台模式运行的。

PORTS 列显示的是 0.0.0.0:8000->80/tcp，这就表明前面启动容器时通过 -p 选项对端口转发进行了设置。因此，如果我们像下面这样访问 Docker 宿主机上的 8000 端口，该请求就会被转发到在容器内运行的 nginx 服务上。

▶ **代码清单: 通过 HTTP 访问 nginx 容器**

```
[root@demo ~]# curl http://localhost:8000/index.html
<!DOCTYPE html>
<html>
<head>
<title>Welcome to nginx!</title>
(略)
<h1>Welcome to nginx!</h1>
```

```
<p>If you see this page, the nginx web server is successfully
installed and
working. Further configuration is required.</p>
（略）
</body>
</html>
```

由于 nginx 进程正在以前台模式运行，所以我们可以查看 nginx 容器的标准输出。查看容器的标准输出需要使用 docker logs 命令。

▶ **代码清单: 查看容器的标准输出**

```
$ docker logs [选项] 容器名
```

"[选项]"部分不是必填项，可以不写，我们也可以像 tail 命令一样指定 -f 选项，以实时查看容器的标准输出的内容。

▶ **代码清单: 查看 nginx 容器的标准输出 (执行示例)**

```
[root@demo ~]# docker logs -f nginx-latest
172.17.0.1 - - [06/Aug/2016:12:46:50 +0000] "GET /index.html
HTTP/1.1" 200 612 "-" "curl/7.29.0" "-"
172.17.0.1 - - [06/Aug/2016:12:57:28 +0000] "GET /index.html
HTTP/1.1" 200 612 "-" "curl/7.29.0" "-"
172.17.0.1 - - [06/Aug/2016:12:57:29 +0000] "GET /index.html
HTTP/1.1" 200 612 "-" "curl/7.29.0" "-"
172.17.0.1 - - [06/Aug/2016:12:57:30 +0000] "GET /index.html
HTTP/1.1" 200 612 "-" "curl/7.29.0" "-"
```

通过上面的命令，我们可以看到刚才访问 nginx 服务时产生的日志。

到这里，我们使用 Docker Hub 上的容器镜像创建了各种各样的环境，并尝试进入容器内部进行了各种操作。相信各位读者已经深刻体会到使用 Docker 比启动一个个虚拟机便捷多了。

◢ 共享 Docker 环境

最后，我们来介绍一下如何对 Docker 环境进行共享。

在前面的操作中，我们只是使用已有的镜像启动了几个容器而已。而在实际的开发中，我们通常会向团队其他成员共享自己创建的 Docker 镜像。

在这种情况下，可以使用 Dockerfile 共享镜像，使用 Docker Compose 共享由多个容器组成的复杂的开发环境。接下来，我们就对这些内容进行介绍。

什么是Dockerfile

Dockerfile 是 Docker 镜像的设计文档，记载了"这个镜像是谁构建的""基于什么构建的"等镜像的相关信息，使用 docker build 命令就能按照这个设计文档构建 Docker 镜像。Dockerfile 本身只是一个文本文件，因此非常适合使用 Git 进行版本管理，Docker Hub 中的官方镜像也是把构建镜像的 Dockerfile 放到 GitHub 上进行管理和共享的。

在前面的说明中，我们使用了 CentOS 和 nginx 的镜像，这里请大家回想一下，当时我们提到这些镜像中定义了"要以前台模式运行进程"。也就是说，我们通过 docker ps 命令确认了 CentOS 容器中执行的是 /bin/bash 命令，nginx 容器中执行的是 nginx -g 'daemon off' 命令。这些"定义"的内容就记载在 Dockerfile 中。

我们来看一下官方镜像 docker.io/centos:centos7 的 Dockerfile。CentOS 官方镜像的 Dockerfile 可以从下面的链接中找到。

参考网址 | https://hub.docker.com/_/centos/

在该页面中点击 latest, centos7, 7(docker/Dockerfile) 链接[1]，我们就可以看到以下内容（文件内容可能会发生变化）。这里省略了其中的注释行。

▶ 代码清单：CentOS镜像的Dockerfile内容

```
FROM scratch ──────────────────────────────────────── Ⓐ
MAINTAINER The CentOS Project <cloud-ops@centos.org>
ADD c7-docker.tar.xz / ──────────────────────────────── Ⓑ
LABEL name="CentOS Base Image" \
    vendor="CentOS" \
    license="GPLv2" \
    build-date="2016-06-02"
```

---

① 随着 CentOS 版本的升级，latest 所指向的内容可能会发生变化。——译者注

```
CMD ["/bin/bash"]
```
ⓒ

可以看到，CentOS 7 的镜像只需要这么几行代码就能实现。

我们按顺序来看一下各部分的内容。

Ⓐ行的 FROM 用于声明该镜像所使用的基础镜像（base image）。使用 FROM 指令，我们就可以在一个镜像的基础上构建另一个新的镜像，不过例子中采用的是从零开始构建的方法。无论怎样，FROM 指令都是 Dockerfile 中必不可少的一个要素。

Ⓑ行用于向镜像中添加文件。要添加的文件的路径是从 Dockerfile 所在文件夹的位置开始的相对路径。和 ADD 指令类似的还有 COPY 指令，不同的是，如果添加的是例子中这样的压缩文件，ADD 指令就会将文件复制到目的位置并进行解压，而 COPY 指令只会单纯地进行文件的复制操作。

最后的Ⓒ行则设置了容器启动时默认启动的进程。

比如我们之前介绍的启动 CentOS 6.8 容器的例子，在这个例子中就执行了下面的命令。

▶ 代码清单：启动 CentOS 容器

```
$ docker run -td --name centos6.8 \
docker.io/centos:centos6.8
```

如前所述，这种情况下就定义了默认启动 /bin/bash 进程，这里的"定义"就是 CMD 指令所要完成的工作。

启动 nginx 容器的例子也是一样的情况。我们也来查看一下 nginx 镜像的 Dockerfile 文件。

参考网址 　https://hub.docker.com/_/nginx/

在上面的网址中，点击 latest, 1, 1.11, 1.11.1 (mainline/jessie/Dockerfile) 链接，就可以看到该镜像的 Dockerfile。这个 Dockerfile 末尾的内容如下所示（nginx 的版本可能会在以后发生改变）。

▶ 代码清单：nginx 镜像的 Dockerfile 内容（节选）

```
CMD ["nginx", "-g", "daemon off;"]
```

可以看出，Dockerfile 中设置的容器启动时默认运行的进程，正是 `docker ps` 命令的运行结果中 COMMAND 列显示的内容。

创建 Dockerfile

前面我们介绍了 Dockerfile 就是构建 Docker 镜像的设计文档。

接下来，我们就来尝试编写 Dockerfile，并根据 Dockerfile 的内容构建自己的镜像。

▶ 代码清单：创建 Dockerfile

```
[root@demo ~]# echo "Hello, Docker." > hello-docker.txt
[root@demo ~]# vi Dockerfile
FROM docker.io/centos:latest
ADD hello-docker.txt /tmp
RUN yum install -y epel-release
CMD ["/bin/bash"]
```

MAINTAINER 和 LABEL 指令不是必需的，所以这里就省略了。另外，通过在镜像构建过程中使用 RUN 指令对容器执行任意命令，可以对镜像进行更为精细的定制。

创建好 Dockerfile 之后，我们就可以使用 `docker build` 命令来构建镜像了。

▶ 代码清单：构建镜像

```
$ docker build [选项] Dockerfile的路径
```

在构建时可以为新镜像设置 tag。tag 可以通过在 `-t` 选项后添加"账号 / 镜像名：版本（`tag`）"的方式来指定。账号就是登陆 Docker Hub 时使用的账号。

▶ 代码清单：构建镜像（执行示例）

```
[root@demo ~]# docker build -t 你的Docker Hub账号/centos:1.0 .
Sending build context to Docker daemon 15.36 kB
Step 1 : FROM docker.io/centos:latest
 ---> a65193109361
Step 2 : ADD hello-docker.txt /tmp
```

```
 ---> Using cache
 ---> c96de403a8ee
Step 3 : RUN yum install -y epel-release
 ---> Running in f420f87c3dfa
Loaded plugins: fastestmirror, ovl
（略）
Installed:
  epel-release.noarch 0:7-6

Complete!
 ---> 4ea54adf8fe3
Removing intermediate container f420f87c3dfa
Step 4 : CMD /bin/bash
 ---> Running in 87cf8b10c048
 ---> b27dbe4276da
Removing intermediate container 87cf8b10c048
Successfully built b27dbe4276da
```

上述示例表示在你的账号下构建一个名为 centos、tag 为 1.0 的镜像。Dockerfile 的文件路径指定为 ".", 这就表示在当前文件夹下。另外，在镜像的构建过程中会安装 epel-release 软件包，安装时会出现 warning 的提示内容，不过这并没有什么影响。构建命令输出的最后一行如果是 Successfully built, 那就表示本次构建没有问题，新镜像已经构建完成。

这时通过 docker iamges 命令就能看到刚才成功构建的镜像（这里省略了一些不相关的内容）。

▶ 代码清单: 查看本地镜像

```
[root@demo ~]# docker images
REPOSITORY          TAG          IMAGE ID          CREATED          VIRTUAL SIZE
********/centos     1.0          b27dbe4276da      3 minutes ago    278.2 MB
```

下面，我们使用刚才构建好的镜像来实际启动一下容器。和最开始介绍的流程一样，首先使用 docker run 命令启动一个新容器，然后使用 docker exec 命令进入容器中，查看容器里的文件。

这里我们就以 devops-book-1.0 这个容器名来启动容器。

▶ 代码清单: 使用刚刚构建的镜像启动Docker容器并进行确认

```
[root@demo ~]# docker run -td --name devops-book-1.0 \
你的Docker Hub账号/centos:1.0
441dd7837c7b (略)
[root@demo ~]# docker ps
CONTAINER ID          IMAGE                    COMMAND
441dd7837c7b          ********/centos:1.0      "/bin/bash"
  CREATED               STATUS                 PORTS            NAMES
  4 seconds ago         Up 2 seconds                            devops-book-1.0
[root@demo ~]# docker exec -it devops-book-1.0 /bin/bash
[root@441dd7837c7b /]# cat /tmp/hello-docker.txt
Hello, Docker.
[root@441dd7837c7b /]# rpm -qa | grep epel
epel-release-7-6.noarch
```

从上面的结果可以看出，新启动的容器所使用的镜像正是按照 Dockerfile 的内容构建的。

此外，我们也可以基于已经存在的容器来创建一个新的 Docker 镜像。在容器中进行如下操作，然后退出该容器。

▶ 代码清单: 修改容器内容

```
[root@441dd7837c7b /]# yum install -y nginx
(略)
Installed:
  nginx.x86_64 1:1.6.3-9.el7
(略)
[root@441dd7837c7b /]# exit
```

退回到 Docker 宿主机之后，使用 docker commit 命令将这个容器的当前状态保存为镜像。

▶ 代码清单: 将容器保存为镜像

```
$ docker commit 容器名 镜像名
```

"容器名"用于指定要保存成镜像的容器，这里我们使用刚才启动的容器 devops-book-1.0。"镜像名"是基于该容器创建的新镜像的名称，可以像通过 docker build 命令指定 tag 时一样，以"账号 / 镜像名 : 版本 (tag)"的格式进行指定。

▶ 代码清单: 将容器保存为镜像 (执行示例)

```
[root@demo ~]# docker commit devops-book-1.0 devops-book/centos:1.1
sha256:d850b3f1654e（略）
[root@demo ~]# docker images 你的Docker Hub账号/centos
REPOSITORY        TAG          IMAGE ID        CREATED          VIRTUAL SIZE
********/centos   1.1          d850b3f1654e    About a minute ago  373.1 MB
```

　　用这种方式构建出来的镜像可以被推送到 Docker Hub 中，这样就可以向团队成员共享 Docker 镜像了。

▶ 代码清单: 将镜像推送到 Docker Hub

```
$ docker push 你的Docker Hub账户/镜像名[:tag]
```

　　这里可以省略 tag。镜像推送成功后会显示如下内容。

▶ 代码清单: 将镜像推送到 Docker Hub (执行示例)

```
[root@demo ~]# docker push 你的Docker Hub账号/centos
The push refers to a repository [docker.io/你的Docker Hub账号/centos]
（略）
1.1: digest: sha256:0138f9323cc2（略）size: 1138
```

　　如上所示，我们可以在对容器进行一些小的修改之后，将容器保存为镜像进行管理。

　　如果将来能和团队成员共享仓库，那么镜像的共享就会变得更加顺利。

使用 Docker Compose 共享整个环境

　　在实际进行开发时，开发环境不会全部囊括在一个容器中，一般都是在 Web 容器、应用程序容器和数据库容器等多个容器运行起来之后，才算准备好了开发环境。然而，一旦运行的容器变多，如何对这些容器进行管理就成为了新的难题，我们必须掌握一定的技巧才能处理好容器之间的依赖关系以及启动顺序。在这种情况下，能够对多个 Docker 容器进行统一管理的 Docker Compose 就派上用场了。

　　Docker Compose 通过在 YAML 格式的配置文件中描述容器信息来批量启动多个容器。Docker Compose 只是一个单一的执行文件，因此在能使用 Docker 的环境下，都可以像下面这样非常方便地使用 Docker Compose。

Docker Compose 的安装方法可以参考其官方文档，本书中使用的
Docker Compose 的版本是 1.8.0，今后可能会出现新的版本。

▶ 代码清单：安装 Docker Compose

```
[root@demo ~]# curl -L https://github.com/docker/compose/releases/
download/1.8.0/docker-compose-`uname -s`-`uname -m` > /usr/local/
bin/docker-compose
[root@demo ~]# chmod +x /usr/local/bin/docker-compose
[root@demo ~]# docker-compose --version
docker-compose version 1.8.0, build f3628c7
```

接着我们来编写 docker-compose.yml 文件，记录需要启动的容器。我
们以一个 3 层架构的 Web 应用为例，看一下如何通过 Docker Compose 同时
启动由 3 个容器构成的开发环境（图 3-28）。

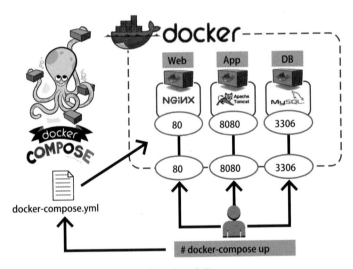

图 3-28　Docker Compose 的工作示意图

为了实现上面的开发环境，需要编写 docker-compose.yml 文件，具体
内容如下所示。

▶ 代码清单：Docker Compose 示例代码（docker-compose.yml）

```
# database container
db:
```

```
    image: docker.io/mysql
    ports:
      - "3306:3306"
    environment:
      - MYSQL_ROOT_PASSWORD=password

# application container
app:
    image: docker.io/tomcat
    ports:
      - "8080:8080"

# web container
web:
    image: docker.io/nginx
    ports:
      - "80:80"
```

　　在看了上面的代码之后，相信有的读者已经发现，docker-compose.
yml 文件中的内容基本上就是把 docker run 命令中指定的参数直接用
YAML 格式写下来。因此，我们不需要去学习新的知识就可以使用
Docker Compose，这也是它的优点之一。之后在 docker-compose.yml 文件
所在目录中执行 docker-compose up -d 命令，就可以启动配置文件中
指定的容器。这里的 -d 选项用于指定容器以后台模式运行，如果不使用
这个选项，该命令就不会从终端返回，各个容器的日志就会直接输出到终
端上。

▶ 代码清单：使用 Docker Compose 同时启动多个容器

```
[root@demo ~]# docker-compose up -d
Creating root_web_1
Creating root_app_1
Creating root_db_1
[root@demo ~]# docker ps
CONTAINER ID    IMAGE                    COMMAND                 CREATED         STATUS
91afa68250a2    docker.io/mysql          "docker-entrypoint.sh"  41 seconds ago  Up 38 seconds
00f5acc84fa0    docker.io/tomcat         "catalina.sh run"       42 seconds ago  Up 40 seconds
e7745272b0d4    docker.io/nginx:latest   "nginx -g 'daemon off"  42 seconds ago  Up 41 seconds
```

　　从上面的输出内容中我们可以看出，正如在 docker-compose.yml 文件

中设置的那样，3 个容器同时启动了，并且正确地进行了端口映射。在同时启动多个容器后，就可以使用 `docker-compose stop` 命令来同时停止这些容器，也可以使用 `docker-compose down` 来停止并删除这些容器。Docker Compose 还有很多其他实用的功能，包括使用 `docker-compose scale` 命令指定某一个服务启动的容器的个数等，这里我们就不一一介绍了。使每个容器都拥有简单的功能，同时使用 Docker Compose 对这些容器的组合关系进行管理，这样即使是很复杂的开发环境，也很容易共享。

在生产环境中使用 Docker

为了在本地开发环境中高效地推进开发，我们在前面介绍了使用 Docker 进行各种操作的方法。这里我们再来回顾一下本节最开始介绍的 Docker 的优点。

- 环境构建速度更快
- 资源使用效率更高
- 开发环境共享更加方便

重新来看这些优点，有的读者或许会发现 Docker 的适用范围不仅限于本地开发环境。

在构建好本地开发环境之后，我们就可以在本地开发环境中运行服务，并轻松地共享开发环境，还可以将本地开发环境的镜像直接用于团队开发环境或者生产环境中。反过来说，使用与生产环境相同的操作系统和中间件，就可以按照几乎相同的配置在本地进行开发。

通常开发环境和生产环境会出现各种形式的偏差，导致在开发环境中可以正常运行的应用程序到了生产环境中却会出错等环境依赖问题。这个问题就可以通过 Docker 来解决。在使用 Docker 的情况下，在使用本地开发环境时就已经在基于生产环境进行开发，因此容易在较早的阶段就编写出高质量的应用程序，开发人员也可以安心地进行开发。

此外，能够快速地启动容器，说明在访问量激增时 Docker 也可以轻松应对。如果可以在瞬间轻松完成横向扩展（scale-out），那么在访问量激增

时，就可以通过快速启动新的容器来处理这些新的请求。Docker Engine1.12
及其后续版本整合了 Swarm mode 功能，该功能可以使多台 Docker 主机组
成一个集群来进行管理，大大提高了容器调度的灵活性，也使 Docker 更容
易在生产环境中使用。

如上所述，只在本地开发环境中使用 Docker 未免有些浪费。容器不仅轻
量，还易于操作，因此适用于服务所需的所有环境。我们这里介绍的方法只是
入门级别的，希望各位读者能熟练运用 Docker，进一步提高团队开发的效率。

总结

本节我们介绍了安装 Docker、从 Docker Hub 下载 Docker 镜像并运行
各种容器，以及对容器进行定制等内容。相信各位读者都或多或少地感受
到了 Docker 的优点——环境构建速度更快、资源使用效率更高以及开发共
享环境更加方便。

特别是通过 Dockerfile 和 Docker Hub 共享镜像，再结合使用 Docker
Compose，可以使得团队成员的开发环境更加简单易用。另外，将容器拆分
为更小的单位，既可以保持容器的简易性，又可以摆脱依赖关系带来的各
种问题。像这样，通过在团队中使用 Docker，可以提高个人的工作效率，
进而实现高速开发。

专栏

Docker for Mac/Windows

前面我们介绍了有助于提高开发速度的工具 Docker，但由于 Docker 需
要在 Linux 下运行，所以我们需要在 Mac 或者 Windows 环境下运行一个
Linux 虚拟机。

然而，为了运行 Docker 而安装 VirtualBox 软件，并在其中运行 Linux 虚
拟机，这难免会让人觉得有些费事。

在这一背景下，Docker 公司发布了官方工具 Docker for Mac/Windows，
以使用户更加方便地在非 Linux 环境下使用 Docker。

参考网址　https://www.docker.com/products/docker

该工具和 Mac 或者 Windows 上其他的应用程序一样，安装①后即可使用，而且不会让用户感受到安装 Linux 虚拟机的负担。

安装完 Docker for Mac/Windows 之后，我们就可以从 Mac 或者 Windows 的标准终端使用各种 Docker 命令了。

研究一下 Docker for Mac/Windows 内部的工作原理就会发现，其实在该工具内部也运行着一个 Linux 虚拟机，而 Docker 就运行在这个虚拟机中。

但是，这个 Linux 虚拟机在运行时实际使用的是操作系统原生支持的虚拟化技术，比如在 Mac 下会使用 xhyve，在 Windows 下会使用 Hyper-V，用户不需要再安装类似于 VirtualBox 这样的第三方虚拟化工具。

此外，基于"只需支持 Docker 运行即可"的思想，这个 Linux 虚拟机使用了 Alpine Linux 这一轻量级 Linux 发行版，使 Docker 运行起来更加便捷（图 3-A）。

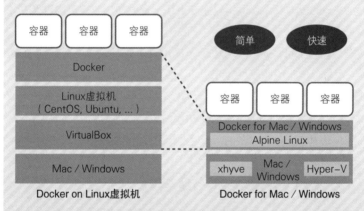

图 3-A：Docker for Mac/Windows 的运行示意图

Docker for Mac/Windows 发布于 2016 年 8 月 1 日，虽然目前还有一些不完善的地方，但是要在 Mac/Windows 环境下运行 Docker，没有比使用它更为简单的方法了。

希望各位读者可以积极采用这些新工具，进一步提高开发效率。

---

① Mac 需要 macOS Yosemite 10.10.3 以上的版本，Windows 需要 Windows 10 Professional 以上的版本。

专栏

Docker和DevOps

Docker 产品本身在开发中也参考了 DevOps 思想，其官方网站中明确提到 Docker 为改善应用程序的开发过程、推进 DevOps 提供了关键的工具。

另外，DevOps 领军人物约翰·威利斯（John Willis）在题为 *Docker and the Three Ways of DevOps* 的文章中介绍了 DevOps 的 3 种方式，即系统思考（将开发到运维之间流程视为一条管道）、增强反馈回路，以及培养不断实验和学习的文化，并总结了 Docker 在这 3 种方式中发挥的作用。

系统思考

The First Way：System Thinking

增强反馈回路

The Second Way：Amplify Feedback Loops

培养不断实验和学习的文化

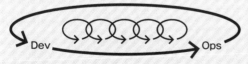

The Third Way：Culture Of Continual Experimentation And Learning

这里我们来思考一下 Docker 的特点。由于 Docker 既适用于基础设施，又适用于应用程序，具有可以在各种环境下运行的可移植性，所以在提高开发速度、缩短持续集成的间隔、提高发布速度等方面都有很好的效果。

Docker 的可移植性有助于实现系统的松耦合，进而有利于明确开发的责任人和责任范围，缩短发生故障时恢复系统所需要的时间。此外，2015 年 Docker 发布了 Container as a Service，Container as a Service 除了可以对单个容器进行管理，还支持多个容器的扩容、缩容、启动、停止、编排以及镜像管理等，涵盖了系统所有方面的功能。

在 *Docker and the Three Ways of DevOps* 这篇文章中，作者根据 Docker 的上述特点，详细介绍了 Docker 给 DevOps 中的 3 种方式带来的良好效果。

专栏

如何熟练掌握Docker

在介绍 docker run 时我们已经提到过，容器与虚拟机不同，需要考虑根进程的问题。这就导致容器和虚拟机的处理方式有所不同。

因此，如果将容器完全当作虚拟机来使用，就可能会出现容器意外停止，或者根本不能正常启动的情况。

本章只对 Docker 最基本的用法进行了介绍，在理解了 Docker 的各种思想和命令之后，就可以更加熟练地运用 Docker。

除了 Docker 的官方网站之外，我们也可以在互联网上找到很多 Docker 的相关资料，各位读者可以参考一下，并将其运用到自己的实际服务中。

Docker 和基础设施配置管理

在第 2 章中，我们使用基础设施配置管理工具 Ansible 解决了使用 Vagrant 对虚拟机进行管理时出现的问题。简单来说，Vagrant 使用 Vagrantfile 记录构建步骤，但记述内容晦涩难懂且通用性较低，因此便使用 Ansible 来解决这个问题。

但是，在使用 Docker 时需要用到 Dockerfile，这似乎又回到使用 Vagrant 时遇到的问题上了。在 Dockerfile 里使用 RUN 指令，大多会像 shell 脚本一样罗列出一连串的 Linux 命令。本章我们只是对 Dockerfile 进行了简单的操作，但在实际服务中则需要编写各种各样的处理，不难想象生成的

Dockerfile 会有多么复杂。那么，我们要如何看待 Docker 和基础设施配置管理工具之间的关系呢？针对这个问题，我们可以从容器和虚拟机的原理及其各自的优点这两方面来获得答案。

虚拟机的目的是轻松地进行和物理服务器相同的配置，因此其用法也和物理服务器一样。先将服务器按照用途进行定义，比如 Web 服务器或 DB 服务器等，然后使用虚拟化技术构建这些服务器，以提高使用便利性。就拿 Web 服务器来说，它有很多种功能，包括 Apache 或 nginx 这类 Web 服务器提供的功能、Tomcat 这种应用程序服务器提供的功能，还有监控功能和任务执行功能这些非功能性需求。这些功能组合在一起，就形成了一个完整的 Web 服务器。而加入了这么多功能的虚拟机，在结构上就会变得很复杂。因此，将虚拟机的配置信息作为基础设施配置信息进行管理是非常合理的。此外，按照这种方式构建的虚拟机，可以说安装了"所有"的软件，结果镜像也会变得很大。因此，根据类型和用途来对镜像进行管理并非良策，基于基础镜像使用基础设施配置管理工具进行 provisioning 才是我们应该做出的选择。

而容器的优点是启动速度快且容易共享，这通常被称为"可移植性"。换句话说，就是容易在不同的环境中应用，容易向团队成员共享。通过充分利用容器启动速度快的特点，我们就可以不用在意环境差异，轻松地在所有环境中使用容器。和虚拟机不同，容器启动速度快、所需资源少、镜像尺寸小，为了充分利用这些优点，我们会自然而然地去思考如何能够方便地使用已经构建好的镜像。这是因为如果到了需要启动容器时再去构建镜像，并进行安装配置，就会在启动上耗费大量时间，反而会不利于发挥容器的上述优点。因此，这就要求容器缩小镜像、提高通用性。按照这个想法，容器就需要以功能为单位进行分割，而不能采用和传统服务器相同的配置了。

以 Web 服务器为例，就是要将容器分割为 Web 服务器容器、应用程序服务器容器和监控容器。这种方式可以使容器的尺寸变小，从而更容易发挥出容器的优点。为了快速启动并使用容器，并不需要将各种各样的功能混杂在一起。要想对 Web 服务器功能进行扩容，只需要增加 Web 服务器容器即可。要对各种容器进行统一的监控，使用一个监控容器就可以应对。

　　由此可见，要想充分利用容器的优势，就需要对传统的架构模式做出必要的改变。通常以服务器为单位进行功能设计时，各个功能（例如 Web 服务器功能和应用程序服务器功能）都是密切相关的。正是由于这些功能相互关联，才构成了服务器这个角色。比如，我们通常会通过配置文件来设置如何让 Apache 集成 Tomcat 一起工作。而另一方面，容器之间的关系则要尽量松耦合，尽量消除容器内部对环境的依赖要素，以提高容器的通用性。构建好容器镜像之后，就可以使用该镜像快速启动新的容器，基于这一特性，我们可以在生产环境和开发环境中使用相同的镜像，这样也更便于管理。因此，容器镜像本身不需要保存环境相关的信息，而是使用类似于 LINK 这样的功能来定义容器之间的关系。本书中没有对 LINK 功能进行详细介绍，借助该功能，可以通过环境变量自动定义容器之间的关系。这样一来，无论是开发环境还是生产环境下的运维，就都可以使用相同的容器。另外，因为具有很强的通用性，所以还可以将容器用于扩容等各个方面。相反，如果将环境的特定信息嵌入到容器中，那么该容器就只能在这个环境中使用，这将抹杀容器的可移植性的优点。因为依赖具体环境的容器即使被共享，也不会发挥任何作用，所以我们需要彻底消除依赖于具体环境的配置信息，构建功能单一的轻量级容器镜像。

　　那么，构建这样的镜像需要用到基础设施配置管理工具吗？

　　正如我们在介绍 Ansible 时说过的那样，基础设施配置管理工具就是用来解决环境引起的各种问题的，比如，我们可以使用 group_vars 等变量对开发环境和生产环境进行不同的配置。然而，对于不包含依赖于环境或具体服务的值的容器，基础设施配置管理工具就起不了那么大的作用了。

　　另外，使用构建好的容器镜像启动容器时也需要用到基础设施配置管理工具吗？如何对依赖于容器外部的变量进行管理并将其运用到容器中呢？

　　Ansible 中也有管理 Docker 容器的模块，因此基础设施配置管理工具也具备管理 Docker 容器的功能。然而，考虑到容器可以自由启动并进行调度的优点，对于可以动态地（且非常频繁地）增减配置的容器来说，基础设施配置管理工具就有些捉襟见肘了。

　　这是有一定的原因的。比如 Ansible 需要通过 Inventory 文件定义管理的服务器列表，但传统的基础设施管理方式并没有考虑到服务器列表频繁变化的情况。而容器到底是基础设施还是应用程序呢？正是因为容器是介于这两者之间的一个革命性的概念，才导致了上述问题的发生。针对一开始提出的在 Docker（以及 Dockerfile）中是否需要用到基础设施配置管理工具这一问题，就现状来说，传统的基础设施配置管理工具已经不再是必需的了。这一结论包含两方面的含义：一方面是字面意思所表达的那样，指传统的基础设施配置管理方式已经不再适用；另一方面是指容器管理的最佳方式还未出现。在本书执笔期间，以 Ansible 为首的基础设施配置管理工具方面还在不断摸索容器的管理方式，而 Docker 也在研发自己的容器管理和编排功能，这就说明还未出现非常成熟的容器配置管理方案。

不管怎样，在容器技术以及容器技术应用的浪潮中，基础设施配置管理需要做出新的变革，今后也将会有更多的工具出现。不仅如此，系统架构也需要进行相应的变革。这将对 DevOps 产生一定的影响。关于这部分内容，我们会在第 4 章进行介绍。

3-2-3 使用Jenkins管理工作

前面我们介绍了可以提高开发速度的各种工具，比如 Vagrant、Ansible、Serverspec、Git 和 Docker 等。这些工具都可以从命令行上运行，因此可以非常简单地确认运行情况和运行结果，进而我们就能够把精力都集中在开发上，这也是这些工具的优点。不过我们渐渐地就会发现，这些工具之间也存在交接，交接会占用一定的工作量，也会成为错误出现的温床。

下面我们就来介绍一下构建流水线（build pipeline）工具 Jenkins，以解决上面提到的问题，同时对如何进一步提高工作效率进行讨论。本节我们将结合第 2 章介绍的 Ansible 和 Serverspec 的相关内容，探讨如何能够一次性完成构建和测试工作。

使用构建流水线工具进行安全且高效的操作

前面介绍的 Docker、Ansible 和 Serverspec 等工具可以帮助我们快速进行自动构建和测试，但按照之前介绍的内容一路操作下来，我们又会发现新的问题，比如以下几点。

1. 希望可以更加简单地进行命令操作

在使用 Ansible 进行构建或使用 Serverspec 进行测试时，必须登录到指定的服务器并运行相应的命令，这未免有些麻烦。正因为都是些重复性的工作，所以我们可以通过最大限度地节省这种工作的时间来进一步提高工作效率。

2. 希望构建工作更加安全、可靠

特别是基础设施构建，错一步都会带来非常大的影响。比如将生产环境误当成开发环境进行操作，或者设置了错误的参数等，这种操作步骤的失误会导致各种各样的故障发生。对于这种类型的工作，我们应该尽量减少人为参与和判断，尽可能地消除人为失误的发生。另外，就像构建之后必须进行测试一样，我们还需要保证指定的工作能连续执行。

3. 希望构建、测试的结果以及历史记录可以保存下来，以供整个团队查看

尽管 Git 可以保留代码的修改记录，但重要的执行记录和结果都不会保存下来。而我们需要能够非常方便地确认谁在什么时候进行了什么样的操作，得到了怎样的结果，等等。如果这些执行的历史记录保存了下来，就可以帮助我们在发生故障时迅速获得需要的信息，查明故障的原因。

构建流水线工具不仅可以解决上述问题，还可以通过 GUI 的方式来执行操作。正如 "流水线"（pipeline）一词的字面含义所示，该工具可以定义各种各样的操作（比如构建、测试等），并将这些操作像管道（pipe）一样自由地进行组合，从而自动、流畅地执行一系列处理。使用流水线工具不仅可以轻松地管理或执行构建、测试等单个工作，还能将这些工作连接起来批量执行。

什么是 Jenkins

Jenkins 是一个可以解决上述问题的构建流水线工具（图 3-29）。

图 3-29　Jenkins 官方网站

Jenkins 可以实现以下功能。

1. 可以将操作以项目（project）为单位整合到一起运行

Jenkins 可以将定义的操作内容以项目为单位进行管理，jekins 里的项目就相当于"任务"（job）。因为项目是事先定义好的，所以在运行时不需要重新输入命令，只需要选择相应的项目运行即可。这样一来，操作就变得非常简单。

2. 消除了手工操作，使操作变得更加安全、可靠

如上所述，没有了手工输入命令的步骤，可以更加安全地进行操作。不仅如此，Jenkins 还可以将多个项目连接起来作为一条流水线来进行工作，使得操作可以连续执行，比如在构建之后强制进行测试等，这就可以避免遗漏掉某些工作环节。

3. 可以将项目的运行记录和结果保存下来

Jenkins 可以保存什么人在什么时候运行了项目，以及结果如何等信息，以便之后查看。

不难看出，Jenkins 能够解决之前我们发现的那些问题。不仅如此，它还支持在 GUI 上对命令的一部分参数进行修改，并在改写后运行。也就是说，使用 Jenkins 的流水线处理可以确保操作的安全性和准确性，而且还能减少操作负担，提高操作效率。

本节我们就来介绍一下 Jenkins 的相关内容，如下所示。

❶ 安装 Jenkins，创建并运行项目
❷ 将多个项目连接起来连续运行
❸ 通过参数化构建使项目变得通用

▰ 安装 Jenkins

下面我们就来安装 Jenkins，并让 Jenkins 在第 2 章中使用过的 Vagrant 上运行。首先我们将基于 Jenkins 官方网站的安装步骤，介绍一下 如何手动安装 Jenkins。另外，由于示例 Git 仓库里也提供了使用 Ansible 安 装 Jenkins 的内容，所以我们也会对自动安装的方法进行介绍。这里我们使 用的 Jenkins 的版本是 2.75，各位读者也可以使用最新版本的 Jenkins 进行 操作。

首先来看一下手动安装 Jenkins 的步骤。我们需要先通过 ssh 登录到 Vagrant 的虚拟机中，之后的操作步骤都会在 Vagrant 的虚拟机上执行。

▶ 代码清单: 登录到虚拟机

```
$ vagrant ssh
[vagrant@demo ~]$
```

要想运行 Jenkins，需要先安装 JDK。Red Hat 系列的操作系统可以使 用下面的命令来安装 JDK。

▶ 代码清单: 安装 JDK

```
$ sudo yum -y install java-1.8.0-openjdk java-1.8.0-openjdk-devel
```

接着我们来安装 Jenkins。在 Jenkins 官方网站的 "Downloads" 页面 中，可以看到各个操作系统对应的安装步骤和软件包。这里我们使用的操 作系统是 Red Hat 系列的 CentOS，因此需要在 "Weekly Release" 的 "▼" 中选择 "Red Hat/Fedora/CentOS"（图 3–30 ）。

图 3-30　Jenkins 的下载页面

在新打开的页面中，可以看到各个操作系统所对应的安装步骤，按照文档的说明安装即可。Red Hat 系列的操作系统的操作步骤如下所示（由于篇幅所限，这里使用 \ 换行）。

▶ 代码清单：安装 Jenkins

```
$ sudo yum -y install wget # 没有安装wget时需要先安装wget
$ sudo wget -O /etc/yum.repos.d/jenkins.repo \
http://pkg.jenkins-ci.org/redhat/jenkins.repo
$ sudo rpm --import \
http://pkg.jenkins-ci.org/redhat/jenkins-ci.org.key
$ sudo yum -y install jenkins
```

安装完成后，启动 Jenkins。

▶ 代码清单：启动 Jenkins

```
$ sudo systemctl start jenkins.service
```

Jenkins 默认的端口是 8080，正常启动之后，我们就可以通过这个端口访问 Jenkins 页面了。

如果你直接使用了第 2 章中的 Vagrantfile 文件，那么虚拟机的 IP 地址已经被设置为 192.168.33.10，这时就可以通过下面的 URL 来访问 Jenkins。

参考网址 http://192.168.33.10:8080/

如果不能访问这个网址，就需要去确认一下 firewalld 服务的运行状态。

▶ **代码清单：确认firewalld服务的运行状态**

```
$ systemctl status firewalld
● firewalld.service - firewalld - dynamic firewall daemon
   Loaded: loaded (/usr/lib/systemd/system/firewalld.service;
disabled; vendor preset: enabled)
   Active: active (running) since 日 2016-08-07 04:08:15 JST; 1s ago
（省略）
```

如果像上面那样出现了 Active: active(running)，就表示服务正在运行，我们可以通过下面的命令来开放 8080 端口。

▶ **代码清单：开放访问Jenkins的端口**

```
$ sudo firewall-cmd --zone=public --permanent --add-port=8080/tcp
success
$ firewall-cmd --reload
success
```

如果想使用 Ansible 使前面的那些手工操作自动化，就需要在 Vagrant 虚拟机中安装 Git，然后将 2-3-2 节中使用的 Git 仓库克隆到本地。

Git 的安装方法我们已经在 2-3-4 节介绍过了，可以从官方网站下载 Git 的安装程序，或者通过操作系统的包管理器来安装，比如 Red Hat 系列的操作系统就可以使用 yum 命令来安装 Git，非常简单。

▶ **代码清单：安装Git**

```
$ sudo yum -y install git
```

不过，yum 源里的 Git 版本比较老旧，在功能上可能存在和最新版本不一致的地方。

接下来，在虚拟机上克隆示例仓库。

▶ **代码清单：克隆示例仓库**

```
$ git clone https://github.com/devops-book/ansible-playbook-sample.git
```

在 playbook 文件中删除 Jenkins 所在行的注释。

▶ **代码清单:** ansible-playbook-sample/site.yml

```
---
- hosts: webservers
  become: yes
  connection: local
  roles:
    - common
    - nginx
    - serverspec
    - serverspec_sample
    - jenkins # 删除本行注释
```

Jenkins 使用的 role 文件夹以及该文件夹下面的 tasks 等，也都可以在 2-3-2 节介绍过的以下 Git 仓库中找到。

tasks 中记录着手动安装的操作步骤。

▶ **代码清单:** ansible-playbook-sample/roles/jenkins/tasks/main.yml

```
---
# tasks file for jenkins
- name: install jdk
  yum: name=java-1.8.0-openjdk-devel state=installed

- name: download yum repository file of jenkins
  get_url: url=http://pkg.jenkins-ci.org/redhat/jenkins.repo dest=/
etc/yum.repos.d/jenkins.repo mode=0644

- name: import rpm key
  rpm_key: state=present key=http://pkg.jenkins-ci.org/redhat/
jenkins-ci.org.key

- name: install jenkins
  yum: name=jenkins state=installed

- name: start jenkins
  service: name=jenkins state=started enabled=yes
```

接下来我们就使用 Ansible 来安装一下 Jenkins。如果你没有按照第 2 章介绍的内容实际进行操作，那么就需要先安装一下 Ansible。

▶ 代码清单：安装 Ansible

```
$ sudo yum -y install epel-release
$ sudo yum -y install ansible
```

▶ 代码清单：运行 Ansible

```
$ cd ansible-playbook-sample
$ ansible-playbook -i development site.yml --diff

PLAY [webservers] ************************************************

TASK [setup] ****************************************************
ok: [localhost]

（略）

TASK [jenkins : install jdk] ************************************
changed: [localhost]

TASK [jenkins : download yum repository file of jenkins] **********
changed: [localhost]

TASK [jenkins : import rpm key] ********************************
changed: [localhost]

TASK [jenkins : install jenkins] ******************************
changed: [localhost]

TASK [jenkins : start jenkins] ********************************
changed: [localhost]

（略）
```

正常情况下应该会像上面那样进行 Jenkins 的安装和设置。我们可以通过 changed 状态进行确认。

这时访问下面的网址，就能进入 Jenkins 的管理页面（初始化页面）。

参考网址　http://192.168.33.10:8080/

从这里开始，手动安装和自动安装的操作步骤就变得一致了。初次访问上面的网址时，我们会进入到初始化页面。在最初的页面中需要输入管

理员用户的密码。正如该页面的提示内容所示，密码保存在 /var/lib/jenkins/
secrets/initialAdminPassword 文件中，我们可以从该文件中获取管理员的初
始密码。

▶ 代码清单：确认Jenkins管理员密码

```
$ sudo cat /var/lib/jenkins/secrets/initialAdminPassword
9d16b6640a504cb3828f187f0e334983 # 这个值会根据环境的不同而发生变化
```

将这个值复制粘贴到密码输入框，然后点击 "Continue" 按钮（图 3-31）。

图 3-31　Jenkins 的初始化页面 1

接着就进入到了安装插件的页面（图 3-32）。我们既可以选择安装推荐
的插件，也可以自己选择想要安装的插件。这里我们选择安装推荐的插件，
点击 "Install suggested plugins"，就会开始自动安装插件。

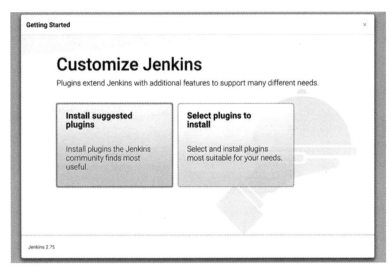

图 3-32　Jenkins 的初始化页面 2

然后就进入到了插件的下载和安装页面（图 3-33）。

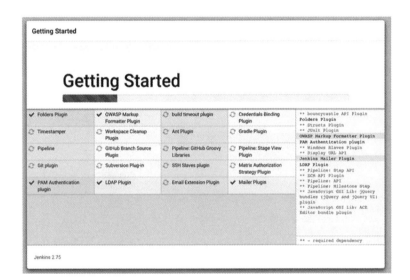

图 3-33　Jenkins 的初始化页面 3

最后，我们需要为第一个管理员用户设置用户名和密码。这里我们使用

了 root 这个用户名，各位读者可以根据自己的需要来设置用户名和密码
（图 3-34 ）。

图 3-34　Jenkins 的初始化页面 4

　　到这里就完成了所有的初始化操作。点击 "Start using Jenkins" 就可以
结束安装工作了（图 3-35 ）。

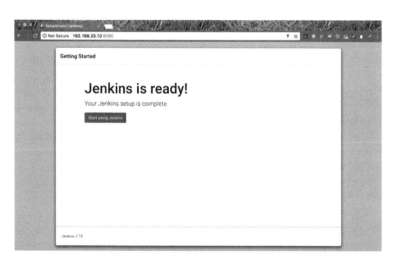

图 3-35　Jenkins 的初始化页面 5

图 3–36 就是 Jenkins 的管理页面。以后再访问 http://192.168.33.10:8080/ 这个网址，首先看到的就会是这个页面。

图 3–36　Jenkins 的管理页面

创建并运行 Jenkins 项目

安装好 Jenkins 之后，我们就可以开始创建并运行 Jenkins 项目了。点击 "New Item" 就可以创建新项目。在新建项目页面中，我们需要指定项目的类型和名称。这里请选择 "Freestyle project"，这是一种最为通用的创建项目的方法。在项目名中输入 "first_project" 之后，点击 "OK" 按钮（图 3–37）。

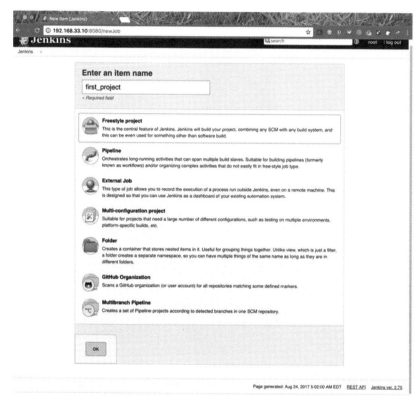

图 3-37　新建项目页面

在下一个页面中输入具体的操作内容。点击"Build"项中的"Add build step"，然后选择"Execute shell"（图 3-38）。

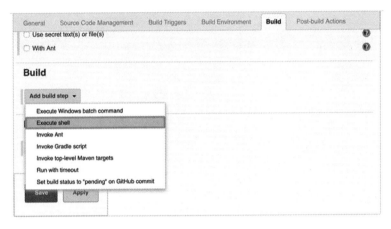

图 3-38 新建项目页面（添加构建步骤）

然后我们就可以像写 shell 脚本一样自由地进行编写了，如下所示。

▶ 代码清单：shell脚本示例

```
uname -n
pwd
ls -l
```

完成上述内容之后，点击页面下方的"Save"按钮（图 3-39），即可完成项目的创建工作（图 3-40）。

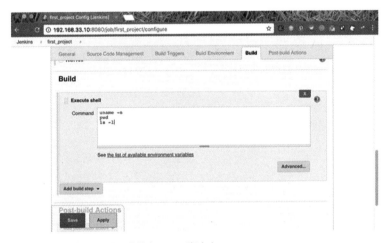

图 3-39 新建项目页面（执行 shell 脚本）

图 3-40 新建项目页面（创建完成）

下面我们就来试着运行一下。点击页面左边的"Build Now"按钮，页面左下角的"Build History"中就会出现一条构建编号为"#1"的新记录（图 3-41）。

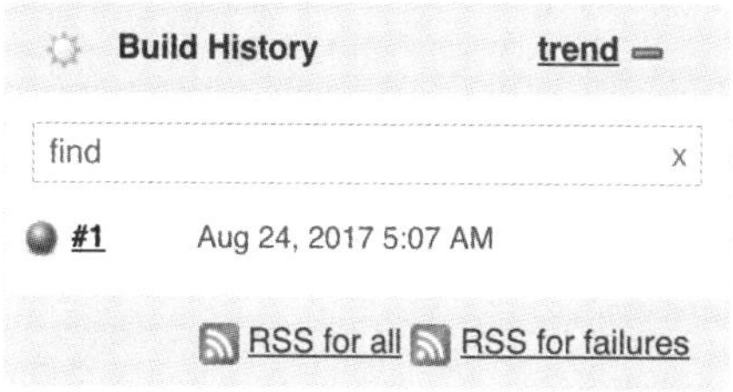

图 3-41 在项目中执行构建

Jenkins 会保存项目构建的时间信息，并在"Build History"中将这一信息显示出来。蓝色的球形标志表示该次构建成功结束，即 shell 脚本的返回值为 0。如果想要查看构建的详细结果，可以点击"#1"或者日期上的链接，之后就会进入到显示构建结果的页面中（图 3-42）。我们可以在该页面看到执行构建的用户（在这个例子中，执行构建的是 root 用户）。

first_project #1 [Jenkins]
192.168.33.10:8080/job/first_project/1/
Jenkins
search
root
log out
Jenkins › first_project › #1
ENABLE AUTO REFRESH
Back to Project
Status
Changes
Console Output
Edit Build Information
Delete Build
Build #1 (Aug 24, 2017 5:07:55 AM)
Started 45 sec ago
Took 0.18 sec
add description
No changes.
Started by user root
Page generated: Aug 24, 2017 5:08:41 AM EDT
REST API
Jenkins ver. 2.75

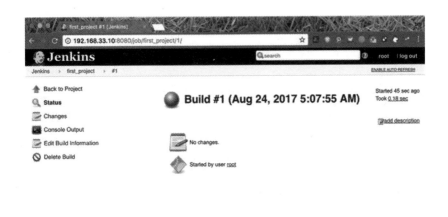

图 3-42 查看项目构建结果

那么命令的输出结果又是怎样的呢？点击页面左侧的“Console Output”，就可以查看项目执行的命令及其输出结果（图 3-43）。需要注意的是，脚本会自动使用 `sh -xe` 命令包装起来执行。也就是说，该 shell 脚本会开启调试输出（`-x`），但如果脚本执行过程中出现了错误，就会立即停止执行（`-e`）。另外，`-e` 选项还可以将 shell 脚本开头定义的设置覆盖掉。

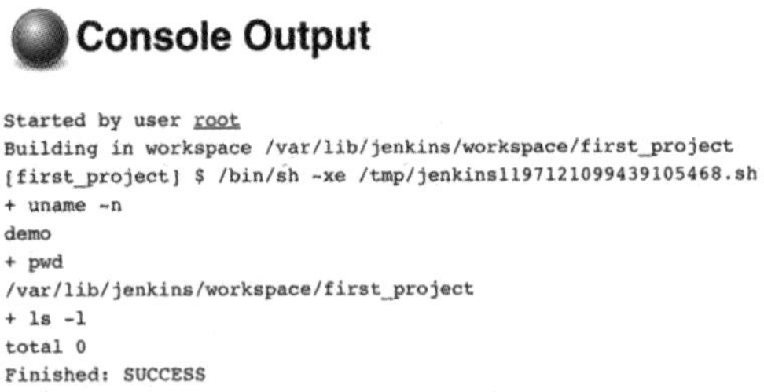

Console Output
Started by user root
Building in workspace /var/lib/jenkins/workspace/first_project
[first_project] $ /bin/sh -xe /tmp/jenkins1197121099439105468.sh
+ uname -n
demo
+ pwd
/var/lib/jenkins/workspace/first_project
+ ls -l
total 0
Finished: SUCCESS

图 3-43 查看项目构建结果（控制台输出结果）

到目前为止，我们介绍了创建并执行 Jenkins 的流程。正如上面的构建结果所显示的那样，项目的运行记录会被保存下来，我们也可以看到是由哪个用户运行的。此外，操作本身也变得非常简单，只需要点击项目页面上的链接，就可以重复执行相同的构建操作了。

查看构建历史

前面我们只查看了一个项目的构建历史，当项目数量逐渐增多时，也可以在其他页面中查看所有项目的构建历史。

点击 Jenkins 管理页面首页左侧的“Build History”（图 3–44）。

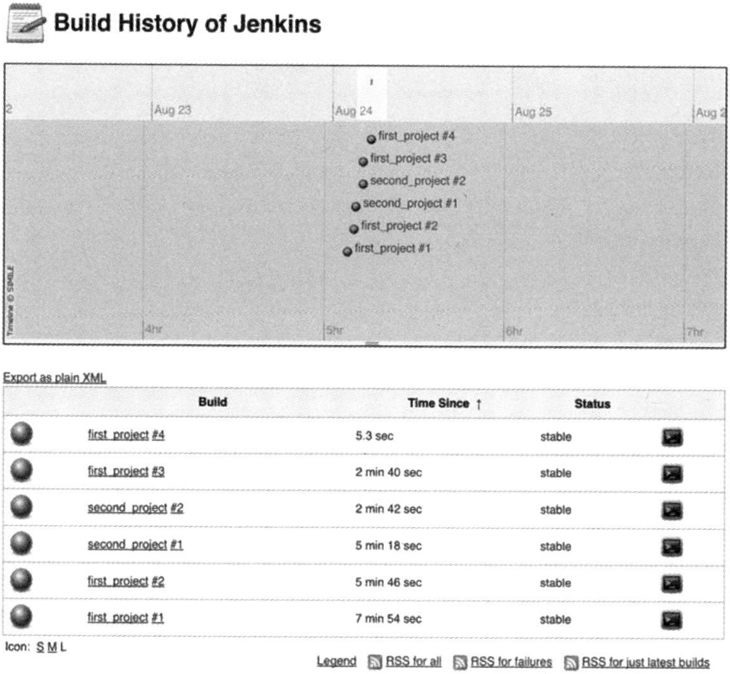

Build History of Jenkins
Aug 23
Aug 24
Aug 25
first_project #4
first_project #3
second_project #2
second_project #1
first_project #2
first_project #1
4hr
5hr
6hr
7hr
Export as plain XML
Build
Time Since ↑
Status
first_project #4
5.3 sec
stable
first_project #3
2 min 40 sec
stable
second_project #2
2 min 42 sec
stable
second_project #1
5 min 18 sec
stable
first_project #2
5 min 46 sec
stable
first_project #1
7 min 54 sec
stable
Icon: S M L
Legend
RSS for all
RSS for failures
RSS for just latest builds

图 3–44 Jenkins 构建历史

在这个页面中，我们可以全面地了解 Jenkins 的项目都在什么时间被运行过，构建结果又如何等信息。

■ 定时构建

下面再来介绍一下项目定时构建的步骤。请按照前面创建 Jenkins 项目时的步骤，进入到项目的详细设置页面。点击"New Item"后选择"Freestyle project"，在项目名中输入"scheduled_project"。在项目的详细设置页面中点击"Build Triggers"后勾选"Build periodically"选项，就会出现用于定时设置的输入框。在这个输入框中，我们可以使用和 cron 类似的语法。为了方便在例子中演示，这里我们输入"*/1****"，表示每隔一分钟执行一次构建（图 3-45）。

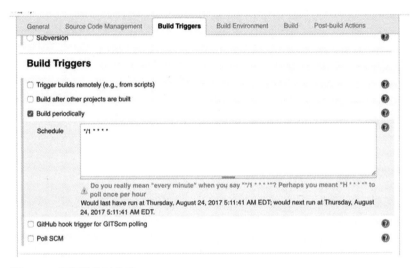

图 3-45 项目的定时构建

设置完定时操作的间隔，再次点击"Build"项中的"Add build step"，选择"Execute shell"，在"Command"栏中输入 date，然后保存该项目。在前面的"first_project"项目中，我们是手动触发构建的执行的，而在这个例子中，即使我们不去手动触发，到了指定的时间后项目也会自动开始构建。

从图 3-46 所示的构建历史中我们可以看出，构建确实是每隔一分钟就执行一次。

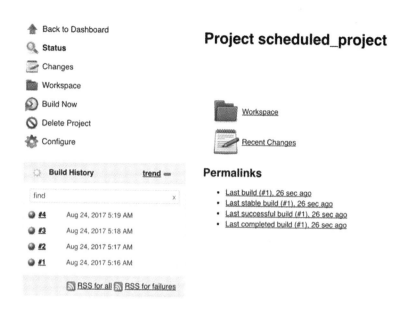

图 3-46 定时构建的执行历史

以流水线的方式进行构建

在前面的内容中，我们对 Jenkins 的基本功能进行了介绍，现在是时候结合第 2 章的内容来进行操作了。接下来我们就尝试让基于 Ansible 的构建和 Serverspec 的测试关联起来执行。

将多个任务关联起来形成流水线的方法有两种：一种是通过定义项目的后续项目，将两个项目直接关联起来按顺序执行；另一种是另外定义一个用于统筹管理的项目，在这个项目中定义各个项目之间的关联性，然后以流水线的方式执行。第一种方法的优点是非常简单，缺点是必须逐个确认各个项目中的定义才能了解项目之间的关联性。下面我们就来具体看一下这两种方法。

直接关联两个项目

首先我们来看一下定义项目的后续项目的方法。

这里我们需要先定义两个独立的项目，一个是运行 Ansible 的项目，一个是运行 Serverspec 的项目。为了便于说明，我们假设已经把 `ansible-playbook-sample` 这个 Git 仓库克隆到了 `/tmp/` 目录下。关于这一点，5-1 节中会介绍更具实践性的例子，各位读者可以参考一下。

如果想把这个 Git 仓库克隆到其他位置，则需要在下面的命令中进行相应的修改。

▶ 代码清单：克隆 Ansible 的示例代码仓库

```
$ git clone https://github.com/devops-book/ansible-playbook-
sample.git /tmp/ansible-playbook-sample
```

另外，我们还需要为 Jenkins 中执行命令的 jenkins 用户添加执行 sudo 的权限，可以修改 /etc/sudoers.d/jenkins 文件，使其内容如下。

▶ 代码清单：使 jenkins 用户不需要密码就可以执行 sudo 命令

```
jenkins ALL=（ALL）NOPASSWD:ALL
```

首先我们来创建第一个项目 exec-ansible（图 3-47）。这个项目会执行 `ansible-playbook` 命令进行构建。创建项目时需要选择 "Freestyle project"，然后在 "Command" 输入框中输入下面的命令。这个命令和我们在 2-3-2 节介绍的命令一样。

▶ 代码清单：Jenkins 中的 Ansible 执行脚本

```
cd /tmp/ansible-playbook-sample
ansible-playbook -i development site.yml --diff
```

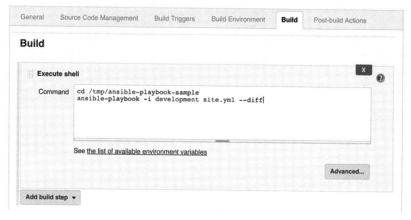

图 3-47　exec-ansible 项目的配置页面

　　保存完项目之后，我们可以来试着运行一下。如果运行成功，并在
"Console Output"中出现了"SUCCESS"的话，那就说明这个项目创建成
功了。接着就来创建第二个项目 exec-serverspec（图 3-48）。这个项目会执
行 rake spec 命令，在通过 Ansible 构建的服务器上运行 Serverspec。这个
命令和 2-3-3 节介绍的命令相同。

▶ 代码清单：Jenkins 中的 Serverspec 执行脚本

```
cd /tmp/serverspec_sample
/usr/local/bin/rake spec
```

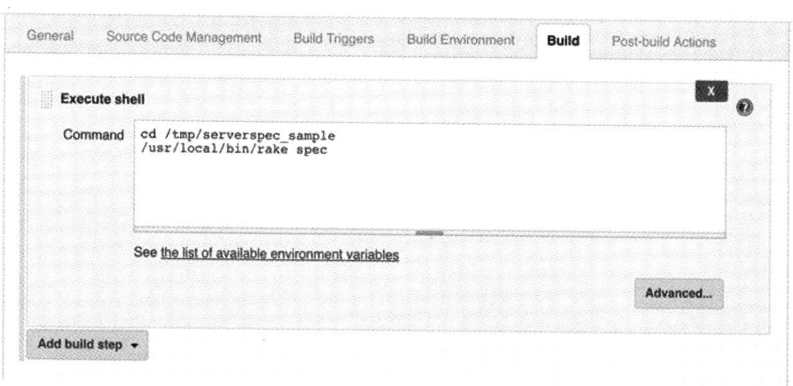

图 3-48　exec-serverspec 项目的配置页面

在保存完这个项目之后，我们也可以试着运行一下。如果运行成功，并且在"Console Output"中输出了"Finished: SUCCESS"的话，那就表示没有任何问题，项目创建成功。接下来就可以将这两个项目关联起来了。为此，我们需要对第一个项目 exec-ansible 进行设置，对其添加后续要运行的项目。首先，打开 exec-ansible 项目，点击"Configure"进入项目配置页面。在这个页面中，点击"Post-build Actions"中的"Add post-build action"，选择"Build other projects"选项（图 3-49）。

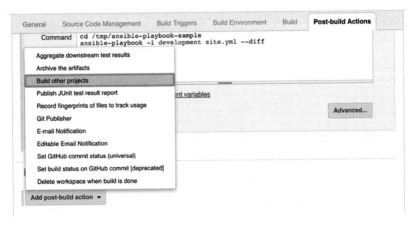

图 3-49　设置后续项目 1

之后，在"Build other projects"的"Projects to build"输入框中输入"exec-serverspec"，然后保存对该项目的修改（图 3-50）。这样就定义了在 exec-ansible 项目构建完成之后，继续执行 exec-serverspec 项目的构建。

General
Source Code Management
Build Triggers
Build Environment
Build
Post-build Actions
Add build step
Post-build Actions
Build other projects
Projects to build
exec-serverspec
Trigger only if build is stable
Trigger even if the build is unstable
Trigger even if the build fails
Add post-build action

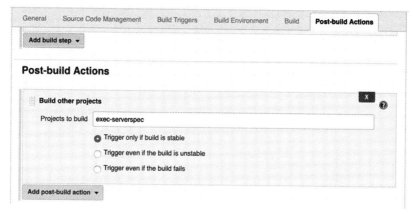

图 3-50 设置后续项目 2

这样一来，在 exec-ansible 项目构建完成后，就会继续对 exec-serverspec 项目进行构建。如果这时去查看一下 exec-ansible 项目的构建历史记录，就会发现多了“Downstream Projects”这一项（图 3-51）。

Project exec-ansible
Workspace
Recent Changes
Downstream Projects
exec-serverspec
Permalinks
Last build (#1), 8 min 28 sec ago
Last stable build (#1), 8 min 28 sec ago
Last successful build (#1), 8 min 28 sec ago
Last completed build (#1), 8 min 28 sec ago

图 3-51 关联项目

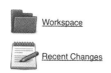

如上所示，我们可以轻松地将多个项目关联起来执行。

以流水线的方式关联多个项目

下面我们再来看一下如何以流水线的方式将多个项目关联起来。之前介绍的方法虽然能简单地关联多个项目，但是这种关联关系只能在前一个项目中设置。因此，要想将多个项目关联起来，在项目 A 构建完成后对项目 B 进行构建，项目 B 构建完成后对项目 C 进行构建……就必须对每一个项目进行设置，这也是上述方法的一个缺点。不仅如此，上述方法还不支持在多个工作流中重复使用同一个项目。比如要实现"A1–B–C1"和"A2–B–C2"这两个流程，由于项目 B 不能定义两个后续项目，所以同一个项目就无法在多个工作流中使用。

下面我们以流水线的方式来关联多个项目。这个方法需要另外创建一个管理用的项目，并在这个项目中定义连续运行 exec-ansible 和 exec-serverspec 这两个项目。

这里需要先在刚才的 exec-ansible 项目中点击"×"按钮，删除"Build other projects"的内容，然后重新保存该项目。

这样一来，在 exec-ansible 项目构建完成后就不会继续构建 exec-serverspec 项目了。

接下来就进入到了正式操作环节。首先，我们来创建一个新的项目。前面的操作中选择的都是"Freestyle project"类型的项目，但这里我们选择"Pipeline"，项目名设置为 exec-ansible-serverspec（图 3–52）。

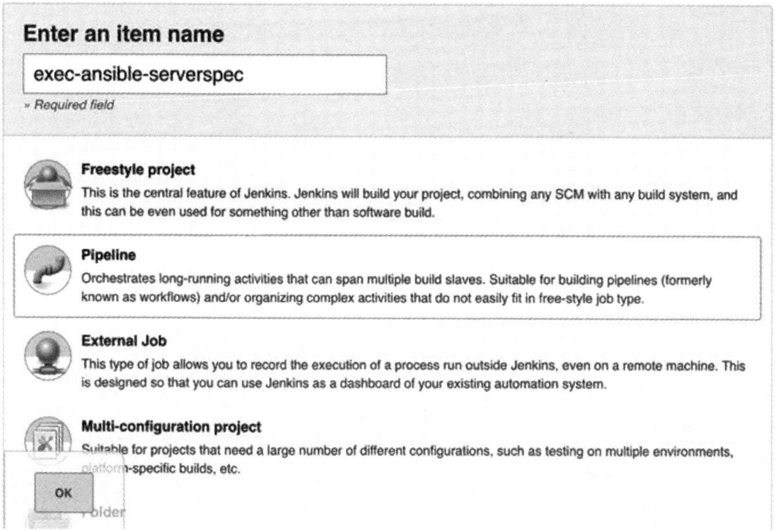

Enter an item name

exec-ansible-serverspec

» *Required field*

 Freestyle project
This is the central feature of Jenkins. Jenkins will build your project, combining any SCM with any build system, and this can be even used for something other than software build.

 Pipeline
Orchestrates long-running activities that can span multiple build slaves. Suitable for building pipelines (formerly known as workflows) and/or organizing complex activities that do not easily fit in free-style job type.

 External Job
This type of job allows you to record the execution of a process run outside Jenkins, even on a remote machine. This is designed so that you can use Jenkins as a dashboard of your existing automation system.

 Multi-configuration project
Suitable for projects that need a large number of different configurations, such as testing on multiple environments, platform-specific builds, etc.

 OK

图 3-52　创建流水线项目 1

　　然后，在"Pipeline"配置页面的"Script"输入框中输入下面的代码，并保存该项目（图 3-53）。这段代码的意思是按 stage 这一逻辑阶段来对 exec-ansible 和 exec-serverspec 这两个项目进行构建。

▶ 代码清单：流水线运行脚本

```
node {
    stage 'ansible'
    build 'exec-ansible'
    stage 'serverspec'
    build 'exec-serverspec'
}
```

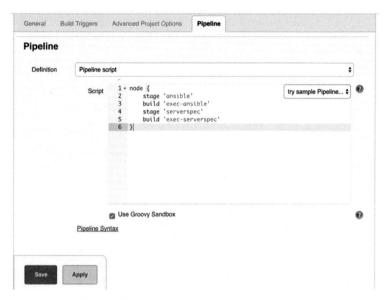

图 3-53 创建流水线项目 2

项目创建完成后，可以尝试运行一下，项目运行的进展和结果将会以图形化的方式显示出来（图 3-54）。

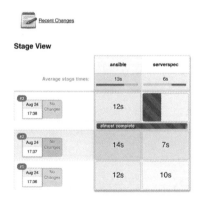

图 3-54 运行流水线项目

　　如上所示，由于流水线项目的运行结果是以图形化的方式直观地展示出来的，所以我们可以更加清楚地了解哪个项目是和哪个项目关联起来运行的。此外，我们在介绍第一种方法的缺点时提到的"A1–B–C1"和"A2–B–C2"两个工作流的问题，在这里也只需要分别创建两个不同的流水线项目，就可以重复使用项目 B 了。因此，相比将各个项目直接关联，流水线的方法更适合大规模项目的场景，也更易于管理，推荐大家使用。

　　不过，有的读者可能会不清楚如何在流水线项目的"Script"输入框中编写代码。这段代码是用 Groovy 这个在 Java 平台上运行的语言编写的，这个语言和 Java 非常相似。Jenkins 也提供了自动生成 Groovy 代码的功能。在前面的创建流水线项目页面的下方，有一个"Pipeline Syntax"链接。点击这个链接，就会显示出适用于各种场景（Sample Step）的参数输入框，按照自己的需要输入之后，点击"Generate Groovy"按钮，就会在下面显示出生成的 Groovy 代码。复制这些代码，我们就可以轻松实现 Groovy 格式的流水线了（图 3–55）。

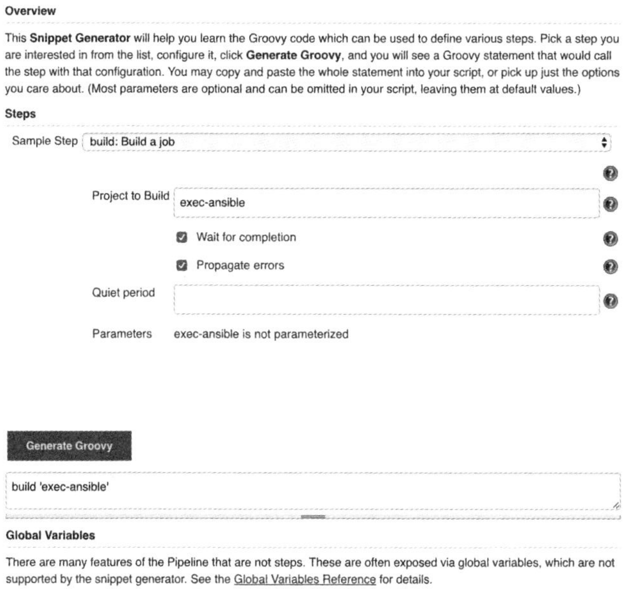

图 3-55　生成 Groovy 语法的流水线的代码

■ 参数化构建：使用参数将处理分开进行

前面介绍了如何将多个项目进行关联。这里请回想一下我们在 2-3-2 节介绍的 ansible-playbook 命令。

▶ 代码清单：ansible-playbook 命令通过命令行参数来构建不同的环境

```
ansible-playbook -i development site.yml --diff # 开发环境
ansible-playbook -i production site.yml --diff  # 生产环境
```

为了实现上述目的，必须创建两个不同的构建项目吗？这两条命令之间只有一个运行参数不同而已，如果这样就要创建不同的项目，那么 Jenkins 中的项目数量就会变得非常庞大，管理也会变得复杂。

为了解决这个问题，Jenkins 提供了"参数化构建"的功能，可以根据输入的参数来执行不同的构建过程。

下面我们就来看一下具体的操作步骤。首先修改一下 exec-ansible 项目的配置。在该项目配置页面的"General"中勾选"This project is parameterized"，在"Add Parameter"下拉框中选择"Choice Parameter"（图 3–56）。

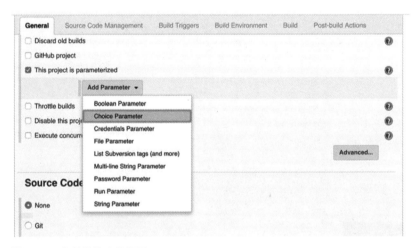

图 3–56　参数化构建的设置 1

然后，在"Choice Parameter"的"Name"输入框中，输入 ENVIRONMENT，在"Choices"中，输入 development 和 production 两个候选项，候选项之间要通过换行来区分（图 3–57）。

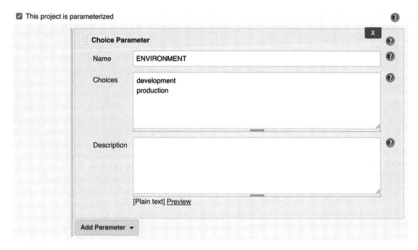

图 3-57 参数化构建的设置 2

在项目的构建脚本中，刚才定义的参数 ENVIRONMENT 会作为环境变量使用。因此，我们只需要将"Command"中的内容修改成下面这样，就可以在构建中使用这个变量了（图 3-58）。

▶ 代码清单：shell 脚本示例

```
cd /tmp/ansible-playbook-sample
ansible-playbook -i ${ENVIRONMENT} site.yml --diff
```

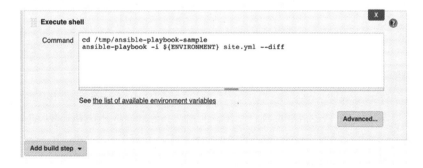

图 3-58 参数化构建的设置 3

完成上面的设置之后，保存该项目并运行。这时"Build Now"链接会变成"Build with Parameters"，点击这个链接后并不会像之前那样立即开始构建，而是会进入到选择参数值的页面（图 3-59）。

Project exec-ansible

This build requires parameters:

图 3-59　执行参数化构建

这里我们选择"production"，点击"Build"之后，就会按照指定的参数值运行构建脚本，也就是执行了下面的命令。

▶ **代码清单：使用生产环境的参数值进行构建**

```
cd /tmp/ansible-playbook-sample
ansible-playbook -i production site.yml --diff
```

该构建完成之后，我们可以按照第 2 章介绍的方法对构建结果进行确认，从中可以看到该项目的确是使用 production 的 Inventory 文件进行构建的。

▶ **代码清单：确认构建是否使用了 production 的 Inventory 文件**

```
$ curl 192.168.33.10
Hello, production ansible!!
```

到这里就完成了参数化构建的全部内容。最后，我们再来介绍一下如何使用前面的流水线项目实现参数化构建。

在 exec-ansible-serverspec 项目配置页面，勾选"This project is parameterized"，然后跟刚才的 exec-ansible 项目一样，创建一个名为 ENVIRONMENT 的参数，设置候选项为 development 和 production。

然后，在"Pipeline"配置页面的"Script"输入框中，像下面这样对代码进行修改。

▶ **代码清单：修改Jenkins的项目配置（传递参数）**

```
node {
    stage 'ansible'
    build job: 'exec-ansible', parameters: [[$class: 'StringParamete
Value', name: 'ENVIRONMENT', value: "${ENVIRONMENT}"]] ────── Ⓐ
    stage 'serverspec'
    build 'exec-serverspec'
}
```

　　我们对Ⓐ行进行了修改。新代码不仅选择了要构建的项目，还把在父项目 exec-ansible-serverspec 中选择的 ENVIRONMENT 参数值继续传递给了子项目 exec-ansible。这段代码使用的也是"Pipeline Syntax"页面自动生成的代码。通过上面的例子我们可以看出，如果能够自由地输入参数，就可以使构建操作变得通用，并且还能在控制项目数量的同时，提高构建项目的管理效率。

使用 Jenkins 提高团队开发效率

　　前面我们简单地对 Jenkins 的功能进行了介绍，这里我们再来回顾一下 Jenkins 能实现哪些功能。

1. 可以更加简单地进行命令操作

通过将各种处理命令以事先定义好的项目为单位汇总起来，就不用每次都去手动执行命令了。只需要使用鼠标在页面上点击各个选项，就可以开始进行构建处理。而且，Jenkins 还能将构建工作和测试关联起来执行，进一步提高了效率。

2. 可以使构建工作更加安全、可靠

如上所述，由于不再需要手动输入和执行命令，所以构建环境变得更加安全。此外，参数化构建可以对变动的要素（参数）进行有效的管理。这样一来，即使是为数不多的变动参数，也不需要手动输入，而是采用下拉框的形式进行选择，进一步降低了发生错误的概率。

3. 可以将构建、测试的结果以及历史记录保存下来，以供整个团队查看

既可以以项目为单位查看项目的构建历史记录，包括什么人在什么

时候执行了构建操作，也可以从全局的层面查看系统整体的构建历史记录。另外，我们也可以在页面上点击 "Build History"，查看每次构建的结果。

由此可见，Jenkins 可以完美地解决最开始提出的问题，对团队开发大有裨益，进而也将有助于团队工作效率的提高以及 DevOps 的实现。

不过，由于介绍得过于仓促，还有一些内容未能详细说明，比如以下几点。

1. 没有对构建结果进行检查

尽管 Jenkins 以项目为单位将 Ansible 或者 Serverspec 中的执行内容汇总了起来，但是并没有对构建结果，尤其是 Serverspec 的测试结果进行任何检查。

当然，我们可以从项目结果的状态中看到测试命令的执行结果，即测试是否通过。不过从根本上来说，既然进行了测试，测试结果就应该能被方便地查看才对。

2. 无法使代码更新到最新版本

在前面的例子中，我们假设 ansible-playbook-sample 仓库已经克隆到了 /tmp 目录下，然后在此基础上进行了各种操作。但实际上，我们会经常对仓库中的代码进行维护和修改。如果每次都要手动将这些代码克隆到本地文件夹，那就有些本末倒置了。最理想的状态是能在每次构建项目时自动从 GitHub 获取最新（或者指定版本）的代码。更进一步来说，代码修改之后就应该立即进行构建和测试，因此我们希望能在将代码推送到 GitHub 之后，自动执行构建和测试操作。

关于这些问题，可以采用持续集成的思想，通过 Jenkins 和 GitHub 的插件功能来解决。我们会在接下来的 3-2-4 节对持续集成进行介绍，并在 5-1-1 节介绍在实践中解决上述问题的方法。

专栏

构建流水线工具和任务管理工具

本节我们创建了 Jenkins 的项目并进行了各种各样的操作，不过有人可能会对构建流水线工具和任务管理工具的差别有所疑问。二者的共同点在于，都以项目或任务为单位来对处理进行定义，并将这些项目或任务关联起来执行多个操作。实际上，互联网上也有很多关于将构建流水线工具作为任务管理工具使用的资料。

那么，是否就可以说构建流水线工具完全具备了任务管理工具的功能，或者任务管理工具完全具备了构建流水线工具的功能呢？

从结论上来说，构建流水线工具和任务管理工具是不一样的。它们各自有不同的特点，我们需要根据具体需求来选择使用。这里我们就来介绍一下二者各自的特征以及不同点。

构建流水线工具的特点

构建流水线工具，顾名思义，就是一个专门把构建及其相关处理关联起来执行的工具。本节我们仅围绕在 Jenkins 中执行处理的相关内容进行了介绍，但实际上构建流水线工具主要是用来执行应用程序的构建以及构建之后的测试的。不过构建流水线工具并非简单地执行构建和测试，还有很多非常方便的功能，比如将结果以直观的方式显示出来、在构建或者执行操作时取得最新的代码等，这些功能都是标准的任务管理工具所不具备的。我们会在5-1 节对这部分内容进行详细介绍。

但另一方面，构建流水线工具也不能像任务管理工具那样在远程服务器上执行命令。要想完成这种工作，要么使用 Jenkins 提供的 slave 功能，要么直接通过 ssh 连接到目标服务器来执行，要么采用其他工具来实现。但无论哪种方式，都不容易管理，从在远程服务器上执行命令的角度来看都不太现实。在这样的背景下，可以考虑固定执行构建的节点，并只在这些节点上执行各种处理。实际上，Jenkins 也不具备对执行处理的节点从整体上进行管理的功能。这是因为 Jenkins 只需要管理用于构建和测试的节点就可以了，并不能（也没有必要）对支撑服务运行的所有节点进行集中管理。

另外，虽然 Jenkins 有定时执行的功能，但也只能对各个项目单独进行设置，不能从整体上对所有项目进行管理。

因此，使用构建流水线工具就不能总览类似于"每周日晚 8 点执行的处理"这样的信息，而任务管理工具就具备这样的功能。虽然我们也可以从任务的执行历史记录中查看到这些信息，但却无法总览所有的定时任务。

任务管理工具的特点

任务管理工具是以在远程服务器上执行指定的处理为前提进行设计的，其设计思想在于，并非只在任务管理服务器上执行处理，而是在执行处理的节点上安装代理程序，然后通过代理来远程发布指令。尽管任务管理工具擅长将节点和处理关联起来执行，但反过来说，由于它只能执行非常通用的处理内容，所以通常情况下不会像构建流水线工具一样提供"获取最新的源代码""以更直观的方式显示测试结果"等极具特色的功能。如果想在任务管理工具中使用这些功能，就需要由自己来实现。

熟练掌握构建流水线工具和任务管理工具的方法

如果服务规模不大，只有几个批处理或者流水线处理，那么严格地将两种工具分开使用并不会取得很好的效果。相反，将一种工具当成两个来使用更为可行，而且一般情况下都是将构建流水线工具同时当成任务管理工具使用。这是因为在初期阶段，节点数量有限，而且批处理也没有那么多，所以构建流水线工具不擅长对节点进行管理的缺点不容易暴露出来。因此，将构建流水线工具当成任务管理工具使用不失为一种可行的方法。

但是，随着服务规模的扩大和批处理任务数量的增加，使用构建流水线工具对任务进行管理的局限性就逐渐暴露了出来。这是因为构建流水线工具不能对在哪个节点执行什么处理等信息进行管理。因此，我们需要为将批处理和构建处理分开进行管理做好准备，在服务规模扩大时，将批处理从构建流水线工具中分离出来。

还有另外一个问题，那就是在远程主机上执行批处理任务的情况下会固定任务的执行节点，而这从 SPoF（Single Point of Failure，单点故障）的角度来看可以说是一种设计缺陷。我们希望可以避免"只能在 × × 服务器上执行 A 处理"这样的设计，尽量采取更为通用的实现方式。因此，设计时不要先为任务分配好节点之后再去执行，而是将任务保存到队列中，然后由工作节点自己从这个队列中获取任务并执行，这种消息队列的设计方式在批处理中才是比较常用的。

消息队列这种设计方式和构建流水线工具及任务管理工具都没有太大的关系，所以这里就不深入介绍了，但是希望各位读者能明白，无论是设计一个高效的构建处理系统还是批处理系统，都有很多架构可供选择。

3-2-4　使用持续集成和持续交付优化发布

通过持续集成缩短开发周期

从第 2 章开始，我们一直在介绍如何通过各种工具来提高工作效率。具体来说，使用 Ansible、Serverspec 和 Docker 等提高了处理重复性工作的能力，通过代码化使得各种操作更为直观。另外，我们还对组合使用这些工具的 Jenkins 进行了介绍。使用 Jenkins 可以实现构建和测试的连续执行，还能保存执行情况和结果。

通过前面这些努力，我们已经在很大程度上实现了省时省力，那么是不是说没有进一步改善的空间了呢？答案是"No"。大家只要回想一下实际的开发流程就能明白，并不是说单纯地进行完开发、测试和发布，开发流程就结束了。测试结果有时也会显示失败。在这种情况下，我们怎样才能尽早找出问题并解决呢？只有提高了这一系列工作的效率，才能缩短整个开发周期。

那么，尽早发现问题的"契机"又是什么呢？不管是应用程序开发还是别的，这个契机都是代码的修改。修改代码之后需要进行部署和测试，最后才进行发布。因此，如果能够以修改代码为契机，自动进行部署和测试，就能尽早发现问题，并及时解决问题，提高整体的开发效率。

我们在 1-2-6 节提到的持续集成就是基于提高开发周期内的整体工作效率这一想法而提出来的。持续集成是一种开发方法，通过连续、自动地执行构建、测试和代码格式检查等功能实现相关的工作，在对软件或服务是否能正常工作进行细粒度的检查的同时不断推进开发。

举例来说，我们将一个功能的实现代码提交到配置管理系统之后，会通过静态代码检查工具对代码格式进行分析，然后执行自动构建，并通过测试工具对构建好的应用程序自动进行单元测试和集成测试。

持续集成的优点

在本节的开头我们介绍过，持续集成的目的是尽早发现并解决问题，以提高整个开发周期内的工作效率，但实际上持续集成的好处并不仅限于此，这里我们就来系统地总结一下。

1. 尽早发现问题，保证系统质量

如图 3-60 所示，在传统的系统开发中，我们会在代码修改积累到一定数量之后再统一部署到测试环境，然后通过测试来确保系统的质量。但是，统一部署和测试有时会导致在代码修改到发布这段期间产生前置延时（lead time）。这样一来，就无法做到在修改完代码之后尽快进行验证。而持续集成通过进行细粒度的测试，能够使我们尽早知道代码的测试结果。

在知道测试结果之后我们就可以立即对代码进行二次修改，这就大大缩短了确保代码质量所需要的周期。

当然，持续集成的优点不仅限于时间方面，还可以帮助我们快速定位问题。因为在每次修改完代码之后都会进行测试，所以即使有问题发生，也可以在特定的范围内寻找原因。如果我们批量地对代码进行修改和测试，那么一旦测试结果显示失败，要想查找问题的原因，就不得不对所有修改过的代码进行检查。但如果每次修改代码之后都进行细粒度的测试，那么测试失败时只需检查这次代码的变更内容即可。也就是说，持续集成不仅能帮助我们尽早发现问题，还能帮助我们快速定位问题。

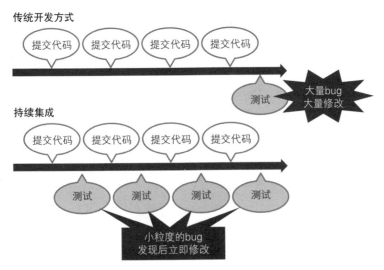

图 3-60　传统开发方式和持续集成

2. 削减工作成本

持续集成会将比较固定的工作流程自动化，比如在修改代码之后自动进行测试。因此，"代码的构建和部署"以及"执行测试"这些原本由开发者完成的工作都会被自动进行，从而可以达成削减工作成本的目的。

3. 使状态可视化

第 2 章中我们介绍过如何在 Vagrant 构建的虚拟机上进行开发和测试，但这些开发和测试只能在个人开发环境中进行。虽然在本地进行开发和测试也能在一定程度上保证开发质量，但是一旦到了团队共享的环境下，就需要将所有人的代码合并起来再次进行测试。由于持续集成工具以集中式的方式进行工作，因此我们可以很轻松地确认哪个测试是由谁修改的代码触发的，以及测试结果如何等信息。这和 DevOps 的信息透明化的前提也是一致的。信息透明化可以使开发人员和运维人员共享信息，从而使相互之间的协作变得更加顺畅。

◤ 持续集成的组成要素

前面我们已经说过，持续集成可以实现代码测试等工作的自动化。持续集成的意思是连续执行一系列的操作，因此某些具体工作的自动化并不能被称为持续集成。我们在 1-2-6 节介绍了持续集成的历史，从中了解到了一些比较容易在持续集成中实现的工作。适合使用持续集成实现自动化的工作大致可分为以下几类。

- 应用程序的静态测试（静态检查）
- 应用程序的构建
- 应用程序的动态测试

最重要的是，我们需要使用持续集成工具将这些工作整合起来。除此之外，还可以和邮件或即时通信工具进行集成，在上面的处理结束之后，将处理结果通知给开发者。这样一来，开发者就可以实时知道当前代码处于什么状态。

应用程序的静态测试

静态测试指的是不用实际运行应用程序就可以执行的测试。说到不用运行应用程序，我们可能会想到人和人面对面进行的代码审查，不过这里我们要考虑的是不需要人为干预就能完成的测试。

持续集成中常见的静态测试包括确认编程语言是否有编码错误的语法检查以及检查是否符合团队编码规范的静态解析等。另外，由于这种静态测试不需要依赖人力就能自动进行，所以在之后的面对面的代码审查中，我们就可以将时间都用在查找那些只有人才能检查出的错误上。

不同的编程语言有不同的静态测试工具，具有代表性的工具如表 3-1 所示。

表 3-1　静态测试工具

编程语言	工　具
Java	FindBugs
Java	SonarQube
Ruby	Rubocop
JavaScript	Closure Linter
JavaScript	ESLint
Golang	Go Meta Linter

应用程序的构建

静态测试之后如果代码没有问题，就可以进入构建阶段了。各编程语言对应的构建工具如表 3-2 所示。鉴于有时依赖关系等问题会导致构建失败，因此"构建成功"本身也可以被认为是一种测试。此外，在构建阶段会出现各种各样的情况，比如构建本身耗时较长、需要配置构建环境或安装依赖包等，如果团队内准备的机器性能较好，能够解决这些问题，那么开发人员就可以不受上述问题的困扰，从而专注于开发工作。

表 3-2 构建工具

编程语言	工 具
Java	Ant
Java	Maven
Java	Gradle
Ruby	Rake
JavaScript	Grunt
JavaScript	gulp

应用程序的动态测试

最后是确认应用程序的动作的动态测试。各编程语言对应的动态测试工具如表 3-3 所示。就软件开发阶段来说,这里指的是单元测试和集成测试。对应用程序来说,最重要的就是能够按照设计的那样运行,因此动态测试可以说是持续集成中最重要的一步。如果没有充分实施这项测试,就不能保证应用程序的质量,应用程序不知道什么时候就会出现故障,开发人员就会在熟睡中被叫醒,度过一个个不眠之夜。

相反,如果进行了充分的测试,就可以对应用程序的质量非常有信心。另外,因为是持续集成,所以即使代码中混入了错误,也可以立刻知道。

表 3-3 动态测试工具

编程语言	工 具
Java	JUnit
Ruby	RSpec
JavaScript	PhantomJS + Jasmine
	mocha + chai

持续集成工具

说到持续集成工具,大家可能会觉得这个概念非常宽泛。实际上,持续集成工具必须具备的功能有下面这些。

- 可以定义触发操作的契机
- 可以进行各种操作
- 可以确认操作状态，保存所有操作记录

也许不少读者已经想到了，这就是我们在 3-2-3 节介绍的 Jenkins 所代表的构建流水线工具。

实际上，Jenkins 也可以说是一个持续集成的实现工具。

在基础设施中使用持续集成

前面我们从历史背景的角度介绍了应用程序开发中的持续集成。

另外，从第 2 章开始，我们也介绍了基础设施中的工作自动化，那么是不是说基础设施的相关工作就不适用于持续集成了呢？

并不是这样的。我们在基础设施的构建和测试中已经实现了代码化和自动化。也就是说，只要将基础设施的构建和测试组合起来，就可以成为持续集成的组成部分（图 3-61）。

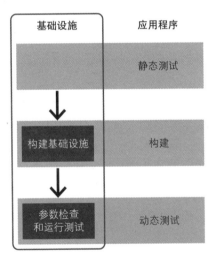

图 3-61　基础设施中持续集成的应用

我们以第 2 章中介绍的技术为例进行说明。

Ansible 是一个可以实现构建自动化的工具，它所做的工作就相当于应用程序开发中的"构建"（build）。在应用程序开发中，可以通过构建使服务运行。与此相同，在基础设施开发中，也可以通过 Ansible 让服务运行。

同样，使用 Serverspec 对构建后的基础设施的配置进行测试，就相当于应用程序开发中的动态测试。虽然本书中没有提及，但实际上也有适用于 Ansible 的静态测试工具，比如用于测试 Ansible 的代码覆盖率的 Kirby，以及用于检查 Ansible 的代码是否符合编码规范的 Ansible-lint。

这样看来，相信有的读者已经感觉到应用程序和基础设施之间的界限变得模糊了。二者都通过代码来实现，都是开发和测试的对象，可以说没有什么差异了。

如果基于基础设施即代码的思想将所有和基础设施相关的内容都通过代码来管理，那么在应用程序开发中积累的各种实践和思想，就都可以直接用于基础设施领域了。

这样一来，我们就能将应用程序和基础设施的开发流程合并起来，在一个流程内对二者进行测试（图 3-62）。

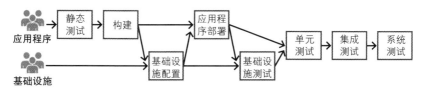

图 3-62　应用程序和基础设施的部署和测试流程

■ 如何进一步发挥持续集成的优势

前面已经对持续集成的原理和优点进行了介绍，这里我们再来思考一下，如何才能进一步发挥持续集成的优势。

▍将多个处理关联起来实现自动化

在进行持续集成时，我们希望尽可能消除各种处理对人为判断的依赖。比如，如果每次都要手动进行测试，或者每次都需要获得某个人的批准才能部署上线，我们就不能通过自动化来降低工作量，也不能在早期发现问题。

如果将自动化的对象设置为从代码变更到最终获得测试结果之间的所有流程，那么我们就需要尽可能地将这之间的所有步骤都自动化。

覆盖多个测试

在复杂的系统和应用程序中，某个代码的变更可能会导致某个意想不到的地方发生故障。在手动测试的情况下，为了在有限的时间内达到最大的效果，有时我们会对测试用例进行甄选，但如果采用自动化测试，情况就不一样了。在可以快速执行大量测试的情况下，我们就不需要省略部分测试用例了。之前编写的测试用例也可以在之后的回归测试中发挥作用。因此，每次开发时都应该保存编写的测试代码，以便查找各种各样的问题。

进行细粒度测试

我们可以基于时间或者提交来触发持续集成，不过，为了准确把握问题出现的时间点，需要尽可能地进行细粒度的测试。一天执行一次测试不如一小时执行一次，一小时执行一次测试不如一次提交执行一次。如果在每次代码变更之后都能进行相应的测试，就可以从测试结果中找出问题出现的时间点。

立即通知测试结果

能够尽早发现问题是持续集成的一个优点，从这个优点来看，立即通知测试结果十分重要。通过将测试结果立即通知给团队，问题就不会被搁置下来，开发人员能够趁着对修改的代码有印象的时候着手去修复，从而使问题尽早得到解决。

为了尽快通知测试结果，我们需要尽快完成测试，并在测试完成之后立即发布通知。实际上，随着持续集成的进行，各种因素都会导致测试时间的延长，比如测试范围变得非常广泛、用例数量增加等。除此之外，有时还会出现测试等待的情况，使开发人员不能确定现在执行的是什么测试。在这种情况下，由于很难根据测试结果来判断代码是否能正常工作，所以需要进行各种优化，以使测试能够在短时间内结束。常见的解决方法有：通过对测试用例进行分割，让测试并行、高效地进行，以及尽最大可能提高测试的执行效率等。虽然我们不容易察觉每天使用的东西所发生的细微变化，但我们可以定期进行回顾和审视，根据需要来不断改善结构本身。

此外，通知的方式也有很多，比如直接在任务的运行结果页面显示通知，或者通过邮件发送给相关人员。重要的是不能让团队成员遗漏任何通知内容，在这种情况下即时通信工具就显示出了它的强大之处。关于在持续集成中使用即时通信工具会有什么优点，我们将在第 4 章中通过 ChatOps 进行介绍。

专栏

在写作过程中运用持续集成

本书由 4 人合著完成，在写作过程中我们发现，写作和系统开发也有一些相似的地方。

系统开发是通过编写代码来构建服务，而写作则是通过编写一页页的书稿来完成一本书的创作。代码需要进行测试，同样地，书稿也需要进行检查，比如检查错别字或者描述规则。

如此说来，本书介绍的持续集成也可以应用在写作中，即在写完书稿之后自动对书稿进行检查，如果检查出错误，就将错误通知给作者。

实际上我们在写作的过程中也确实应用了持续集成。书稿都保存在 GitHub 上，4 名作者各自负责自己的部分，并将完成的书稿推送到 GitHub。之后相关工具会自动对这些书稿进行检查，在必要时发送检查结果通知。关于通知内容，具体来说有以下两点。

1. 错别字检查

比如"Github"（h 小写了），语法检查工具会对这些错别字进行检查，根据定义好的规则，查找不符合规则的内容并发送通知。

2. 显示进度

因为在计划写作时已经确定了大概的页数和字数，所以根据章节的字数和（转换为 PDF 格式之后的）页数，即可得知写作进度是否在按计划进行。

上述这种机制，主要是通过表 3-A 所示的工具实现的。

表 3-A　在写作中应用持续集成所需要的工具或服务

工具/服务名称	功　能
GitHub	管理书稿
CircleCI	持续集成工具（检测到书稿推送后自动进行处理）
textlint	语法检查工具（基于校验规则对文字内容进行检查）
Slack	即时通信工具（将结果通知发送到 Slack）

可能有些读者对上面这些工具和服务不是特别熟悉，不过没有关系，这些工具所执行的内容和我们前面介绍的机制大致相同。将书稿推送到 GitHub 之后，CircleCI 会自动启动，然后 textlint 会自动对书稿的内容进行检查，并将检查结果通知到 Slack。这样一来，写作就变得格外顺畅。这些工具的作用主要体现在以下两个方面。

1. 细节部分不需要人来检查，可以减轻精神负担

像修改错别字这种非核心的工作就不会再让我们分心了。这是因为，即使在写作过程中出现了错别字，最终也会通过持续集成检查出来，我们只要对检查出来的内容进行修改就可以了。一旦确定了写作思路并开始动笔，就不必再去在意那些细枝末节的地方，而是应该追求更高的完成度。等到最后对细节部分进行调整时，再逐个修改这些检查出来的错误即可。

2. 可以随时使写作进度可视化

每当有人推送书稿时，整体的字数和页数都会显示出来。通过这些字数和页数，我们可以立刻知道"第 xx 章的进度有些慢""离全书完结还差多少页"等信息。这不仅可以实现可视化和进度共享，还可以敦促作者抓紧赶上进度。不仅如此，写作完成时显示的具体数字还能让各个作者共享成就感。

综上，持续集成的思想并不仅限于系统开发，这次我们通过将其应用于写作实践，对各种工具和服务进行了组合，提高了写作效率。

本书的写作过程只是持续集成的一个应用示例而已，实际上，只要能在 GitHub 等平台上进行版本管理，基本上都比较容易运用持续集成。因此，关于持续集成，各位读者不必局限于应用程序或者软件系统，也可以在其他工作中进行尝试。

◢ 通过持续交付快速提供服务

持续集成的目的在于降低工作成本和尽早发现问题。也就是说，在持续集成中，从修改代码、进行测试到通知测试结果的所有操作被定义为了一连串的流程，由此可以保证代码处于"经常被测试的状态"。

但是，测试并不是服务的终点。将服务发布到生产环境中，然后把价值交付给最终用户才是服务开发的最终目标。就算每次测试的结果都是成功，如果没有把服务的价值交付给用户，就没有任何意义。

这就衍生出了**持续交付**（Continuous Delivery，CD）的思想。持续交付和持续集成一样，都是通过自动化将一系列操作连接起来，但二者涉及的工作范围不一样。持续集成的自动化到测试为止，而持续交付则将自动化扩展到了向生产环境发布前的最后一步。也就是说，通过持续交付，之后只要点击一下按钮进行发布就可以了。

持续集成的目的是尽早发现问题，持续交付的目的是实现快速发布，因此可以认为持续交付是持续集成概念的延伸。如果说持续集成的目标是"执行测试"，那么持续交付的目标就是"结束所有测试"。

▌ 重复进行多种测试，为发布做好准备

严格来说，在持续集成中执行的测试并没有种类上的限制，我们不能说没有进行哪种测试就不算实施了持续集成。不过在一般情况下，与修改代码紧密相关的单元测试和集成测试会被包含在持续集成的范围内。

那么，持续交付会覆盖哪些测试呢？在向生产环境发布之前，需要完成的测试如表 3-4 所示。当然，各位读者可能也会提出其他种类的测试。

表 3-4　测试的种类

测试内容	测试目的
单元测试、集成测试	确认应用程序中实现的各个功能是否能正常工作
安全测试	确认应用程序是否有预想中的安全漏洞
性能测试	确认应用程序是否能满足性能要求
压力测试	确认应用程序在一定的压力下是否还能正常工作
稳定性测试	确认应用程序或周围环境出现故障时，是否能按照预期的设计进行工作
验收测试	确认应用程序是否是按照客户的要求实现的

如上表所示，在向生产环境发布之前，必须要进行各种各样的测试。持续交付将自动化扩展到了向生产环境发布前的最后一步，根据这一思想，不仅是单元测试和集成测试，发布之前的所有测试都要实现自动化。

如图 3-63 所示，持续交付和持续集成一样，没有强制要求必须包含哪些测试内容。大家可以将平常需要反复进行的一些测试纳入到自动化的流程中，实现持续交付。比如在上面的测试类型中，稳定性测试就不是每次都需要执行的。这是因为稳定性测试从自动化的角度来说不容易进行集成，而且如果不对系统进行大幅度变更，也没有必要去重复执行这项测试。大家需要思考一下自己提供的服务中平常需要反复进行的测试有哪些，然后将这些测试纳入到自动化的流程中。对于持续交付来说，这一点非常重要。

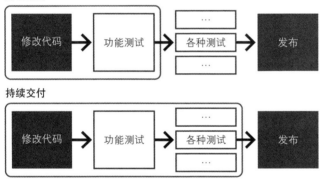

图 3-63　从持续集成到持续交付

持续交付和持续部署

通过了所有测试之后，我们就可以将修改的代码发布到生产环境中了。将代码部署到生产环境，完成诸如应用程序的切换等后期工作，就算完成了生产环境的发布。

持续交付的目的是实现快速发布，可持续交付却没有将代码发布到生产环境中，对此有人可能会感到不解。由于持续交付的范围不包括发布到生产环境（只到发布之前），所以从结果来看，它并没有将价值快速交付给用户。之所以出现这样的情况，是因为我们希望发布的时机由人来控制。发布时机的控制权大多不在开发人员手上，而是由业务人员掌握。考虑到发布给用户带来的影响、支持的版本等因素，有时我们需要对发布的频率和时机进行调整，这时持续交付就会发挥出非常大的作用。

另一方面，如果开发人员拥有在任意时间进行部署的权力，也就是可以将发布到生产环境纳入自动化的范围内，那么在这种情况下，这一系列的方法就称为**持续部署**（Continuous Deployment，CD）。

持续部署的目的是在生产环境中进行发布，所以和持续交付相比还需要额外的步骤。一般来说，在生产环境中进行发布时需要留出一定的时间来切换应用程序，这可能会导致服务中断。而持续部署对发布时间没有明确要求，所以我们在设计的时候就需要考虑到随时进行发布的情况，确保服务在发布期间不会中断（图 3-64）。

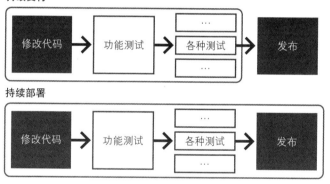

图 3-64　从持续交付到持续部署

本节我们了解到在持续集成中，在每次实现功能时都需要重复进行从编写代码到代码检查、构建和测试这一系列操作，为了实现尽早发现问题的目标，我们需要将这一系列操作自动化。此外，已经完成了测试的应用程序，通过持续交付处于可发布的状态，根据设计方式的不同，还可以利用持续部署，把从编写代码到发布之间的过程都自动化。构建可以实施持续集成、持续交付和持续部署的环境，有助于做到 DevOps 所要求的快速发布和轻松实现功能，是提高商业价值不可或缺的一大要素。

专栏

Continuous Everything

近年来在谈到 DevOps 时，很多开发流程和活动都会被加上"持续"（Continuous）这个词。本书中我们介绍了持续集成（Continuous Integration）、持续交付（Continuous Delivery）和持续部署（Continuous Deployment），实际上名称中带有"持续"（Continuous）的术语还有很多（图 3-B）。

- Continuous Development（持续开发）
- Continuous Testing（持续测试）
- Continuous Integration（持续集成）
- Continuous Delivery（持续交付）
- Continuous Deployment（持续部署）
- Continuous Everything（持续所有）

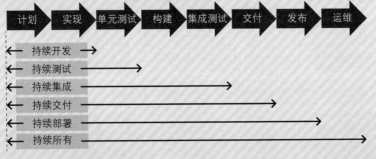

图 3-B：各种各样的持续实践

上述各种持续方法都借助工具的力量把包含多个步骤的开发工程贯穿起来。正如上图所示，各种持续方法并不是在完全独立地工作，只是对持续开发服务或持续改善服务所需的步骤进行了区分而已。因此，包含了下游开发工程的持续方法，自然会包含在它上游的那些持续方法。之所以针对不同的开发阶段存在不同的持续方法，是为了让我们更加重视各个开发阶段所面临的课题。但无论是哪种持续方法，最终目标都是连接起提高商业价值所涉及的所有工作，这也有助于实现 DevOps 所提倡的迅速在商业中应用的目标。

3-3 在团队中实施DevOps的效果

本章我们围绕着以下 4 点，介绍了在团队开发和运维中提高效率的各种方法。

❶ 提高团队开发和沟通的效率：GitHub
❷ 更轻松地构建和共享本地开发环境：Docker
❸ 使工作模板化并对历史记录进行管理：Jenkins
❹ 实现快速反馈和发布：持续集成和持续交付

正如我们在本章开头讲到的那样，在团队中实现效率化的难度和个人实现效率化的难度完全不同，现实中很多工具和解决方案都无法在团队中发挥很好的作用，帮助团队从根本上实现效率化。

本章我们介绍了各种工具和思想，但是使用这些工具的终究还是人。单单使用这些工具倒不是什么难事，难的是要在团队开发中熟练使用，并形成一套理想的工作流程，只有做到了这一点，才算真正实现了效率化。

当劝说团队成员接受某种工具的时候，我们多少都会收到一些反对意见。这些反对意见有时是理性的，有时也掺杂着个人感情。不过这也是我们最该去努力的时候。DevOps 只有在团队中才能发挥出最大的价值，因此我们不能放弃去和其他团队成员进行沟通。关于这一点，我们也会在第 6 章进行介绍。

本章我们讨论了如何在团队中实践 DevOps，但如果以 DevOps 思想为核心来考虑，就会发现其实 DevOps 也有它自己理想的"形式"。关于以 DevOps 为中心的架构，我们会在接下来的第 4 章进行讨论。

专栏

积极传播信息会促进团队和个人的成长

到这里为止，我们使用各种工具实践了基础设施即代码思想。通过将配置信息代码化以及通过配置管理工具进行管理，我们就可以在团队内大范围地共享用于实现服务的基础设施信息了。

但是大家应该知道，除了系统的相关信息，还有很多信息需要在团队内共享，比如团队成员列表、开发中的规定、发布时的检查项列表、会议记录和紧急联系方式，等等。在传统的管理方式中，这些信息都以文件的形式存放在一台共享服务器上，我们需要对这些信息进行维护，使它们清晰地保存在规定的文件夹里。

但是，这种管理方式存在很多问题，比如不能提供一个总的资料列表，需要经过烦琐的步骤才能找到想要的信息，不能在多个文档中进行搜索，无法得知谁在什么地方进行了什么样的修改，不知道哪个文件是最新的，等等。

在这一背景下，在 Web 上对各种信息进行管理的情况越来越多。具有代表性的工具有早前的 Wiki，以及最近比较流行的 Confluence 和 Qiita:Team等。这些工具的特点是可以方便地创建或修改文档，还可以快速找出所需要的信息。由此也催生出了一种新的工作方式——不再由特定的某个人花费大量时间来整理各种信息，而是由很多人一起来整理"杂乱"的信息，让信息更有价值。这种人人都可以轻松查看或修改信息的工作方式有助于提高团队整体对信息的掌握程度。即使是自己拿不准的信息，通过团队的精心整理，其价值也会得到提高。

对于某些信息，有的人可能会认为"这种谁都知道的事情不值得共享""这种程度的资料没必要拿出来共享"，从而导致信息不为大家所知。实际上，这些信息可能对某些人来说就非常有用。而且通过共享这些信息，也会有人对我们自己理解错误的内容进行纠正，给我们提供建议。

这就是 DevOps 的"形式"，即整个团队朝着共同的目标努力。这样一来就会有很多好的情况发生，比如运维人员看到开发人员的设计文档之后指出其中的风险，从而防患于未然，或者有人在看到发布的步骤之后去制作自动化工具，等等。只有积极地传播和共享信息，才能推进 DevOps 的实施，提高团队的战斗力。

那么就让我们从分享自己拥有的信息开始吧！与此同时，了解别人拥有的信息，养成共同管理信息的意识，对团队以及个人的成长来说都有很大的促进作用。

第 4 章

面向 DevOps 的架构变革

第 3 章我们介绍了如何在团队范围内推进 DevOps 实践。第 4 章我们将进一步对 DevOps 进行探讨，思考什么是面向 DevOps 的架构，并找出最适合实现 DevOps 的提高商业价值这一核心目的的形式。在阅读完第 4 章之后，读者就能了解到以 DevOps 为中心的团队和架构具体是什么样的，进而可以从各个侧面发现实现 DevOps 的最佳形式。

1

2

3

4

5

6

4-1 以DevOps为中心对架构进行变革

　　我们在第2章和第3章介绍的内容都是在尽量沿用原有架构的前提下来实现效率化，其目的就在于让各位读者了解在没有采用DevOps模式的组织或团队中应如何一步步地实现效率化。

　　那么什么样的架构才是最适合DevOps的呢？读者可能会有此疑问。这里所说的架构是指DevOps原本追求的架构形式，而不是在已有架构的基础上采用影响较小的方式来逐步实现。

　　经过多年研究，我们已经通过各种方式摸索出了一套理想的架构模式。本章我们将从应用程序、基础设施的架构和团队这两方面来研究一下什么样的架构形式是最适合DevOps的（图4-1）。

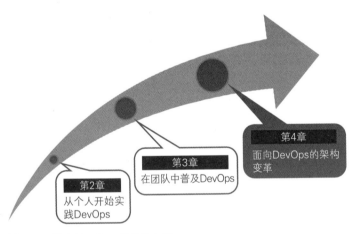

第4章
面向DevOps的架构
变革

第3章
在团队中普及DevOps

第2章
从个人开始实
践DevOps

图 4-1　培育 DevOps 成长的土壤

4-2 改变应用程序架构

在思考什么是面向 DevOps 的基础设施架构时，如果不连同作为其前提的应用程序架构一起思考，就不能从根本上解决问题。即使我们拥有最先进的基础设施配置，也不能将其和应用程序割裂开来，否则就无法解决运维问题。

甚至可以说我们需要让应用程序和基础设施以互相依赖、互相组合的形式一起工作，因为忽略应用程序的运维是不能实现 DevOps 的。

本节我们就将对作为 DevOps 前提的应用程序架构进行介绍。

4-2-1 The Twelve-Factor App

尽管我们很想提供 DevOps 的思想、方法和工具，但有时还是会困扰于如何推进应用程序的开发才能更接近 DevOps。实际上，在思考如何将大家负责的工作与 DevOps 的思想、方法和工具结合起来时，我们发现，如果采用遇到一个问题就解决一个问题的方式，那么时间肯定是不够用的，所以我们要尽量避免这种反模式，最好参照已有的最佳实践来进行尝试。

The Twelve-Factor App 是由 Heroku[①] 的创始人亚当·威金斯（Adam Wiggins）发布的一个宣言，是开发现代 Web 应用程序最为理想的实践标准。The Twelve-Factor App 不仅引入了持续改善的思想，还在基础设施中引入了软件开发的思想，比如基于基础设施即代码思想进行配置变更以及对服务器进行扩缩容等，这样一来，无论创建或销毁服务器，应用程序都可以轻松应对。The Twelve-Factor App 中的 12 个方法论是基于 Heroku 多年的运营经验总结出来的，其目标在于构建现代 Web 应用程序，该宣言现已被翻译为多国语言。

现代 Web 应用程序具体指以下内容。

---

① Heroku 是一个支持多种编程语言的云平台，于 2010 年被 Salesforce.com 收购。——译者注

- 使用标准化流程自动配置
- 应用程序具有可移植性，可以部署到云计算平台
- 可以不依赖开发环境和生产环境进行持续部署
- 不需要大的修改就能实现纵向扩展和横向扩展

这种现代 Web 应用程序需要遵循以下 12 个方法论来实现。

1. **基准代码**

    应用程序应该基于在一个版本库中管理的一份代码，不管是测试环境还是生产环境，都可以使用这一份代码进行发布。

2. **依赖**

    应在 manifest 文件（定义依赖关系的文件）中对应用程序和各种类库之间的依赖关系进行严格定义，确保应用程序不依赖于某一系统或类库。

3. **配置**

    不要在代码中配置资源信息和环境信息（后端服务的连接信息、认证信息和主机名等），要把应用的配置存储于环境变量中。

4. **后端服务**

    后端服务泛指可以跨网络访问的所有服务，包括数据存储、消息队列和缓存等。对于这些服务，我们不需要区分它们是本地服务还是云计算提供商提供的第三方服务，可以在不修改应用程序的情况下进行切换。

5. **构建、发布、运行**

    代码发布之前的过程需要分为构建、发布和运行 3 个阶段：在构建阶段逐步解决依赖关系并在本地实施构建；在发布阶段将构建的结果与实际环境的配置相结合；在运行阶段在选定的资源上启动进程。

6. **进程**

    进程需要设计为无状态，任何需要持久化的数据都要存储在后端服务内。进程也必须是无共享（shared nothing）的，各个进程之间相互独立，彼此自律地运行，不能存在任何共享的数据。会话可以放

到数据存储中，要尽量避免设计成依赖于黏性会话（sticky session）的形式。

7. 端口绑定

应用程序需要设计为自包含（self-contained）的结构，无须使用 Apache 或 Tomcat 等容器，应用程序直接通过端口绑定来对外提供 HTTP 服务。

8. 并发

使用 UNIX 守护进程模型，把不同类型的工作负载（workload）分配给不同的进程，由此开发人员可以在设计时让应用程序支持多种工作负载。

9. 易处理

应将启动时间缩到最短，也就是能够瞬间启动和停止服务，还要使进程在接收到 SIGTERM 信号之后实现优雅停止（grace shutdown）。

10. 开发环境与线上环境等价

为了便于实现持续部署，需要尽量保证开发、预发布和生产环境一致。

11. 日志

不要将日志写到文件里进行管理，而应将日志作为流（stream）输出，在设计时要保证日志流和输出目标或者存储等无关。

12. 管理进程

数据库迁移、记录更新和运行调查用的命令等管理任务需要作为一次性进程运行，管理用的代码要和普通的应用程序代码放在同一个版本库中管理，并同时进行部署。

按照这 12 个方法论就可以实现现代 Web 应用开发的最佳实践，构建出更省力、自动化程度更高的应用程序。

4-2-2 微服务架构

前面我们使用了各种方法来改变服务发布机制，但是从传统的服务器部署机制来考虑，虽说每次部署所需要的时间有所减少，但是我们还需要设计持续集成机制、根据需要安装配置各种工具和中间件软件等，实际操作起来会非常麻烦，于是就会有人开始怀疑是否真的需要这样做。即使是读到这里的读者，或许也还会有人认为手工操作更高效。如果你也抱有同样的想法，那么可能是因为你所负责的项目不需要在短时间内频繁发布。

前面我们已经介绍了持续集成和持续部署思想出现的背景，那就是人们对开发提出的要求越来越多，比如希望开发可以跟上商业需求的速度，提高发布的频率，希望可以更快地添加、修改功能等。而为了满足商业需求，持续集成和持续部署思想也需要不断发展，同时应用程序的设计以及开发应用程序的组织本身也需要相应地变更。这就催生出了一种新的架构设计风格——微服务架构。和一个业务系统对应一个巨大的 Web 应用程序的传统方式不同，微服务架构以业务功能为单位把一个大的 Web 服务拆分为多个小的进程，由这些小的进程的集合构成一个完整的服务。这样一来，我们就可以轻松地对各个小的进程进行功能的添加、修改和重复使用等操作了。现在，越来越多的公司和组织开始选择采用这种架构。

2014 年，马丁·福勒（Martin Fowler）和詹姆斯·刘易斯（James Lewis）一起在自己的博客上发表了一篇关于微服务架构的文章，微服务架构的概念就由此流行起来。这篇文章中指出，微服务架构是一种将单个应用程序作为一套小型服务来开发的方法。每个小的服务都在自己的进程中运行，不同的进程之间使用轻量的 HTTP 资源 API 等方式进行通信。这些小的服务都是以业务功能为单位构建的，都可以采用自动化部署机制进行独立部署。由于各个进程相互独立，所以每个服务都可以采用不同的编程语言来编写，也可以使用不同的存储技术，不过这些服务要尽量保持最低限度的集中式管理。

如图 4-2 所示，传统的开发方式是在一个巨大的应用程序中实现全部的功能，这种开发方式称为单体（monolithic）应用。接下来我们将通过对比单体应用和微服务的特点进行说明，图中左侧是单体应用，右侧是微服务。

在单体应用中，各个功能都在同一个长方形中，应用程序的功能和处理都通过同一个进程来实现，扩容时也需要以整个巨大的进程为单位进行复制。即使对局部进行修改，也需要对应用整体进行测试，在部署时也需要对没有修改的模块进行覆盖并部署。不难想象管理和运维会多么麻烦。

而在右侧的微服务中，各个功能被放在独立的长方形中，每个功能都在不同的进程中运行，一个应用程序需要通过多个进程的组合来实现。每个进程的单位都比较小，测试和部署也都可以限定在某个范围内，这样的架构对于版本升级和功能替换来说是最合适不过的了。

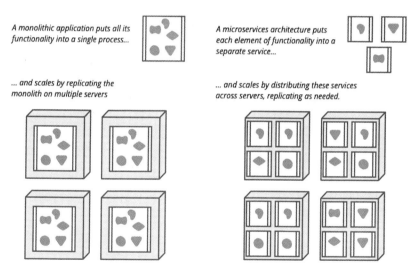

图 4-2　单体应用和微服务（引自 http://martinfowler.com/articles/microservices.html）

微服务涉及的内容非常广泛，并不局限于将进程分离。以上文章中还提到了微服务的 9 个特征，包括服务组件化、以业务功能为中心组织团队、做产品的态度、服务端点、分布式治理、分布式数据管理、基础设施自动化、故障和演进设计。在说明"以业务功能为中心组织团队"这一特征时，根据我们在第 1 章介绍过的康威定律，提出了根据系统对团队进行设计的方案。说到这里，各位读者应该已经明白了微服务并非只适用于软件设计领域。在与单体应用相应的组织的设计场景下，单个巨大的应用程序由多个团队负责，包括用户体验团队、编码团队、中间件团队和数据库团队等，在进行应用程序开发时，需要在多个团队之间协调。而在微服务架构的情况下，各个小的进程都以业务功能为单位进行设计，因此每个单独的进程都可以由一个团队来实现，而且团队中通过聚集用户体验负责人、程序员、中间件负责人和数据库负责人等拥有不同技能的成员，从而可以由一个团队来覆盖全部的功能。可以发现，微服务架构所要求的组织结构和 DevOps 以及敏捷开发等思想十分接近。

我们再来看一下"基础设施自动化"（infrastructure automation）这一特征。文章中指出，近年来基础设施自动化技术实现了日新月异的发展，尤其是 AWS 等云计算服务的进化，大大降低了构建、部署和微服务运维等的复杂度。此外，该文章中也提到，很多基于微服务架构构建的产品和系统都是由在持续部署和持续集成方面经验丰富的团队负责的。也就是说，和 DevOps 类似，随着工具和服务的进化，微服务架构也有了可供自身发展的土壤。

如上所述，微服务架构的思想和前面介绍的 DevOps 的思想在很多方面非常类似。为了提高商业速度，相信越来越多的团队和组织除了引入 DevOps 以及支撑 DevOps 的工具之外，还会尝试在应用程序设计中采用微服务架构，并采取和微服务架构相应的组织结构。

专栏

DevOps 和反脆弱

当设计好的系统被投入服务时，负荷过重、访问量急剧变化等情况可能会导致单点故障或者子系统达到负载极限，从而使系统整体瘫痪，或者不能保持持续运行，这样的系统就是脆弱系统。

针对脆弱系统的传统解决方案是提高系统的稳健性。其中一个方法就是冗余。通过将网络、服务器、数据库和存储冗余化，无论哪个组件发生故障，系统都不会整体瘫痪。

但是，提高系统的稳健性并没有终点。

　　脆弱系统的对立面不是稳健性，而是可以在访问量急剧变化和超负荷的情况下从中获利的系统。

　　纳齐姆·尼古拉斯·塔利布（Nassim Nicholas Taleb）在《反脆弱：从不确定性中获益》一书中，将这种系统称为反脆弱（antifragile）系统。

　　在 Antifragile Systems and Teams[①] 一书中，作者举了一个反脆弱系统的典型例子——BitTorrent。BitTorrent 是一个可以进行分布式下载的软件（内容分发协议）。下载同一文件的用户通过互相上传自己所拥有的文件的一部分，使整个文件在所有用户中共享。

　　对于普通的 Web 系统来说，对目标文件发起过多的下载请求可能会导致系统崩溃，而 BitTorrent 属于分布式下载系统，网络中的下载请求越多，文件切片就会被保存到越多的地方，下载速度也就越快，这样 BitTorrent 就可以从超负荷等不确定性中获利。

　　我们也可以将 DevOps 和反脆弱联系起来。

　　假设在我们的组织中，开发和运维紧密协作，开发人员也需要负责部署和运维工作，那么当部署的代码出现问题时，问题反馈（或者故障通知）就会直接被发送到开发人员那里。之后，开发人员就会对故障进行处理，从这个故障中吸取教训，然后在此基础上编写出更稳健的代码。这样一来，这些开发人员所负责的服务的质量就会得到提高，再通过 DevOps 或敏捷开发的持续性的反复迭代，就形成了反脆弱系统。此外，开发人员通过积累故障处理和运维的经验，自身也变得具有反脆弱性了。

　　在介绍反脆弱系统或者组织时，经常会提到 Netflix 公司[②]。在 Netflix 公司中，开发人员负责部署自己编写的代码，并解决部署之后出现的问题。通过运维自己的代码，开发人员逐渐成长为多面手，从而可以构建出质量更高的服务，使组织具备反脆弱性。此外，作为反脆弱系统，Netflix 在生产环境中运行了 Chaos Monkey 服务，该服务会随机挑选一些生产环境中的主机加以关闭。Netflix 通过持续运行该服务模拟意外错误，来提高系统整体的容错能力。因此，Netflix 也称得上是反脆弱的组织和系统的一个典型代表。

---

① 截至目前（2018 年 11 月），该书尚未有中文版。——译者注
② Netflix 是美国的一家在线影片租赁提供商，成立于 1997 年。——译者注

4-3 改变基础设施架构

接下来我们将讨论什么样的基础设施架构才能更好地实现 DevOps。本节介绍的各个实现方式都是以 DevOps 为中心的，但并没有覆盖服务或 DevOps 的所有内容。我们不能说采用了某个方法就可以实现 DevOps，同样也没有必要为了实现 DevOps 而采用即将介绍的所有方法。接下来我们要介绍的架构和案例需要对现有架构或想法做出较大改变，因此不能简单地将其当作现有架构的延伸。不过使用这些架构可以收到良好的效果，而且今后还能为 DevOps 提供强大的支持。在了解了这些架构的优缺点之后，各位读者可以选择一个和自己的环境最匹配的架构进行实践。

本节我们主要介绍以下内容。

- 不可变基础设施
- 蓝绿部署
- 公有云
- SaaS
- 日志收集

4-3-1 使用不可变基础设施进行高效管理

在传统方式下，服务所依赖的基础设施的生命周期较长，通常会随着服务的成长而逐渐发生变化。随着虚拟化和云计算技术的发展，再加上基础设施管理困难的问题，**不可变基础设施**（immutable infrastructure）这一思想应运而生。本节我们将对传统基础设施管理的问题以及用于解决这些问题的不可变基础设施思想进行说明。

传统基础设施管理的问题

在长年累月地对服务进行开发和运维的过程中，会经常修改支持服务运行的基础设施。这样一来，基础设施运维就可能会遇到如下问题。

- 在开发环境中执行了某项配置，测试后确认该配置能够正常运行。然而在生产环境下执行该配置操作时，却出现了因为缺少某个组件而不能正常运行的情况。这是因为之前在开发环境下进行测试时已经安装了这个组件
- 在处理故障时没有删除调查用的临时文件，使这些文件一直保存在服务器上，导致生产环境服务器的内置磁盘空间耗尽
- 中间件需要升级，但不支持直接升级，因此需要全部卸载，然后重新安装。在升级期间，由于该组件的功能不能正常使用，所以需要提前设置维护时服务中断的时间

这些问题的根源在于我们不得不对基础设施所积累的历史状态进行管理。这也说明了管理包括历史状态在内的基础设施是多么困难的一件事情。既然如此，不如干脆将基础设施设计成不对历史状态进行管理的形式，那就是不可变基础设施。

不可变基础设施

不可变基础设施的思想非常简单，就是在基础设施构建完成后就不再进行任何变更。

那么想对基础设施进行变更时要怎么办呢？答案是全部重新构建。也就是说，在需要对环境进行操作时，需要先销毁现有的基础设施，然后再创建新的基础设施（图 4-3）。

以前构建基础设施是一件非常费时费力的工作。正因为如此，我们才会重复使用构建好的基础设施，不过与此同时也产生了上述问题。而随着虚拟化和云计算等技术的发展，如今我们可以快捷地构建和销毁基础设施，比如可以使用第 2 章介绍的 Ansible 等基础设施配置管理工具来实现基础设施构建工作的自动化，这也就使得不可变基础设施成为可能。

传统基础设施

不可变基础设施

图 4-3 不可变基础设施

不可变基础设施有如下几个优点。

1. 可以防止意外发生

前面列举的问题都是在长期使用基础设施的过程中出现的。如果能使环境保持干净的状态，不安装没有用的软件包或进行不必要的配置，并避免混入不需要的文件，就能从根源上杜绝问题发生。

2. 基础设施投入运行后，无须再对其配置和状态进行管理

由于不管进行了什么操作，下次进行配置变更时都会重新构建基础设施，所以也就没有必要对生产环境中实际进行过的配置加以管理了。基于基础设施即代码思想，基础设施的状态全部可以使用代码来表现。

3. 可以强制实现基础设施即代码

即使通过 Ansible 等配置管理工具对基础设施的状态进行了定义，也难免会担心有人修改过实际环境，导致现在的代码和实际环境不一致了。而不可变基础设施就可以帮助我们消除这些不安，这是因为通过重新构建基础设施，代码的最新状态会反映到基础设施上，如果这变成了一种常态，那么直接对实际环境进行操作就没有任何意义了。只要团队成员认识到在下一次重新构建时所有添加的变更都会消失，就不会有人再去做这种没有意义的工作了。要想将变更反映到基础设施上，就需要将变更添加到代码中，这样就可以半强

制性地实现基础设施即代码了。

4. 可以统一故障处理和配置变更工作的步骤

不管服务器上安装了什么中间件、进行了什么样的配置，处理步骤都归结为 "重新构建"。相比将所有的配置变更和恢复处理都整理在内容繁杂的操作手册中，然后从操作手册中选择所需要的步骤，采用不可变基础设施的方式要省事得多，同时还可以减轻运维人员的压力，这是因为基础设施的重新构建工作大部分可以通过自动化的方式完成。

"服务器是牲畜"这一比喻形象地说明了不可变基础设施的特征。与此相对，传统的基础设施则往往被比作宠物。以前，准备一台服务器并不容易，因此对待发生故障的服务器就像对待生病的宠物一样竭尽全力地给予救治，而在虚拟化和云计算飞速发展的今天，舍弃原有的基础设施并重新构建一个不再是难事。虽然这一说法稍微有些极端，但 "服务器是牲畜" 指的正是这种利用完就抛弃的观念。

不可变基础设施的缺点

看了上面的内容，你可能会觉得不可变基础设施全是优点，但实际上不可变基础设施也有其缺点，就是不能让所有的基础设施都成为不可变的。

前面提到的 "舍弃原有的基础设施并重新构建一个"，换句话说就是 "可以从零开始构建出和原来一样的基础设施"。然而就算使用 Ansible 等基础设施配置管理工具实现了服务器的构建，也只能复原到配置环节，并不能复现服务器的状态。这里所说的状态指的是不断变化的数据。以 Web 服务器为代表的不包含任何状态的服务器称为无状态服务器。一般情况下，不可变基础设施只适用于这种无状态服务器。

另一方面，像 DB 服务器这种具备状态的服务器称为有状态服务器。不包含任何数据的空的 DB 服务器就算构建出来也没有任何利用价值，但是要构建出信息（也就是状态）不断更新的服务器，即使借助工具的力量也难如登天。因此，一般情况下不可变基础设施只针对 Web 服务器这种无状态的服务器，DB 服务器等有状态的服务器则不在讨论范围内。

另外，即使实现了不可变基础设施，也还有一些地方需要注意。首先，在某些情况下需要保留基础设施，不能删除。而在不可变基础设施中，一旦开始重新构建基础设施，之前的基础设施就会被完全删除。这种做法在出现故障等的情况下可能会有一些麻烦。这是因为为了防止故障再次发生，需要对故障发生的原因进行调查或者分析，而如果此时基础设施已经不存在了，那么就根本无从查起。因此，为了掌握问题出现的"历史"，需要将当时的基础设施保留下来。

其次，在重新构建基础设施时，操作对象不只局限于目标服务器本身，还需要对其他内容进行操作，最为典型的就是监控相关的配置。通常情况下，我们会在构建完目标服务器之后设置监控。在创建服务器时需要将服务器注册到监控服务器中，删除服务器时则需要将该服务器从监控服务器中删除。

很多情况下监控软件都会提供自动添加监控对象的功能。比如 Zabbix 就提供了主机的自动注册功能，在主机构建完成之后，会通过运行在主机上的 agent 自动向监控服务器进行注册，从而实现监控。此外，监控软件还能根据新注册的主机名的规则进行相应的监控配置。这样一来，不需要我们进行任何特殊的工作，监控软件就可以自动开始对新添加的服务器进行监控。

不过在删除基础设施时，监控软件一般不提供自动将基础设施从监控对象中删除的功能。如果继续对删除了的基础设施进行监控，监控软件就会认为这个节点已经宕机，然后发出警报。因此，我们需要进行一些额外的工作，比如停止对删除了的基础设施进行监控等。

前面我们介绍了不可变基础设施的优缺点，需要注意的是，不可变基础设施并没有明确指出具体的工具、解决方案以及应用场景。它只不过是"可以重新构建的基础设施"这样一个概念，只是一个可以为我们带来各种好处的"模型"而已。

虽然在实际操作时只要销毁原有的基础设施并重新构建一个就可以了，但是如何从"销毁"切换到"构建"，并没有明确的答案，但这并不意味着不可变基础设施没有任何意义，只能说这一概念没能覆盖包括服务发布流程在内的整个基础设施。

4-3-2　使用蓝绿部署切换服务

在对开发进行改善后，需要将新的代码发布到正在运行的服务中去，但更新正在运行的服务可能存在一定的风险，这里我们就来看一下有哪些风险以及相应的应对方法。

传统发布方式中存在的问题

在持续提供服务的过程中，发布新的应用程序和基础设施都是必不可少的工作，然而发布工作往往会引起各种问题，如下所示。

- **在发布时需要停止使用服务**

  不管自动化使发布时间缩到多短，在部署应用程序或者修改基础设施配置时还是需要暂停最终用户对服务的使用，比如修改完中间件的配置之后需要重启中间件，部署应用程序时需要强制终止用户的会话等。虽然这是不可避免的工作，但却会影响可用性，这是我们不希望看见的。

- **发布失败后需要花费很长时间来恢复**

  如果发布时出现了故障，那就更糟糕了，这就意味着此时生产环境的使用或多或少地要受到影响。故障的规模越大，就越需要尽早修复，不然就会导致不可收拾的局面。那么怎么解决这个问题才好呢？最重要的是首先恢复用户对服务的使用。为此就需要判断是将应用程序和基础设施恢复到发布之前的版本，还是调查问题出现的原因并找到解决办法来完成本次发布。但是要知道不管采取哪种措施，在解决问题之前都会给用户带来不便，而且从发现问题到修复故障也不是瞬间就能完成的。在选择对应用程序或基础设施进行回滚操作的情况下，需要将应用程序或基础设施恢复到过去的版本，然后再次进行发布；在选择解决问题并完成本次发布的情况下，则需要调查问题出现的原因，实施相应的解决方案。

之所以会出现这些问题，是因为我们只有一种生产环境。在只能使用一种生产环境的情况下，上述问题就一定会出现。

蓝绿部署（Blue-Green Deployment）就是为了解决这一问题而提出的，其概念如下所示（图 4-4）。

❶ 生产环境由蓝色环境和绿色环境组成，用户只使用其中一个。从用户角度来说，不需要在意连接的是哪一个环境

❷ 在用户没有使用的环境中实施发布工作，最后通过将前置（比如负载均衡器等）的连接切换到蓝色环境或绿色环境，从而瞬间完成环境的切换

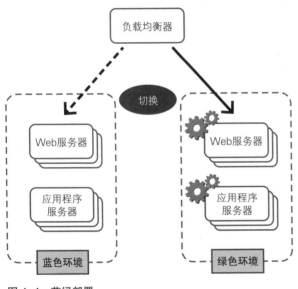

图 4-4　蓝绿部署

蓝绿部署会带来以下好处。

1. 大部分发布工作可以在不影响用户使用的前提下完成

可以在与用户使用的环境无关的地方完成大部分发布工作。如果用户正在使用蓝色环境，那么发布工作就会在绿色环境中完成。在这种情况下，不管发布工作的状况如何，用户都可以正常使用服务，这样我们就不必担心发布工作会对服务产生不利影响了。

2. 切换工作可以瞬间完成

我们在前面也介绍过，最终的切换工作可以瞬间完成，因此能够将发布工作给用户带来的影响控制到最小。

3. 发生故障时可以轻松回滚到以前的版本

假设我们已经在蓝色环境中完成了发布工作，并将用户访问从绿色环境切换到了蓝色环境。由于绿色环境中还保存着之前的版本，所以即使蓝色环境中出现了故障，只要将用户访问切换回绿色环境，就可以瞬间恢复到原来的版本。总之，确保用户能正常访问服务是最重要的目标，为此只要再次切换蓝色环境和绿色环境即可。切换之后，我们就可以对故障进行深入调查，并实施相应的解决方案。

蓝绿部署也存在一些问题。

1. 需要保持双重的基础设施

通常情况下我们只会使用一个环境，这就意味着另一个环境会时常处于"闲置"状态。也就是说，基础设施的成本会成倍增加。在传统基础设施中，准备"闲置"的基础设施从成本上来说是非常不现实的。但是蓝绿部署和不可变基础设施一样，可以通过虚拟化和云计算技术获取基础设施，这也就使得蓝绿部署具备了可行性。此外，随着容器技术的出现，基础设施的获取将变得更加简单。

2. 不适用于有状态服务器

和不可变基础设施一样，蓝绿部署也不适用于有状态服务器。比如随着应用程序的发布，数据库的结构需要修改，而修改前后的数据库结构并不兼容，这时就不能使用蓝绿部署（不过这种类型的发布基本上不会频繁进行）。

尽管蓝绿部署有这样的一些问题，但是如果被用在合适的场景中，还是能起到很大作用的，可以说利大于弊。

如何实现蓝绿部署

那么如何在蓝色环境和绿色环境之间进行切换呢？切换的方法有很多，这里我们来介绍一下。

通过 DNS 进行切换

如图 4-5 所示，假设我们在 example.com 这个网站中进行切换。在该场景下，example.com 这个 FQDN 的后面有两个实体的负载均衡器，而实际的服务则运行在负载均衡器之后。

通过DNS进行切换的方法

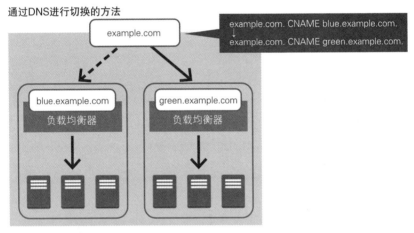

图 4-5　蓝绿部署：通过 DNS 进行切换的方法

在使用蓝绿部署进行切换时，我们需要修改 example.com 指向的 IP 地址或域名。

这种方法的优点是简单，只需要修改 DNS 记录就可以瞬间完成蓝色环境和绿色环境之间的切换。而缺点则是要么全部切换，要么都不切换，不能一点点地进行切换，在观察效果之后再决定后续操作。此外，由于 DNS 本身不具备访问控制的功能，所以用户可以访问到你不想被访问的内容（比如蓝色环境提供服务时的绿色环境）。因此，如果当前提供服务的是蓝色环境，则还需要通过别的方式来限制用户对绿色环境的访问。

通过负载均衡器进行切换

可以通过对负载均衡的成员进行切换来实现蓝色环境和绿色环境之间的切换。在负载均衡器的后面有指向蓝色环境或者绿色环境的连接信息（图 4-6）。

通过负载均衡器进行切换的方法

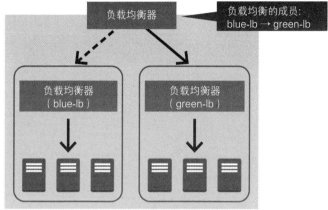

图 4-6 蓝绿部署：通过负载均衡器进行切换的方法

这里以从蓝色环境切换到绿色环境为例，具体的切换流程如下所示。

❶ 将绿色环境添加到负载均衡成员列表，这时访问请求会被分别分发到蓝色环境和绿色环境

❷ 从负载均衡器中删除蓝色环境，这时访问请求只能被分发到绿色环境

该方法和 DNS 切换方式一样，可以通过负载均衡器轻松地对切换进行控制。不同的是，该方法可以通过对负载均衡成员进行增减来实现增量式切换。

在图 4-6 中，负载均衡器下面分别存在用于蓝色环境和绿色环境的负载均衡器。实际上，我们也可以将节点信息（负载均衡成员）配置到总的负载均衡器之下。

通过 Cookie 进行切换

最后要介绍的是通过 Cookie 进行切换的方法（图 4-7）。访问网站时服务器端会发送 Cookie 到客户端，然后由浏览器负责将 Cookie 保存下来。服

务器端可以通过 Cookie 的值控制连接目的地，在下次用户连接时，根据 Cookie 的值决定将请求转发到哪个环境。另外，也存在很多利用会话而非 Cookie 来进行切换的用例。

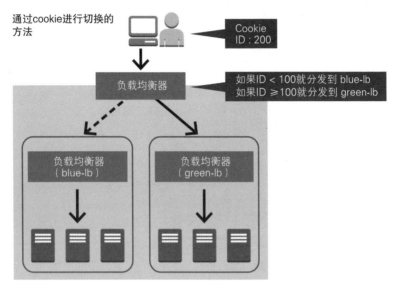

图 4-7　蓝绿部署：通过 Cookie 进行切换的方法

　　该方法的优点在于可以对连接目的地进行细粒度的控制。例如，在进行了重大修改时，可以将 10% 的用户连接到新环境。在尽量降低影响之后，检查新环境是否存在问题。如果没有问题，就可以提高连接到新环境的百分比，最终完成全部切换。

　　因此，该方法不仅可以用于蓝绿部署，还可用于 A/B 测试，即检测用户行为的趋势，调查哪一种方案的满意度更高。具体来说，就是准备多种不同模式的服务，然后基于某种规则（本例中的 Cookie 的值）控制分发，观察用户的行为。例如，我们可以准备一个跟原有页面稍微不同的页面，看看用户是选择立即离开还是进入下一页，由此来判断哪个页面更好。

　　不过，如果你只考虑蓝绿部署，那么这种方法似乎就有点夸张了。

　　图 4-7 中是通过负载均衡器检查 Cookie（或会话）并操控连接目的地的，但实际上也可以通过具有路由器功能的反向代理服务器来实现这项操作。

使用蓝绿部署方式时需要注意的地方

在蓝绿部署中，用户使用的大多是蓝色环境和绿色环境中的一个，所以我们很容易将注意力只放在"活动"的那个环境上，其实这是错误的。

在不活动的那个环境中也需要做很多工作，比如实施发布作业，或者在对蓝色环境和绿色环境进行切换前进行测试。此外，很多时候还需要进行监控工作。因此，即使对用户来说是不活动的环境，开发人员和运维人员也还是会经常登录到这里进行相关工作。

因此，我们不能将注意力只放在活动的那个环境上，还需要思考如何充分利用不活动的那个环境，这样就能明白蓝绿部署到底需要什么样的架构了。

4-3-3　本地部署和公有云

前两节我们介绍了不可变基础设施和蓝绿部署这两个概念。如果你对基础设施比较熟悉，可能就已经想到了 AWS（Amazon Web Services）这种云计算 IaaS（Infrastructure as a Service，基础设施即服务）。可以说不可变基础设施和蓝绿部署都从根本上改变了基础设施的使用方式，因此为其提供支持的云计算环境非常适合用于前面这些机制。这里我们就来介绍一下本地部署和公有云各自的特点以及使用方法。

什么是本地部署

本地部署（on-premise）是指公司自己购买或租赁服务器和网络设备，将其放置在自己的数据中心，然后由自己负责维护。这也是基础设施的传统使用场景。

在本地部署的情况下，几乎所有的工作都在公司内部完成。服务器设备的采购、构建以及网络的设置均由公司自己来实施，甚至有时还需要进行选择数据中心、计算电力消耗和搭建机架等工作。因此，对于要提供的服务，可以从物理层面开始探讨最优架构。另一方面，由于所有的工作都在公司内部完成，所以有时硬件的保养和更换等维护工作也需要自己来做。

所有的工作都可以自由定制，相应地也就需要进行非常精心的运维。什么样的硬件上有多少服务器、这些服务器是如何配置的，等等，这些信息都需要自己来管理。也就是说，一方面什么都能实现，另一方面什么都需要时间和精力。

什么是公有云

公有云是指在互联网的云计算服务中对运行服务所需要的基础设施进行管理，构建系统所需要的服务器和网络设备也全都在互联网上。IaaS 就利用了这种优势，而且在你想使用基础设施时，可以只使用所需要的基础设施。

公有云的优点是可以瞬间获得资源。在本地部署的环境下，要想增加一台物理服务器，就需要选择硬件并安装、构建设备和网络，最快也得花上几天，而在公有云的环境下，只需要从既定的方案中选择合适的配置，点击一下按钮或者运行一下命令，用几分钟甚至几秒钟的时间就可以创建一台服务器。特别是在急需新资源的情况下，使用物理服务器的本地部署环境是无法应对的，而公有云环境则可以在短时间之内提供需要的资源，应对高负载。

另外，由于公有云中没有物理设备，所以我们也不需要去思考机架、电力和重量等问题。数据中心的实际位置也不为人所知，因此在一定程度上保证了数据中心的安全性。

但另一方面，使用公有云就意味着同意了公有云服务的使用条件，这就需要配合公有云服务提供商维护系统或者重启虚拟机的时间来调整服务水平（service level）。本地部署的情况下可以在一定范围内调整计划，在尽量不影响服务的前提下进行各种操作，而公有云的情况下则只能按照提供商的计划来构建自己的服务。即使你抗议说在这样的时间进行维护会给你带来很大麻烦，公有云服务提供商一般也不会为个别客户而调整他们的计划。不过公有云服务提供商一般也不会突然进行维护，所以我们可以根据已经公布的维护计划来管理自己的服务。

软件架构也是如此。本地部署的情况下可以根据要实现的功能来选择购买合适的硬件，并按照自己的想法对所有的硬件进行设置，而公有云的情况下则只能使用服务提供商提供的服务，在这些服务的范围内构建自己的业务系统。公有云服务提供商是不会满足个别用户的个别需求的。特别是网络设备，在想对负载均衡器、交换机和路由器等网络设备进行自定义配置时，如果公有云服务提供商没有提供相应的服务，那么我们就只能通过构建虚拟机来实现负载均衡器或者路由器的功能。

另外，公有云服务在发生故障时极有可能成为一个黑盒。在本地部署的情况下，如果服务器出现了故障，我们可以详细调查故障的原因，弄清楚到底是硬件的问题还是其他方面的问题，如果是硬件的问题，就进一步调查问题出在 CPU 还是内存，之后再根据调查结果制订相应的对策，以防故障再次发生。而在公有云的情况下，我们对故障的处理也仅限于作为公有云平台的虚拟机层面。在调查虚拟机突然重启的原因时，只能通过查看虚拟机中的日志来调查。

是选择本地部署还是选择公有云

看完上面的介绍，相信你的脑海中已经自然而然地浮现出本地部署和公有云的使用场景了。在从零开始构建和提供 Web 服务的情况下，即使从基础设施即代码和 DevOps 的观点来看，公有云也更胜一筹。比较成熟的公有云环境中提供了 API、命令行工具以及管理控制台等各种工具，使用这些工具可以非常方便地构建和管理基础设施，这也是公有云难以被替代的一个优势。另外，如果从零开始设计服务，就可以结合公有云提供的服务来进行设计，难度也不会太高。从这些角度来看，公有云环境可以说是一个便于开始构建服务的基础设施。

当然，在本地部署环境中使用 OpenStack 等云计算平台也可以像公有云一样基于虚拟机实现不可变基础设施，我们将这一架构称为私有云。不过在使用不可变基础设施之前，需要先在本地部署环境中构建一个相当于 IaaS 的基础设施，这并不简单。尽管最终完成的架构非常值得称赞，但是却需要花费一定的时间和成本，因此我们需要好好掂量一下本地部署的优缺点再做选择。

不过如果在本地部署环境中已经有服务在运行，那么将这些服务迁移到公有云环境就未必合适了。

首先是因为需要花费一定的迁移成本，而且并不是说简单地将基础设施从本地迁移到公有云即可。要想实现适合 DevOps 的基础设施，如果不使用公有云提供的各种服务就没有任何意义。因为只将本地部署中的服务器配置原封不动地复制到公有云并不能实现不可变基础设施。也就是说，我们需要大幅修改软件架构。

迁移是否划算，取决于当前运行的系统的规模，以及目前距离实现 DevOps 还有多远。

另外比较重要的一点是，DevOps 的实现并不要求必须使用公有云环境。虽然公有云可以提供 API 和命令行工具，还能轻松地创建虚拟机，非常适合用于实现不可变基础设施和蓝绿部署，但是我们必须认识到，不可变基础设施和蓝绿部署并不是实现 DevOps 必不可少的条件。DevOps 的目的是提高商业价值，不管是不可变基础设施还是蓝绿部署，都不过是实现这一目标的一个手段而已。对于当前服务所面临的问题，不可变基础设施（或者公有云）真的是唯一的解决方法吗？大家需要结合服务的特点、发展方向以及公司的现状来考虑这一问题的答案。

本书中介绍的 DevOps 的实现方法绝不是以使用公有云服务为前提的，我们只是从各种角度介绍了在提高商业价值的过程中存在的问题以及相应的解决方法，希望各位读者能从中找到符合自己实际情况的方案。

4-3-4　SaaS

近年来，特别是在监控和持续集成领域，SaaS（Software as a Service，软件即服务）的应用正在逐渐增加。本节我们将介绍一下什么是 SaaS，并思考一下 SaaS 适用于什么样的场景。

什么是 SaaS

SaaS 是指以服务的形式使用互联网提供的功能，并且可以按需使用、按量付费（图 4-8）。

以前，要想使用某项功能，就需要先进行各种开发工作，还需要准备相应的资源以保证功能正常运行。比如，要使用监控功能，就需要设计并构建监控服务器，然后进行各种监控配置，等到这些工作都完成之后才能开始使用。

如果这些功能（比如登录功能和购物车功能等）和服务直接相关倒也

罢了，但是对于监控和持续集成这种和服务没有直接关系的功能，我们就不想再花费人力和系统资源去设计和实现了。

　　SaaS 的理念就是在这一背景下诞生的。对于和服务不直接相关的非核心功能，选择基于互联网的服务来实现。这样一来，我们就可以基于互联网服务来使用前面提到的监控和持续集成等"具有软件性质的功能"了。

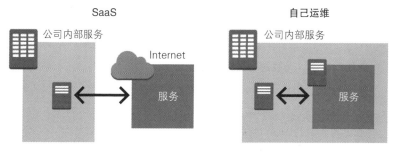

图 4-8　SaaS 和自己运维

　　表 4-1 中列出了一些常见的以 SaaS 形式提供的服务。

表 4-1　常见 SaaS 服务列表

功　能	服务名
监控	Mackerel
监控	New Relic
监控	Datadog
可用性监控	Pingdom
持续集成	CircleCI
持续集成	Travis CI
单点登录	OneLogin
事件管理	PagerDuty
仪表盘	Chartio
电话通知	twilio
日志分析	sumologic

　　我们在这里介绍的只是 SaaS 的一小部分而已，互联网上还有很多其他的服务。

最近，在自己的服务架构中积极使用第三方 SaaS 服务的例子正在逐渐增多。

SaaS 服务被广泛应用的本质在于优先追求商业价值，彻底削减非核心部分的成本。换句话说，就是将人力和系统资源分配到可以提高商业价值的地方，剩下的都以自动化的方式完成，以此降低资源的分配额度。可以说 SaaS 和 DevOps 的"通过较少的人快速提供服务，提高商业价值"的方针是一致的。

使用 SaaS 服务可以带来的好处有以下 3 点。

1. 使用门槛低，无须进行详细的配置和优化

我们以监控为例进行说明。在自己实现监控系统时，一般需要对监控服务器进行设计、构建和配置，还要确定资源计划等。另外，详细调查监控项目也是一项必不可少的工作。而在使用 SaaS 服务的情况下，这种监控的设计、构建和配置工作往往都由 SaaS 服务提供支持，通常我们只需要在被监控的服务器上安装监控探针（agent）即可。也就是说，在开始进行监控之前，我们不需要再花费大量时间去设计一个监控系统，从而可以尽快开始监控并提供服务。

2. 能够及时为新的中间件或架构提供支持

当新的中间件、架构或者服务开始普及时，SaaS 服务也会及时提供相应的支持。如果由自己来实现新的中间件的监控，就需要从如何进行监控开始验证，而 SaaS 服务可以快速提供基本的监控功能，用户只需要进行相应的更新操作即可。

3. 不需要对 SaaS 服务进行运维工作

在使用 SaaS 服务时，服务器本身存在于互联网中，服务器的运维工作基本上都由服务提供者负责，因此用户不需要做任何事情。SaaS 服务除了被设计为高可用之外，资源扩容等维护工作也不需要用户费心。可以说用户基本上没有运维方面的负担。

另一方面，SaaS 服务也有一些缺点。

1. **无法对出现故障的 SaaS 服务进行控制**

   虽然 SaaS 服务很少出现故障，但是故障一旦发生，用户就什么都做不了。什么时候能恢复服务、怎么解决故障，这些都只能由 SaaS 服务提供者来判断。

2. **很难提供个性化的定制**

   SaaS 服务优先提供多数用户期望的功能，因此在大多数情况下，我们可以利用 SaaS 服务实现基本的需求。不过反过来说，对于那些特殊的需求，SaaS 服务就很难满足了。而且需求的针对性越强，被提供的可能性就越小。因此，在使用 SaaS 服务时，只能使用大众化的功能。

3. **不能自己决定价格和服务期限**

   SaaS 的思想是将运维等原本需要自己花费人力等资源去实施的工作外包出去，所以绝对不是免费的。有时一些 SaaS 服务还会突然提高价格，甚至停止服务，因此 SaaS 服务的用户需要对这种情况有所准备。

如何充分利用 SaaS

我们可以结合自己的实际情况来考虑在哪些地方可以使用 SaaS 服务。

如果基础设施上已经实现了 SaaS 服务相应的功能，并且该功能运行稳定，那么就没有必要再使用 SaaS 服务了。但是在计划开展新服务的阶段，往往会出现人力等资源不足的情况，这时 SaaS 服务就会起到很大的作用。

不过 SaaS 服务并不是一把能够解决所有问题的万能钥匙。SaaS 服务提供的功能对我们的服务而言越重要，就越需要在使用之前进行严密的验证并制订相应的应急计划（灾害、故障的应对计划）。比如，我们可以只选择服务的一个组件来使用 SaaS 服务提供的功能，然后对其进行评估，也可以同时使用自己研发的组件和 SaaS 服务，以防不测发生。在判定没有问题之后再正式开始使用 SaaS 服务也为时不晚。另外，我们还可以根据 SaaS 提供的功能来对服务的设计进行修改。

如果你觉得 SaaS 服务很方便，没有经过太多思考就直接开始使用的话，那么结果付出的成本可能比自己运维还要高，而且还不能对功能进行定制。此外，如果采用了某个 SaaS 服务，而且在实现的过程中对其有所依赖，那么就很难再使用其他的 SaaS 服务或者停止使用该 SaaS 服务。

不过 SaaS 服务还是有很多优点的，如果能够深刻理解 SaaS 的特性并熟练运用，就可以像本节开头介绍的那样，将人力等资源集中到最能提高商业价值的地方，从而进一步提高服务开发、上线的速度。

4-3-5　日志收集和分析

日志的种类有很多，包括系统日志、访问日志和错误日志等，但不管是哪种类型的日志，对于分析记录日志时发生的事情来说都是非常重要的。在传统方式下，日志主要用于故障分析和系统审计，而在 DevOps 中，日志的作用则不仅限于此。累积下来的日志除了可以用于故障分析，还可以用于促进业务发展。下面我们就来思考一下 DevOps 中如何使用日志。

▌使用 Logstash 或 Fluentd 进行实时日志收集

过去，在收集日志时，基本上是让各个服务器定时将日志传输到其他服务器上，也就是将日志集中到同一个地方来处理。日志传输的时间点也各不相同，比如有每天将日志打包发送一次的形式。

如果服务器的配置和台数固定，这么做没有什么问题，但是在不可变基础设施这种配置不断发生变化的环境下，定时收集日志的方式就会出现问题。因为在进行日志传输时，服务器可能已经不存在了。在这种基础设施随时会被重新构建的环境下，如果按周或者按天进行日志传输，就可能会导致日志丢失。为了防止这种情况，需要及时进行日志传输，以免受到服务器被删除的影响。因此，在使用不可变基础设施的情况下，最为理想的方式是实时（或以非常短的时间间隔）进行日志传输。

为此，可以使用以 Logstash 和 Fluentd 为代表的能够进行流处理的工具。这些工具可以对需要收集的日志进行监控，并以非常短的时间间隔将日志传输到其他服务器中。

Logstash 是 Elastic 公司提供的用于收集和传输数据的工具，Fluentd 是 TreasureData 公司提供的类似的工具。这些工具可以监控文件中添加的内容，并以非常短的时间间隔收集这些内容，之后再采用各种方式对收集到的数据进行处理，并能够以多种形式输出，比如将数据加入到数据源中、发送到其他节点，或者输出到文件等（图 4-9）。

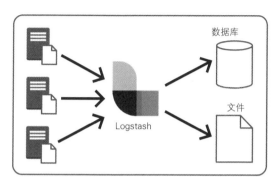

图 4-9　Logstash 数据流示意图

使用 Logstash 或 Fluentd，我们可以在持续收集日志的同时将这些日志传输到其他服务器中，然后在接收到日志的服务器上对日志进行聚合处理或者将其保存为文件。这样一来，实时收集日志的目标就可以轻松实现了。

使用 Elasticsearch、Logstash 和 Kibana 对日志进行分析和可视化（ELK 技术栈）

随着开发和发布的快速迭代，发布之后的反馈周期应尽量缩短，最好能实时收到反馈。这是因为在 DevOps 中，发布不会只有一次，而是在不断地循环进行发布、反馈、分析、制定策略、开发、发布……根据发布之后的反馈进行下一次发布，形成 PDCA 循环（1-2-2 节）。我们的目标不是取得一次发布的成功，而是在进行发布后分析结果，在试错的过程中不断进行发布，从而逐渐提高商业价值。不过，如果服务发布之后需要经过一段时间才能看到效果，就很难实现快速改善了。

那么如何才能快速收到反馈呢？要做到这一点，就需要尽早地对发布之后出现的反应进行收集和分析。不过，我们并不能直接获得发布效果是好是坏这种二元信息，而是需要从散落在各个角落的信息中寻找用户最为真实的声音，以此来明确各种问题。

在进行这种分析时，访问日志和应用程序日志会成为非常重要的信息来源。一般 Web 服务都会在日志中记录哪位用户访问了什么地址等，光是对这些日志进行分析，就能发现非常有价值的信息。在 DevOps 中，日志不应该只是被收集和存储，还应该积极地用于分析。

但是，也有很多人不知道该如何进行日志分析。日志分析原本就需要高超的能力和技术，而且这种能力和技术与系统开发所要求的还有所不同。不过即使不进行高级的分析，通过单纯采用可视化的方法，也一定能从中发现一些有价值的东西。

可视化是指基于日志将信息数值化，并以图形的方式展现出来。可视化有助于我们进行客观的判断，例如我们可以通过可视化轻松确认以下信息。

- **访问数量的变化趋势**
- **发布之后错误是否突然增加**
- **响应时间是否变慢**

确认这些信息并不需要高超的分析技巧，只需收集访问日志和错误日志，然后将其图形化即可。

那么具体应如何实施可视化呢？其实前面提到的 Logstash 以及 Fluentd 在这方面能提供很大的帮助。如前所述，Logstash 可以通过各种方式对数据进行处理并以多种形式输出，因此我们可以利用 Logstash 的这项功能将数据导入到可视化工具中。常用的数据源和可视化工具有 Elasticsearch 和 Kibana，二者均由 Elastic 公司提供。

Elasticsearch 是一个具备良好的实时性和可扩展性的搜索引擎（图 4-10）。Kibana 是一个可以从 Elasticsearch 中获取数据并将这些数据可视化的工具。这两个工具与前面提到的 Logstash 一起被称为"ELK 技术栈"（如果使用 Fluentd 代替 Logstash，则称为"EFK 技术栈"）。本书示例中将使用

Logstash（或 Fluentd）将访问日志和错误日志的信息导入到 Elasticsearch 中，然后使用 Kibana 将 Elasticsearch 中保存的信息可视化（图 4-11）。

图 4-10 Elasticsearch 官方网站

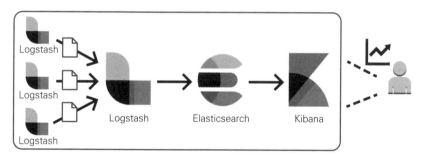

图 4-11 ELK（EFK）技术栈的使用示例

　　前面我们考虑了如何利用访问日志和错误日志进行简单的分析和可视化，那么如何更加深入地进行分析呢？可能有的读者已经察觉到了，对于分析来说最重要的是信息。也就是说，日志中包含了什么样的信息将影响分析的精确程度。反过来，我们也可以根据分析的目的来思考让日志中包含哪些信息。如果能够将这种逆向思维运用到应用程序的设计中去，就可以获得更为精确的反馈。

但是这并不意味着我们只需要筛选有用的信息，而将那些不确定是否有用的信息完全舍弃掉。在进行日志分析的情况下，我们不可能从一开始就可以洞穿一切，从而筛选出所需要的信息，而是应该先将所有信息都收集起来，这也是一般的固定做法。因为日后想从不同的出发点进行分析时，如果相关信息没有收集到日志中，就什么都做不了。因此，在设计时要适当考虑到日志分析的目的，用于分析的信息的种类也尽量不要范围过小，这样在之后进行分析时就只需要筛选恰当的日志即可。

朝着目标持续进行开发循环

前面我们介绍了日志分析及可视化的相关内容。请大家牢记，在运维阶段最重要的是反省，如果不认真地对现状加以思考，就无法顺利实现目标。在实施 PDCA 循环的过程中，需要积极利用日志信息获得反馈，持续进行开发循环。虽然单个计划可以在一个 PDCA 循环中完成，但是长期的目标则只能通过不断地进行开发、发布和试错的循环才能实现。要想确认当前的工作是否能提高商业价值，就需要不停地进行反省。这种反复进行反馈和发布，并不断进行细微调整的方式，才是 DevOps 中提高商业价值的捷径（图 4-12）。

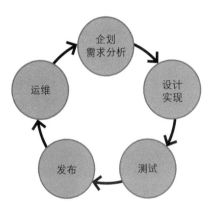

图 4-12　不断反复的开发循环

4-4 改变团队

前面我们主要介绍了支持团队开发的技术，但是要想大幅提高团队的开发能力，引入并持续改善 DevOps，就需要在重新审视团队开发的基础上，改善开发流程，引入新的思考方式和沟通方式。

4-4-1 DevOps和敏捷开发

敏捷开发是 DevOps 的前身，是一种通过改善开发方法和团队结构，持续对最终成果进行改善的方法。对敏捷开发方法中的持续性的流程进行扩展，并借鉴持续集成的方法，进一步改善开发和运维之间的关系，就产生了 DevOps。因此，在谈论 DevOps 时，通常也会谈到敏捷开发。当然，因为敏捷开发是 DevOps 的基础，所以两者之间的亲和性也非常高。下面我们就来具体看一下敏捷开发这一开发方法。

如何衡量服务开发成功与否

为了理解敏捷开发所要解决的问题，我们首先来看一下这一开发方法出现的背景。任何人都是以成功开发出服务为目标进行开发的，但什么才是成功的开发呢？"在规定的时间内""按照需求文档定义的规范发布服务"就是成功的开发吗？奇怪的是，即使同时满足这两点，有时也会以商业上的失败而告终。比如下面这个例子。

在采用了瀑布模型的开发中，开发之前进行了严密的市场调查和需求分析，在开发过程中也克服了种种困难，最终得以在规定的期限内发布服务。然而在服务发布时，其他竞争对手却已经发布了类似的服务并占领了大部分市场。最终自己发布的服务不能在市场上抢占一席之地，开发成本也难以收回。由此我们可以看出，开发成功与否并不在于是否按计划准时发布了服务，而在于服务是否产生了商业价值。

开发中面临的问题和敏捷开发的出现

那么如何才能避免商业上的失败呢？是在得知竞争对手的产品发布后简化服务功能提前发布？还是利用后发优势，对竞争对手的产品进行彻底的分析，针对对方的弱点来开展服务？

不管是哪种情况，关键都在于服务的开发是否能应对变化。在快速变化的商业环境中，要想赢得新价值，开发工作本身也必须能跟得上商业的变化。

因此，我们需要能够应对变化的开发方法。其实这样的开发方法有很多，而且各有优势，不能说哪种方法是最好的。后来，人们总结了这些开发方法的共同特征，提出了敏捷软件开发声明和敏捷开发。

以迅速应对变化为目标的敏捷开发

敏捷开发（agile development）究竟是什么呢？查一下"agile"的意思就会发现它有"快速""灵活"等解释。最近，软件系统和服务的敏捷性也开始受到人们的关注。敏捷开发正是源于这些追求"快速""灵活"的开发方法。

最初是没有敏捷开发这种开发方法的，不过存在一些强调"敏捷"的开发方法，这些开发方法重视速度和灵活性，在不断获得成功的过程中，价值也逐渐被认可。虽然这些开发方法在表面上各不相同，但是其目标在本质上都是相似的。在此背景下，各个开发方法的先驱者联合起来，融合彼此智慧，提出了敏捷开发这一开发方法。

DevOps 和敏捷开发

DevOps 的想法源于敏捷开发中运维方面的问题，所以 DevOps 和敏捷开发有着密不可分的关系。在敏捷开发中，计划、设计、开发、测试以及发布等和开发工程相关的工作均由一个小型团队完成，通过在短期内不断重复这一系列的工作，接收外界对服务和产品的反馈，从而持续进行改善。

敏捷开发通过以较短的开发周期对计划和实现的成果持续进行发布，可以用传统开发方法中难以想象的速度添加新功能和实施改善。此外，在收到外界对发布的反馈之后，可以在下一个很短的开发周期之内进行修改，像这样通过不断积累，就可以非常灵活地对设计进行改善。敏捷开发的"快速"和"灵活"的特征，满足了 DevOps 所要求的速度和灵活性，直接关系到商业价值的提高。

在这种开发方式中，从计划到发布为止的所有工作都由一个团队承担，这就为实现所有开发工程的持续集成，也就是为 DevOps 中开发的持续改善打下了坚实的基础。在采用敏捷开发的情况下，团队成员不用去考虑自己承担的工作是什么，所有成员都要对服务和产品负责，这就需要理解彼此的业务，自然而然地就形成了 DevOps 所需要的模式。

敏捷开发的推进方式

那么，我们要如何推进敏捷开发呢？

敏捷开发中有两个关键词，分别是"迭代"和"用户故事"。

敏捷开发中以 1 ~ 4 周为单位进行短期的服务开发，这一开发方式被称为"迭代"。在进行迭代的计划时，包括开发人员和运维人员在内的所有团队成员都要参与其中，每个人都要知道团队的任务，共同讨论团队的产出成果。在迭代中实际开发出来的服务成果也由团队全员来进行评审、讨论，进而决定发布哪些内容。这样一来，开发人员和运维人员等所有团队成员都能掌握发布的内容。最后，在回顾会议中，开发相关的所有团队成员都会被召集到一起，回顾并讨论该迭代周期中哪里做得不错，哪里还需要改进，从而进一步实施改善措施。

像这样，不管你在团队中担任什么角色，都要投入大量时间和其他团队成员一起工作，这是敏捷开发的特点之一。在采用这种体制进行服务开发的情况下，如果开发的产品在运维时出现问题，那么不仅是开发人员，从计划到发布的所有相关人员也都能了解当前发生了什么事情。然后，为了解决当前的问题，全体成员会自然而然地去回顾之前的开发，一起思考还有哪些地方需要改善。在这样的团队中工作，就要意识到不管自己的专业是什么，所做的工作都会影响团队整体的输出以及业务的成败，并在此基础上提出自己的建议和想法。和各团队成员仅负责自己的分内之事的传统开发方式相比，敏捷开发不仅局限于开发或者业务，而是整个团队围绕着服务开发所涉及的所有内容，持续进行计划、开发和发布。

在迭代的计划中会编写用户故事，并根据用户故事进行开发。用户故事是指以文章的形式记录想要实现的功能，例如"增加用户回访率"的这一宽泛的需求在用户故事中会被描述为"为了增加用户的回访率，在用户每次登录时给予一定的积分"。

用户故事的前身是记录比较粗略的需求的史诗故事（epic）。通过拆分史诗故事中没有细化的需求，创建用户故事，进而根据用户故事实施开发工作。具体来说，根据用户故事的开发内容确定迭代周期，对该周期内需要完成的工作进行计划并着手开发，然后由大家一起对开发成果进行回顾和评审，之后再开始下一轮迭代。通过在迭代周期结束时进行回顾，可以总结出需要改善的地方，使下一轮迭代变得更好，同时也有助于团队团结一致，努力实现更好的开发（图 4-13）。

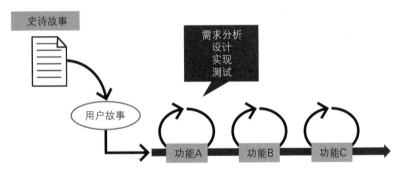

图 4-13 史诗故事和用户故事

敏捷开发的基本形式就是以商业需求为核心，在较短期间内确定开发方针，并持续进行改善，从而逐步推进开发。

前面我们提到过，敏捷开发源于各种能够快速应对变化的开发方法，这样的开发方法有很多，其中比较有名的包括"Scrum 开发""极限编程""用户功能驱动开发"等。

支持敏捷开发的开发方法：Scrum 开发

敏捷开发是 DevOps 的前身，和 DevOps 的亲和性很高。为了了解具体的敏捷开发方法，这里我们以广泛应用于项目中的 Scrum 开发为例进行说明。"Scrum"（争球）原本是橄榄球运动中的一个术语，指队员们抱团列阵组成争球阵势，齐心协力抗击对手，"Scrum 开发"一词就由此而来。

Scrum团队

Scrum 团队中包括 3 个角色。

- **产品负责人**
- **开发团队**
- Scrum Master

首先，产品负责人负责使 Scrum 团队开发的产品价值最大化。Scrum 开发中需要实现史诗故事，但由于史诗故事由多个用户故事组成，用户故事又根据产品待办事项列表（product backlog）中的多个功能来实现，所以就需要确定这些功能的优先顺序。而产品负责人就负责对产品待办事项列表进行优先级排序，整理出最低限度的功能，最大限度地提高产品价值。

第 2 个角色是开发团队。顾名思义，开发团队负责开发产品需要的各种功能。开发团队的人数不会太多也不会过少，一般由 3 ~ 9 人组成。在这种规模的开发团队中，各个成员之间能够很好地开展合作，而且也不会耗费过多的沟通成本。当然，人数的多少并不是最重要的，但在确定人数时必须有充分的理由。开发团队的特征是自我管理，团队对自己开发的功能负责，自己制订具体的工作计划并进行管理。由于在计划和管理中不会受到干扰，所以不会在决策上浪费过多的时间，从而能够保证开发持续进行。

最重要的是，开发团队由各个领域的专业人员组成。产品、交付成果物的开发所涉及的成员全部聚集到一起组成 Scrum 团队，没有开发、运维、计划和业务等部门之分，因此团队成员能够紧密协作，迅速做出判断，并开始计划、设计、开发和运维等工作。

最后，Scrum Master 负责对 Scrum 团队进行优化，检查 Scrum 团队是否符合 Scrum 开发的框架，在必要的情况下进行改善和教育工作。此外，Scrum Master 还会对产品负责人提供支援、排除阻碍开发团队进行开发的因素。可以说 Scrum Master 是 Scrum 团队的管家。

Scrum 开发流程

Scrum 开发的流程如下所示（图 4-14）。

❶ 发布计划
❷ 冲刺计划
❸ 冲刺
❹ 每日站立会议
❺ 冲刺评审
❻ 冲刺回顾

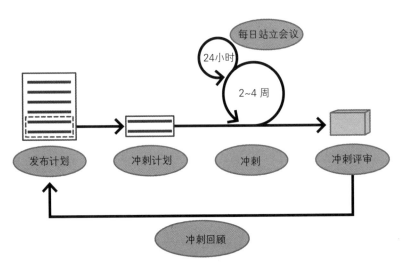

图 4-14 Scrum 开发流程

从上面的流程图可以看出，冲刺就相当于敏捷开发中的迭代。

发布计划

Scrum 开发始于发布计划。在发布计划中，产品负责人处于中心位置，他会根据产品待办事项列表确定各功能的优先级，并确定需要多长时间来实现。

刚开始的时候，在发布计划中筛选出来的用户故事和功能列表大多是比较具体的，产品待办事项列表也很简洁。不过产品待办事项列表本身并不是一成不变的，除了随用户需求而改变之外，还会根据业务状况、用户变化和开发团队的反馈等随时进行更新。这种可以根据周围变化随时进行调整的特征，是 Scurm 开发和敏捷开发所共有的。发布计划是项目的路线图，在每个冲刺中都被重新评审。

冲刺计划

冲刺计划是将产品待办事项列表中的功能开发映射到实际冲刺中的一个阶段。一次冲刺通常需要 2 ~ 4 周。由于一次冲刺中容纳不了所有的功能，所以开发团队会对功能进行进一步的细分。在对整体规模进行预估的同时，为每个开发人员分配本次冲刺中所要承担的任务，制作功能和负责人一一对应的冲刺待办事项列表（sprint backlog）。此时最好制订量化的评估项目，以便在之后进行冲刺回顾时取得更好的效果。

冲刺

在冲刺阶段将实际开发交付成果物。

第 2 章中我们介绍了如何构建进行 DevOps 实践的个人环境，在冲刺阶段就需要让每个人都能充分利用这些支撑 DevOps 的工具集中精力进行开发，这对提高生产效率来说至关重要。除了提高个人的工作效率，通过第 3 章中介绍的支撑 DevOps 的工具，还将进一步提高团队的工作效率。

另外，在冲刺期间，开发内容原则上是不会发生变更的。如果没有按照冲刺计划中已经确定的工作内容进行开发，就会在开发过程中出现这样那样的情况。为了防止出现这一问题，应专注于一个开发。

每日站立会议

每日站立会议是指每天都会召开的简短会议，团队成员要在会议上简要汇报以下内容。

- 昨天做了什么
- 今天要做什么
- 是否出现了什么阻碍开发正常进行的因素

第 3 点的阻碍开发正常进行的因素被称为障碍物。通过共享这些信息，有助于 Scrum Master 和开发人员齐心协力清除障碍物，或者提出自己的建议。每日站立会议的目的在于，及时确认并调整开发方向，即使是在很短的冲刺期间，每个人也都能高效地进行开发。

不过每日站立会议也可能会造成时间上的浪费，所以 Scrum 开发中一般把每日站立会议限制在 15 ~ 30 分钟。由于会议时间不是很长，所以大家通常都站着进行报告，所以称为站立会议（简称"站会"）。

冲刺评审

冲刺评审是对交付成果物进行评审的会议。冲刺评审中最重要的是直接展示可运行的服务。我们经常会听说开发阶段非常顺利，但最后开发出来的应用程序怎么都不能正常运行的情况。因此，在冲刺评审中必须使用按照冲刺计划完成的交付成果物来演示，而不能只使用图片或者文档来说明。

另外，在冲刺评审中，除了团队成员，用户故事的利益相关者也会广泛地参与进来。通过实际查看按照用户故事实现的交付成果物，可以确认各利益相关者与开发团队之间的沟通是否存在问题，也可以从周围人的想法中获得为下一轮冲刺提供反馈的机会。

冲刺回顾

在一个冲刺完成之后下一个冲刺开始之前，团队全体成员会聚在一起对刚完成的冲刺进行回顾。如果在该冲刺周期中出现了开发延迟等情况，就可以使用在冲刺计划中预先设定的量化的评估项目来避免之后出现同样的问题。这一阶段的目的在于，趁着团队全员对刚完成的冲刺还有印象、对出现的问题还比较重视的时候进行回顾，以在之后的冲刺中做得更好。

例如，团队成员考虑当前冲刺中以下 3 部分的内容，并将自己的想法写在便签上。

- 做得好的地方
- 做得不好的地方
- 在下一个冲刺中需要改进的地方

之后公布每个成员的便签，将这些便签贴到白板上并加以统计。统计结束后，大家可以对排在前 3 的"做得好的地方"加以称赞，对于排在前 3 的"做得不好的地方"以及"在下一个冲刺中需要改进的地方"，则需要共同商定具体的改进措施，并将这些措施用于以后的冲刺中。

Don't just Do Agile, Be Agile

到底什么才是敏捷开发？要做到什么程度才能称得上是敏捷开发？下面这句话想必可以为大家解惑。

Don't just Do Agile, Be Agile
（不要只照着敏捷的要求去做，而是要成为敏捷）

前面我们以 Scrum 开发为例对敏捷开发进行了介绍，但我们既不能说实施了每日站立会议就是在做 Scrum 开发，也不能说召开了冲刺评审会议就是在做 Scrum 开发。不管是敏捷开发还是 Scrum 开发，它们的目标都是进行"快速""灵活"的开发。"不满足于使用世界上已存在的各种方法和技术，而应把重点放在希望达到的效果上""对希望达到的效果进行思考，不断根据变化来调整自身，才算得上是真正的敏捷开发"……这些思想都包括在"Be Agile"这个短语中。

专栏

敏捷软件开发宣言

"敏捷软件开发宣言"充分展示了敏捷开发的理念,其内容如下所示。

敏捷软件开发宣言

我们一直在实践中探寻更好的软件开发方法,
身体力行的同时也帮助他人。
由此我们建立了如下价值观:

个体和互动 高于 流程和工具
工作的软件 高于 详尽的文档
客户合作 高于 合同谈判
响应变化 高于 遵循计划

也就是说,尽管右项有其价值,但我们更重视左项的价值。

Kent Beck
Mike Beedle
Arie van Bennekum
Alistair Cockburn
Ward Cunningham
Martin Fowler
James Grenning
Jim Highsmith
Andrew Hunt
Ron Jeffries
Jon Kern
Brian Marick
Robert C. Martin
Steve Mellor
Ken Schwaber
Jeff Sutherland
Dave Thomas

著作权为上述作者所有，2001 年

此宣言可以以任何形式自由地复制，但其全文必须包含上述申明在内。

参考网址 http://agilemanifesto.org/iso/zhchs/manifesto.html

由此我们可以看出，敏捷开发与 DevOps 所追求的通过开发和运维紧密协作以快速提高商业价值的目的是有共通之处的。另外，这份敏捷软件开发宣言还附带了一份"敏捷宣言遵循的原则"，用于说明敏捷软件开发宣言为何如此重要。

参考网址 http://agilemanifesto.org/iso/zhchs/principles.html

这篇文章表达了敏捷开发人员共同的认识。在平日里忙于开发或运维时，或者在朝着 DevOps 大步前进时，都可以看看这些文章，审视一下当前现状和原本想要达成的目标。

4-4-2 ticket 驱动开发

ticket 驱动开发是在软件开发中使用 JIRA、Redmine 和 Trac 等缺陷跟踪系统（Bug Tracking System，BTS）或问题跟踪系统（Issue Tracking System，ITS），以 ticket 为单位对问题、缺陷以及敏捷开发中的用户故事等进行管理的方法。

ticket 管理与我们前面介绍的思想和工具也密切相关，例如 JIRA 就经常在敏捷开发中使用，GitHub 自身也提供了 issue 这一 ticket 管理功能。这说明 ticket 管理与服务开发密切相关。

既然 ticket 管理与服务开发密切相关，那么有没有什么方法能够将 ticket 管理和开发融合到一起，进而提高开发效率呢？ ticket 驱动开发便由此而来。

ticket 驱动开发源于日本，诞生之后便迅速普及，可以支持从瀑布开发模型到 Scrum 开发，应用十分广泛。需要注意的是，ticket 驱动开发并不是要推翻以往的开发工程中的思考方式，而只是一个补充而已。

在出现 ticket 驱动开发之前，日本软件开发中设计文档就是一切，所有的设计变更都需要以文档的方式进行管理。因此，如果没有一直盯着文档，就很难理解在什么情况下发生了设计变更。以天为单位的项目管理通过日程管理工具或 Excel 进行，比如使用日程管理表管理各个任务的期限，使用问题管理表管理问题，使用设计文档管理设计变更……信息十分分散，这样一来就很难掌握项目整体的情况。项目经理因为可以把控全局，所以倒也还好，但团队成员往往仅关注自己的工作，因此就很难知道自己的任务在整个开发中处于什么位置、该按照哪个截止日期进行开发，即无法考虑到整个开发过程。另外，在项目较大的情况下，一般在产品即将发布时才召开开发团队和运维团队的交接会议，而很多运维团队都是直到这时才初次了解到具体的设计。

在 ticket 驱动开发中，所有任务都以 ticket 的方式进行管理，ticket 管理软件可以输入和 ticket 相关的各种信息。ticket 中不仅可以保存截止日期、负责人以及详细内容等信息，还可以保存该 ticket 相关的讨论记录。此外，ticket 驱动开发还提供了可以从项目管理、工作量估算和进度管理等多个角度进行分析的仪表盘功能，这样就实现了基于集中管理的信息从多个角度对项目进行运维的机制。ticket 驱动开发出现之前的各种问题，比如只有项目经理把控项目整体、团队成员看不到开发的整体情况，需要定期对管理文档进行更新等，都可以通过问题跟踪系统或缺陷跟踪系统得到解决。

在实际进行开发时将软件的设计细分到团队成员个人可以进行的程度，然后将这些任务和 ticket 进行关联，并为 ticket 分配开发人员。如果在开发过程中出现了设计变更的情况，就需要在相应的 ticket 中记录设计变更的过程以及变更之后的内容，留下修改记录。这样一来，团队里的任何成员就都可以在事后查阅某个任务的详细讨论过程，比如谁和谁在什么时间就什么内容达成了一致。在项目管理方面，由于问题管理工具将集中管理的信息以图表或数值的形式展现，所以也不需要我们再编写用于管理的资料。另外，任何成员都随时可以掌握项目当前的情况。即使自己没有进行统计或者制作相应的图表，也可以直接通过 bug 曲线等信息来客观地了解项目进展情况。在跟进进度时，也能够以 ticket 为单位进行管理，为各个 ticket 设置截止日期，这样一来，即使开发人员只关注自己的工作内容和日期，也不会影响对项目整体进度的控制。从开发人员的角度来看，采用 ticket 驱动开发之后，任务管理变得更加简单了，开发人员只需要关注任务本身即可。此外，即使在某个时间点增加了新的开发成员，或者开发成员之间进行了任务交接，由于详细的过程记录都会被集中管理，所以事后团队成员也可以了解到事情的来龙去脉。

ticket 驱动开发有一个规则，就是所有的代码提交都必须包含 ticket。这是因为 ticket 中记录了所有的项目信息，使用 ticket 将想要实现的内容、实现过程以及代码关联起来进行管理，有助于减少失败次数，促使开发人员自发地对项目进行把控。

问题管理工具还可以进行工作流管理。比如，JIRA 中有一个默认的工作流：还没有开始解决的问题为"新建"状态；已经开始处理的问题为"进行中"状态；修改完的问题为"解决"状态；最后如果确认完毕，就会变为"关闭"状态。在 JIRA 中，通过为每一个 ticket 设置相应的状态，可以将开发的工作流描述出来。此外，我们还可以对工作流进行定制，比如在每个阶段加入评审的流程，或者发布之前在不同的团队之间进行交接等。

Scrum 开发中也可以使用问题管理工具的 ticket 为单位来对产品待办事项列表和冲刺待办事项列表进行管理。即使是瀑布开发模型，通过对任务进行精细的划分，ticket 驱动开发也可以在项目管理上发挥强大作用。在 DevOps 中，通过以 ticket 为单位对多个负责人之间的信息共享以及任务交接进行拆分并管理，也会使超出责任范围的协调变得简单。

现在的缺陷跟踪系统和问题跟踪系统还提供了和日历、CI 工具、GitHub 以及其他 Git 工具进行集成的插件，不仅使任务的输入项目有所增加，还能够进行信息的集中管理。对于通过小型团队进行高效运维的 DevOps 来说，Ticket 驱动开发、问题跟踪系统以及缺陷跟踪系统都是不可或缺的。

4-4-3　网站可靠性工程

本节将介绍**网站可靠性工程**（Site Reliability Engineering，SRE）。SRE

是 DevOps 中运维的实践方法之一，基于 Google 长期的运维实践经验而提出，备受关注。虽然 DevOps 起源于 Flickr，而 SRE 思想诞生于 Google，但如果深入研究的话，就会发现两者的目的在本质上是相同的。不过和 DevOps 不同的是，SRE 将重点放在了运维上，因此可以说 SRE 为 DevOps 的运维提供了一个更加具体的范本。

■ 什么是网站可靠性

网站可靠性的下降将导致商业价值实现受阻的概率增加。其中，系统可用性就是一个通俗易懂的例子。系统可用性下降就相当于网站可靠性下降，而这将导致商业价值实现受阻的概率提高。这里需要注意的是，网站可靠性下降并不会直接阻碍商业价值的实现。假设我们为了提高系统可用性而采用多台服务器实现了冗余的配置，在其中一台服务器出现故障时，整个系统并不会因此而无法正常运行。但是，随着可用服务器数量减少，系统可用性降低，进而就会导致系统停止这种阻碍商业价值实现的事件的发生概率增大。

需要注意的是，由于网站可靠性将关注点放在了商业价值实现受阻的概率上，所以我们需要密切关注那些目前尚未显现出来的系统问题。对于这些尚未显现出来的问题，典型的处理方式有与自动化相关的提高作业质量的工作以及中长期的容量规划等。

■ DevOps 和 SRE 的共同点

第 1 章我们介绍了 DevOps 中运维团队的使命不是确保系统平稳运行或进行优化，而是实现商业价值。通过本节的介绍，我们也了解到 SRE 追求的是网站可靠性，而追求网站可靠性的原因也在于实现商业价值。因此，我们必须认识到 DevOps 中的运维和 SRE 在本质上追求的目标是一致的。

从第 2 章开始到第 4 章，针对从系统开发到运维过程中的各种大大小小的任务，我们了解了如何使用各种工具和方法提高工作效率。与 DevOps 中的开发和运维类似，SRE 团队中也会使用各种工具和方法来提高网站可靠性。然而，由于 SRE 团队要在资源有限的条件下完成使命，所以对成员有很高的技术要求，比如 SRE 成员要拥有很强的自动化意识，在进行性能优化时要对网站应用程序有深刻的理解并拥有较高的改善技能，等等。这也是区分 SRE 和 DevOps 的重要特征之一。

SRE 团队的使命

在 Google 长期实践 SRE 的本·特雷诺（Ben Treynor）对 SRE 团队做出了如下阐释。

> an SRE team is responsible for availability, latency, performance, effciency, change management, monitoring, emergency response, and capacity planning.
> （SRE 团队负责可用性、延迟、性能、效率、变更管理、监控、紧急响应以及服务的容量规划。）

可用性、变更管理、紧急响应……SRE 团队的使命和传统运维团队的工作在很大程度上都是重合的，这一点想必大家也都感受到了。使用各种工具和方法实现这些使命就是为网站可靠性做出贡献，而为网站可靠性做出贡献也正是 SRE 最为重视的一点。

实现 SRE 的途径

那么，要想真正提高服务的可靠性，需要采用什么样的方法呢？我们再来看一下 SRE 这个名字。这个名字中使用了 "Engineering"（工程学）这一单词，"工程学"用一句话来解释就是 "某个领域的技术集"，比如建筑工程学是对建筑相关的技术进行总结的学科，能源工程学是对能源相关的技术进行总结的学科，放到 SRE 上，工程学就是指与网站可靠性相关的所有技术的集合。因此，和敏捷开发以及 DevOps 一样，我们不能说实践了某一项工作就算实现了 SRE。充分利用各种技术来提高网站可靠性才是名副其实的 SRE 实践。提高网站可靠性的方法和观点有很多种，但是如果以前面提到的 SRE 的使命为线索，就可以简单地总结为以下几点。

- **系统优化**
  - 可用性
  - 延迟、性能

- **监控**
  - ·服务
  - ·容量
- **质量内建**
  - ·实现自动化和省时省力
  - ·变更管理
- **故障处理**

下面我们就按顺序对以上几点进行说明，看一下如何提高网站可靠性。

系统优化

系统优化包括确保系统可用性、延迟优化和性能优化等，是最浅显易懂的提高网站可靠性的方法。之所以要实施系统优化，是因为系统崩溃或系统难以使用等会对业务造成负面影响，降低商业价值。

有很多系统优化的方法可以提高网站可靠性。在对发生问题的地方进行分析之后，我们可能会发现根本问题出在了硬件的性能上，或者应用程序的实现上。但不管是什么原因，对系统进行优化的难度都比较高，都需要具备从基础设施到应用程序的各个领域的专业知识。因此，SRE 团队需要尽可能多地掌握系统相关的技术。在传统运维团队中，很少有运维工程师能够充分理解系统中运行的应用程序并对其做出恰当的修改，而在 SRE 中，需要对系统整体进行把控的 SRE 工程师就必须具备这些技能。话虽如此，但这并不是要求运维工程师必须掌握开发工程师的技能，重要的是开发团队和运维团队能够紧密合作，这一点在 DevOps 中也是一样的。为此，SRE 团队就需要拥有能够实现这种合作的最低限度的技能，比如能够对系统中出现的问题进行分析，能够与团队之外的相关成员进行合作。

要想进行系统优化，首先需要做的就是对系统进行监控。通过监控，我们可以注意到网站是否出现了可靠性下降的问题，然后针对问题出现的地方逐一采取措施解决。这才是真正意义上的 SRE 实践。

监控

正如前面提到的那样，监控可以说是 SRE 实践中必不可少的一个工具。由于网站可靠性会受到各种因素的影响，所以我们需要使用监控功能及时发现这些障碍。

下面我们主要从服务监控和容量监控这两点进行说明。

服务监控，换句话说就是用于当前系统的监控。服务监控在很多时候也用于监控当前服务是否正常运行，比如在 Web 服务的情况下会进行连通性测试，检查返回的状态码是否正常，或者查看是否有错误日志输出等。此外，还可以对构成系统的各个服务器的资源使用情况进行监控，检查当前的 CPU 负载、内存使用量、I/O 和吞吐量等是否出现异常。服务监控与当前的服务状态息息相关，因此在发现问题时应立即采取措施解决。另外，也可以结合后面介绍的自动化机制，比如实现"如果 CPU 平均负载超过 80% 就增加一台服务器"这种自动化的处理方式。

接着是容量监控。我们说服务监控是对当前系统状态的监控，那么容量监控则可以认为是对系统未来趋势的监控。服务监控对 CPU 负载值进行监控，而容量监控则将监控的重点放在了这些指标的变化上，比如通过持续监控 CPU 负载值，并对剩余量进行判断，就可以预测进入危险区域的时间。此外，如果对服务器或存储等设置了资源池，就可以根据资源池的减少量等信息，在资源耗尽之前预先确保必要的资源。

在业务中使用这种完善的监控功能，就可以做到防患于未然，根据资源的使用趋势为将来做好准备。此外，在对故障进行详细调查时，也可以使用监控来查看故障发生前资源使用量的变化以及状态，从而可以从容地去分析问题并找出解决方法。关于这种监控方法，我们会在第 5 章从系统日志可视化的角度对其实例进行介绍。

质量内建

要提高网站可靠性，就需要实施具体的操作，然而网站可靠性的下降往往都是由某些操作引起的，因此 SRE 中在实施各种操作来提高网站可靠性的同时，还需要采取相关措施，确保这些操作不会降低网站可靠性。

　　值得关注的是，实现操作的自动化、省时省力以及彻底的变更管理也是 DevOps 所倡导的。实现操作的自动化和省时省力为降低故障发生概率打下了基础，在将持续集成等测试方法集成到变更管理的过程中，也可以防止网站可靠性下降。此外，通过对这些方法进行有效的管理，还可以削减各种操作所需要的资源，通过实施由工具支撑的变更管理过程，可以提高发布速度，大幅提升网站可靠性。

　　如上所述，和监控一样，质量内建也可以提高网站可靠性。SRE 团队负责保证系统日常工作的质量，由于这种工作流程不是一朝一夕就能完成的，所以过程中也可能会因某项操作而发生问题。但在这种情况下，也可以认为原因在于现在的工作流程没能防止这样的错误出现，是流程本身出现了问题，所以还需要 SRE 团队不断对流程进行改进。

故障处理

　　无论在系统优化、监控和质量内建上花费了多少精力，只要涉及人，就不可能完全避免故障的出现。从物理故障到逻辑故障，从基础设施到应用程序，故障的形式各种各样，但不管是哪种故障，SRE 团队都需要倾尽全力去解决。

　　故障处理中最重要的是以较少的人在短时间内解决故障。应对故障的困难之处在于不知道故障什么时候发生。故障一旦突然发生，大多数情况下就会对网站可靠性产生重大影响，因此需要尽可能地在短时间内解决。然而，因为不可能有专门负责解决故障的人员，所以这些问题还需要由各个团队成员来处理。团队成员一旦需要去解决故障，就不能继续投入到本职工作中去了。因此，除了要在短时间内处理完故障，还需要尽可能地投入较少的人员。

　　首先我们来思考一下什么样的机制可以在短时间内完成故障处理。故障处理的基本原则就是积极地让可以无条件执行恢复（回滚）操作的内容自动化。正如我们在介绍监控时提到的那样，通过将恢复操作与各种各样的监控报警关联，在发生故障的瞬间，恢复操作就会自动进行，这也是花费时间最短的故障处理方式。反过来说，我们需要尽力避免必须对状态进行确认的情况，确保恢复操作尽量简单，比如在机器重新启动的过程中，让处理能够在别的机器上继续进行等。如果每次发生故障时都需要由人来进行检查并实施一些操作才能恢复系统，那就谈不上省时省力了。

接着我们再来看一下如何用较少的人来完成故障处理。其实不仅是故障处理，只要是对人力资源有一定需求的工作，相应地需要做的事情就一定有很多。因此，就像我们在介绍质量内建时提到的那样，需要在日常工作中实现自动化和省时省力，这样在出现故障时，只需投入较少的成员就可以解决。在这一点上，前面介绍的自动恢复机制以及能够轻松把握系统状态的监控机制都可以发挥作用。

此外，在故障处理中还有一点也比较重要，那就是成员之间能够顺畅地进行沟通。要想在很短的时间内解决问题，就需要迅速做出判断（使用了自动恢复机制的情况除外）。但如果团队成员之间沟通不畅，就会无端浪费很多时间，也就不能在短时间内完成故障处理。通过在平日里不断进行系统优化，使系统相关的所有人员都能够流畅地进行沟通，这和 DevOps 追求的世界观也是一致的。

SRE 的目的

本节我们以 Google 公司 SRE 团队的使命为线索，介绍了几种有助于提高网站可靠性以及实现商业价值的方法。其中我们多次提到，SRE 团队的目的是提高网站可靠性，提升商业价值。这一目的和 DevOps 的目的是完全一致的。因此，传统运维团队在向 DevOps 转变时，参考 SRE 的具体技术可以取得非常好的效果。

4-4-4　ChatOps

什么是 ChatOps

最后我们从提高运维效率的角度来介绍一下 ChatOps。ChatOps 是针对运维相关的各种任务，通过网络聊天工具来提高工作效率的一种方法。具体来说，运维所需要的信息通过聊天工具获得，运维中需要做的工作也都通过聊天工具完成。像这样，因为开发部门和运维部门可以在同一场所进行沟通，所以我们就可以通过让所有信息都在聊天工具中流动来实现流畅的软件工程。通过将问题跟踪系统上的进度变化、版本管理系统上的提交、使用持续集成工具实施的部署和测试结果，以及来自监控系统的通知等所有信息都输入聊天工具，团队中的每个人就都能够实时了解其他人的操作以及系统当前的情况（图 4-15）。

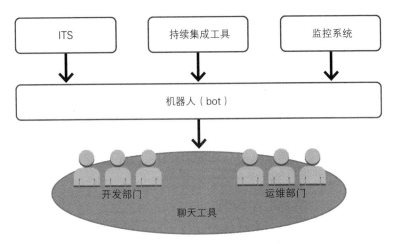

图 4-15　使用 ChatOps 实时了解系统情况

ChatOps 具有以下优点。

1. 统一沟通工具

在平日的工作中使用聊天工具，可以在不切换工具的前提下完成各种操作。相比根据具体情况分别使用不同工具的方式，比如沟通用邮件，系统操作使用各种工具提供的管理界面等，在聊天工具中完成所有工作的方式要简单得多。

2. 操作更快捷

有时我们只想进行某项部署或者查看某些信息，但却不得不完成很多复杂的操作。比如想查看某个信息时，需要先打开专用工具的管理界面，然后登录、切换页面、从页面众多信息中找到需要的那个按钮、点击……这样才能查看到所需要的信息。毋庸置疑，花费在操作上的时间越少越好。越是重复性强的操作，就越可以通过快捷方式来减轻负担。在 ChatOps 中，我们只需要在聊天工具中输入一条指令，就可以完成想要完成的工作或者筛选出所需要的信息。

3. 操作过程以及结果对所有人可见

聊天工具是团队所有成员一起使用的，因此在聊天工具上显示执行的指令或执行结果时，其他团队成员也会看到，这就相当于告知他人自己做了什么样的操作并得到了什么样的结果。

4. 事件以及与事件相关的沟通过程一目了然

通过把发生问题的事件、讨论过程以及解决措施等一连串内容统一在时间线上显示，可以让团队成员更深入地了解相关信息，沟通也会变得更加充分。举例来说，在发生故障的情况下，监控工具会检测到故障并向聊天工具发送通知。团队成员在收到故障通知之后进行讨论，如果解决故障的方式是修改应用程序的代码，那么在将代码推送到 Git 仓库或者在部署应用程序时，也在聊天工具中进行通知。这样一来，团队成员就会知道当前故障的具体解决情况。在向生产环境进行部署时，也可以在聊天工具中发出指令，之后机器人（bot，详见后文）会检测到这个通知并开始实施部署，并在部署完成之前不断地在聊天工具中更新进度。这样一来，团队成员就能了解从故障发生到解决的过程了。

进入运维阶段之后的工作和事件大致可举出以下几点。大多数运维工作需要重复进行操作，正因为如此，我们才更加期待使用 ChatOps 来实现自动化和效率化。

- **任务操作**
  - ·应用程序构建
  - ·测试
  - ·应用程序部署
- **显示当前系统资源使用状况**
- **（接收）报警通知**

另外，ChatOps 由两个阶段组成。

❶ 聊天工具接收通知，团队成员基于通知进行沟通（系统→聊天工具→人）
❷ 通过聊天工具下达操作指令，实施具体操作（人→聊天工具→系统）

Slack 和 Hubot 是实现 ChatOps 的代表性组合。聊天工具由两部分构成：一部分是实现沟通的聊天系统；另一部分是从聊天系统中读取信息并执行相应操作的机器人系统。

Slack（图 4-16）是一个以 SaaS 形式提供的聊天工具，不仅提供了聊天功能，还可以集成各种第三方应用程序。比如 Slack 可以和 GitHub 集成，这样一来，在推送代码或者创建 issue 时，Slack 就会接收到通知。此外，Slack 还可以和第 5 章介绍的 Jenkins 集成，从而能够发送任务通知。

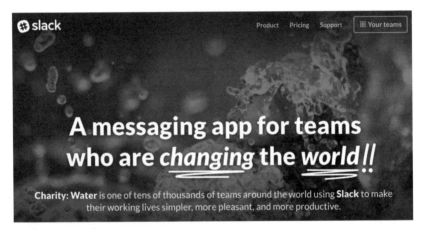

图 4-16　Slack

如果只需要实现 ChatOps 的第一个阶段，那么使用 Slack 就可以了。在 Slack 中设置各种集成信息，就可以使用集成服务进行通知。

Hubot（图 4-17）是 GitHub 公司基于 Node.js 语言开发的用来运行机器人的框架。这里的机器人是指代替人类进行各种工作的系统。在 Slack 等聊天工具中，Hubot 和普通人一样拥有自己的账号，时刻监视着聊天室中的对话。它可以根据聊天室中的对话内容做出反应，发送指定的消息或执行相应的处理。因此，如果你向它搭话，它可能会立刻和你寒暄几句，也可能到了规定的时间才和你对话。利用这种机制，我们就可以通过和 Hubot 进行交谈来实现各种各样的处理，比如集成 CI 工具进行应用程序的部署等。

这种机制是以插件的形式提供的，任何人都可以配合自己的业务来添加自己喜欢的功能。因此，为了提高团队的效率，实现和各种工具的集成，全世界的工程师开发了大量插件。

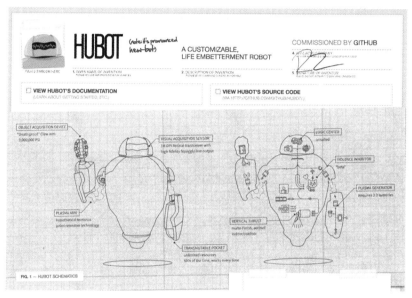

图 4-17　Hubot 的官方网站

通过组合使用这些工具，就可以实现 ChatOps（图 4-18）。不过我们很难在一开始就把所有工作都设计成自动化的形式，也很难让所有操作都通过机器人来执行。由于工具的安装工作比较简单，所以我们可以先把环境搭建好，然后将使用过程中感觉不方便的地方或者希望能够自动执行的操作交由机器人执行。如果一切顺利，机器人将能够负责原来不得不由人来做的工作。各位读者也可以尝试使用一下机器人，把运维中的工作集中到聊天工具中进行管理。

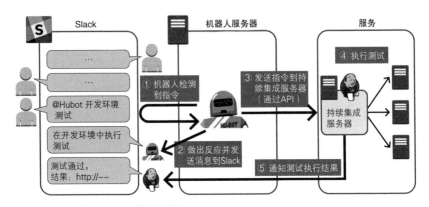

图 4-18　通过 ChatOps 执行测试

ChatOps 的附加效果

当我们把所有信息都集中到聊天工具中进行管理之后，聊天工具就成了最根本的沟通系统。通过使业务操作自动化并与聊天工具集成，可以提高沟通效率。除此之外，聊天工具还可以添加和业务流程没有直接关系但使用起来非常方便的功能。由于机器人可以通过读取用户消息来实施不同的处理，所以它也可以实现以下功能。

- 根据输入的 ticket 编号显示该 ticket 的概要（主题）和指向该 ticket 的链接
- 定期通知相关消息
- 共享关键字检索结果

这些功能虽然和开发流程没有直接关系，但在提高业务效率方面可以起到一定的作用。

此外，机器人还能提供以下功能。

- 从团队成员中随机抽选出会议记录人或团建活动的组织者
- 定期提醒
- 催促大家按时下班

由此可见，机器人可以被看作一个独立的"人"。上司或同事如果直接让某人去做某个任务，可能会让对方感到有些不舒服，但如果让机器人来承担这样的"黑脸"角色，那么这种情绪的矛头就会发生转移。

通过在机器人中添加这些功能，相信机器人会变得越来越好用，最终将不再是提高工作效率的工具，而是作为团队里的一名优秀成员在工作了。

◤ 聊天工具的必要性

ChatOps 是基于聊天工具来提高运维效率的一种方法。在前面的内容中，我们针对已经使用了聊天工具的情况介绍了 ChatOps 的优点，但如果在实际开发中还没有使用聊天工具，那么聊天工具是否是必需的呢？

从结论来说，聊天工具是必需的。在不使用聊天工具的情况下，团队成员恐怕都是以口头方式或邮件进行沟通的。聊天工具介于口头沟通和邮件沟通之间，比口头沟通更加可靠，比邮件沟通更加快捷。

▌聊天工具比邮件好在哪里

- **可以降低编写和传递信息的难度**

  在使用邮件向对方传达信息时，我们需要对行文进行推敲，还要加上"承蒙关照""我是……"这样的客套话。也就是说，除了要表达核心意思之外，还需要遵循其他的一些条条框框。

  而追求速度的 DevOps 重视能否将信息迅速传达给对方。在想要便捷地进行对话的情况下，邮件并不是最佳选择。如果因为使用邮件而耽误了信息的发送，那还不如使用聊天工具及时有效。DevOps 需要的就是这种可以迅速进行信息沟通的平台。然而，在上下级关系严格又重视礼仪规矩的工作环境中，想要使用聊天工具并不是一件容易的事。但如果通过实施 DevOps，整个团队都朝着同一个目标前进，大家就会意识到还有比遵循各种条条框框更为重要的事情。这种可以轻松开展沟通的平台在提高团队凝聚力方面起到了很大作用。

- **可以将系统信息穿插在对话中**

  邮件有 thread 功能，可以对一系列的往来邮件进行分组管理。而聊天工具不仅可以记录人和人之间的沟通过程，还可以把故障通知、执行结果通知等信息按照时间线进行管理。也就是说，除了人和人之间的对话，聊天工具还可以非常自然地把软件系统中的信息穿插进来。

聊天工具比口头交流好在哪里

- **沟通可以不受时间和空间的限制**

  使用聊天工具可以减少面对面沟通的次数，降低开会的频率。开会时需要我们中断自己当前的工作，会议本身也会受到时间和地点的限制，而在使用聊天工具的情况下，很多内容只需要在方便时或者工作间歇简单地确认一下并回复即可。当然，并不是所有会议都可以用聊天工具代替，但我们可以不用再为了确认一点小事情而专门在固定的时间固定的地点开会讨论，可以说这是聊天工具的一大优点。

- **保存沟通记录**

  沟通的整个过程会被保存在聊天工具中。如果是口头交流的方式，可能在事后就会忘记曾经说了什么、有没有说。虽然聊天工具代替不了会议记录，但如果只是简单地查找一些对话内容，那没有什么比它更方便了。

- **方便和 Web 服务进行集成**

  基于 Web 的工具非常多，比如 JIRA 等任务管理工具或 Confluence 等信息共享工具。在 GitHub 中，我们还可以通过 URL 选中指定的源代码的某些行。通过复制、粘贴这些工具提供的 URL，可以在沟通中非常方便地查看外部服务提供的信息。

至此，我们就介绍完了聊天工具的各种优点。其实，即便我们不深入思考，通过现在广为流行的 LINE[①] 等软件，大家也能实际体会到聊天工具的方便之处。系统开发也是如此。为了使团队成员之间的沟通更加顺畅，还希望大家都能灵活使用聊天工具。

---

① LINE 是韩国互联网集团 NHN 的日本子公司 NHN Japan 推出的一款聊天工具，在日本被广泛使用。——译者注

4-5 DevOps团队的作用

第 1 章我们介绍了 DevOps 是通过开发和运维的紧密协作来提高商业价值的一种工作方式和文化。从第 2 章开始，我们实际使用各种工具和架构，逐步体验了 DevOps 所能实现的工作。按照前面章节的内容进行实践，就可以逐渐培育出更易于实现开发和运维紧密协作的土壤。接下来，我们将思考一下 DevOps 的未来，看一下开发与运维的密切合作将会给团队带来的变化，以及渗透到组织和文化层面的 DevOps 所表现出来的具体行为。

4-5-1 故障处理

DevOps 中开发人员和运维人员是作为一个整体进行工作的，因此 DevOps 在故障处理方面会发挥出非常显著的效果。

在传统的故障处理方式中，大多数情况下由运维团队负责接收故障通知并执行相应的处理。在故障发生时，运维团队首先确认警报状态，然后调查基础设施是否出现了问题。如果确认该故障不能在自己的职能范围内解决，就联系开发团队，然后等待开发团队的调查和处理结果，这样就完成了一个完整的故障处理流程。

然而问题往往没有那么简单，例如在访问量过大导致服务器宕机的情况下，问题可能出在了应用程序的设计和实现上，也可能是由其他各种复杂的原因造成的，比如基础设施上存在参数调优的错误，或者应用程序线程锁导致数据库连接数不断增加，进而消耗掉所有的文件描述符，最终使服务中断等，另外也可能只是因为基础设施资源不足才出现了这种情况。

在存在多种可能性的情况下，非 DevOps 组织可能就需要耗费较长的时间来寻找问题出现的原因和解决方法。之所以这么说，是因为非 DevOps 组织中开发人员和运维人员只会为实现各自的使命而工作，而不会对对方的工作内容感兴趣（1-1-4 节）。这样一来，悲剧就发生了！开发人员和运维人员之间不会共享重要的信息，也无法做到互相理解。

而这将导致很多问题出现，比如应用程序的最新发布信息没有传达给运维人员；可能会使访问量集中增长的活动的举办信息没有告诉基础设施工程师；应用程序最新版本的实现存在缺陷，没有使用连接池，而是每次都创建新的连接，然而该问题却被忽略，照常进行了发布，等等。这种夹在开发和运维两者之间的问题，正是故障解决耗时过长的重要原因。

像这样，开发人员在完成详细的设计和实现并结束测试之后，在发布时才和运维人员共享相关信息（甚至不共享任何信息），不难想象这样的情况最终会引发悲剧。同样，运维人员也不懂开发，如果发现是因为应用程序而发生了故障，就会直接将责任推给开发人员，导致故障的解决毫无进展。显然，开发人员和运维人员都丢掉了他们共同的目标。

在 DevOps 中，开发人员和运维人员彼此了解对方的工作内容，共享各种信息，朝着同一个目标前进。某一部分是由谁依据什么思想设计的、本次发布在哪些地方做出了修改、下一次营销活动是什么，等等，这些信息都会在双方之间共享。通过利用 DevOps 的各种工具和方法来灵活地共享信息，在发生故障时就可以快速找到原因了。

比如在全体成员中共享什么时候发布什么功能的信息，以及为实现该功能而对代码做出了什么样的修改等，开发人员和运维人员都需要努力去理解。从运维人员的角度来说，服务的稳定运行是第一要务，于是他们要考虑开发人员实施的代码变更是否有可能导致故障发生，通过及时指出某些可能会导致故障发生的处理内容，并敦促开发人员及时修正，可以防患于未然。另一方面，如果开发人员能够站在运维的角度来思考，就会在编写代码时注意不让代码诱发故障。总而言之，开发人员和运维人员的互相理解最终将有助于服务质量的提高。

通过这种方式获得的各种信息在故障发生后也能发挥作用。对运维人员来说，在查找故障的根本原因时，这些信息将成为非常有利的线索。

此外，由于 DevOps 以精简的团队高效地进行运维，所以在发生故障时报警通知会发送给团队全体成员，由此将建立起一种大家可以一起参与到故障分析中的体制。随着运维意识的改变，故障恢复所需要的时间也将大幅减少。

4-5-2 实现持续集成和持续交付

第 3 章中我们介绍了实现持续集成和持续交付的具体方法，但实际上，非 DevOps 组织要实现持续集成和持续交付还是非常困难的。

在非 DevOps 组织中，当应用程序和基础设施一个接一个地自由发布，生产环境不断发生变化时，运维人员会怎么想呢？他一定会觉得自己才是负责运维的人，开发人员不能随意改变生产环境。这是因为在发生故障时，负责处理的是运维人员。但是，运维人员其实根本不清楚发布和变更的内容。当然，这样的组织形式是不被允许的。像这样，开发人员和运维人员处于互相隔离的状态，即便从形式上采用了持续集成和持续交付的方法，恐怕很快也会以失败告终。对于开发人员来说，持续集成和持续交付是一种可以快速实施发布的非常方便的机制，但是只有在运维人员也参与进来的情况下，持续集成和持续交付的优势才能充分发挥。

如果是 DevOps 团队，情况就完全不同了。应用程序和基础设施的发布计划和内容会准确地传达给运维人员，这样一来，运维人员就能掌握应用程序和基础设施在什么样的契机下发生了什么变化，又产生了什么样的结果，等等。

从运维人员的角度来看，以前每次发布时都不知道发布了什么，而自己还要对这些发布进行维护，可以想象工作十分不易。但在 DevOps 的情况下，运维人员则可以准确把握发布的具体时间和修改内容等，由此也构建出了一个更加容易实施运维的环境。只有确保了运维的可靠性，持续集成和持续交付才有意义，才能实现快速提高商业价值这一最终目标。

4-5-3 性能优化

通常情况下，性能优化实施起来会很困难。从寻找瓶颈到实施改善，我们需要对整个服务进行研究。先不说别的，调查系统瓶颈发生的地方就是一项难度很高的工作。需要纵观系统整体，通过有序地缩小调查范围来逐步找出瓶颈所在。

像这样，在需要对系统整体进行分析的情况下，非 DevOps 组织就很难在发现问题之后实施根本性的改善。这是因为没有人去寻找性能低下的原因。开发人员以实现功能需求为第一要务，他们认为性能问题可以通过基础设施的横向扩展或者纵向扩展来解决。而运维人员不关心开发内容，遇到性能问题也只是通过强化基础设施来解决，或者把问题的责任推给开发人员。双方都倾向于认为自己负责的部分没有问题，问题肯定出在了其他地方，想靠这种冷漠的态度来实现性能改善可以说是痴人说梦。

这种不正常的状态在引入 DevOps 之后会得到显著的改善。首先，开发内容以及代码变更的透明性会唤起运维人员对这些内容的关心，这样一来，运维人员就可以从运维的观点指出可能会产生性能问题的地方，然后促使开发人员对这部分内容进行详细讨论。比如，如果重复多次执行数据库事务，那么在之后的运维过程中对数据库的访问可能就会成为瓶颈；如果在代码中生成大量没必要的对象，那么内存管理就会变得非常低效，根据编程语言的不同可能会出现频繁进行垃圾回收的情况。

反过来，开发人员也会站在运维的角度关注性能方面的问题，在运维阶段积极地对自己所做的变更负责。除了负责提供功能，开发人员还会更关注深层的功能并对其进行改善，从而抑制潜在风险的发生。

像这样，开发人员和运维人员互相为对方考虑，性能优化就会变得更加容易实现。

4-5-4　建立开发和运维之间的合作体制

在前面的内容中，我们对各种场景中开发和运维的紧密协作所能达到的效果进行了介绍。为了实现 DevOps，如果能从根本上改变组织架构和规则，那么开发和运维之间的协作就会变得更加顺畅，商业价值的实现也要比以往容易得多。

通过前面的介绍，有的读者可能会认为要想实现 DevOps，就必须消除开发人员和运维人员之间的分工，让全员负责同样的工作，既要去开发也要去运维。但事实上并非如此，DevOps 需要的是开发部门和运维部门之间互相理解和互相合作，从而朝着共同的目标前进。如果双方能够互相理解，共享彼此的信息并互相协作，那么即使分工不同，也能够快速解决故障，更快速地实现最终目标。

至此，我们对 DevOps 的思考方式和组成要素进行了说明。在第 5 章中，我们将把前面介绍的所有内容都糅合到一起，结合各种工具、技术要素以及架构，构建出一套可以进行实践的模型。

第5章

实践基础设施即代码

前 4 章中介绍了 DevOps 的相关工具和方法，本章我们将进行基础设施即代码的实践。在这部分内容中，我们将通过一个具体实现的例子，全面介绍一下如何构建一个能体现 DevOps 思想的系统。另外，读者也可以以此为线索对自己的团队和服务的架构进行思考。对于之前介绍的 DevOps 各个方面的内容以及所具备的各种要素，为了使读者不仅限于理解概念，本章将展示具体的实践示例。如果读者今后在进行基础设施即代码的实践时能够回想起本章介绍的各种实例，并参考这些实例来构建自己的服务，那笔者将倍感荣幸。

5-1 实践持续集成和持续交付

　　我们在第 3 章介绍过持续集成和持续交付的思想，本节将具体介绍一下如何实现持续集成和持续交付。通过实施持续集成和持续交付，代码变更就可以直接和部署、构建以及测试连接起来。我们只需要将变更后的代码提交到源代码管理系统，测试和部署就会被自动执行，由此就可以实现开发、测试和部署的快速循环，进而提高开发工作的整体效率。

　　这里我们以基础设施代码为对象，由代码变更触发基础设施的构建，然后立即进行测试。通过实现这一流程，可以顺利进行从代码变更到基础设施构建和测试这一系列工作，从而实现高效的环境（图 5-1）。

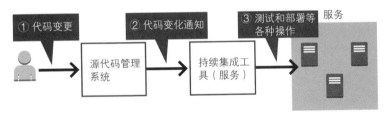

图 5-1　以代码变更为起点的集成示例

5-1-1　持续集成和持续交付的组成要素和集成

　　正如我们在第 3 章介绍的那样，持续集成以代码变更为起点，之后会有一连串的操作连续执行，因此需要使用源代码管理系统，以及接收代码变更通知并进行后续操作的持续集成工具（CI 工具）。具体使用的工具可以参考下面的图 5-2，这里我们把第 2、3 章中介绍的 Ansible、Serverspec 和 GitHub，以及第 4 章中介绍的 Slack 加入了进来，运行服务的基础设施选用 AWS。另外，在私有环境下也可以实现这一套架构。

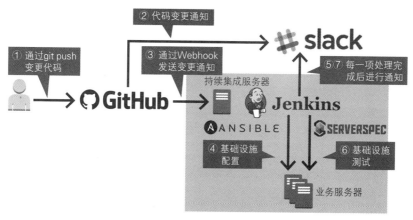

图 5-2   持续集成架构示例

这个架构具有比较强的实践性，不仅可以实现持续集成，还可以进行基础设施配置和测试，并针对每一步操作发送相应的通知。

通过采用这个架构，最终能够实现以下内容。

1. 实现持续集成和持续部署

向 GitHub 提交代码之后，该架构会自动完成向基础设施环境的部署并进行测试，后续的工作会像流水线一样展开，而我们只需要付出最低限度的劳力。

2. 实现 ChatOps

所有操作和处理都会通知到 Slack，我们可以通过聊天工具来确认部署或测试处于什么状态。

另外，虽然本书中将使用上面的工具和服务来对持续集成进行说明，但这并不代表必须使用这些工具。读者中可能有些人的系统只使用了 AWS 环境，这种情况下也可以使用 SaaS 服务来代替持续集成工具。反之，如果是封闭的环境，那么也可以通过搭建私有的 Git 仓库服务器来代替 GitHub。对于同一个构成元素，可以选择不同的方法，从而实现持续集成甚至 DevOps。因此，大家可以根据基础设施的实际情况来选择合适的服务。

下表列出了书中使用的工具和服务以及它们的替代品。使用这些工具和服务都可以实现持续集成，大家可以根据自己的环境来选择。

表 5-1 书中使用的工具和服务及其替代品

书中使用的 工具和服务	作 用	替代品
GitHub	源代码管理	BitBucket、GitLab 和 GitBucket
Jenkins	持续集成、工作流管理	CircleCI、Travis CI 和 Concourse CI
Ansible	基础设施配置管理、部署	Chef、Puppet 和 Itamae
Slack	聊天（沟通交流）	HipChat、邮件

　　在构建持续集成的架构之前，我们首先在专栏中介绍一下 AWS CloudFormation（以下简称 CloudFormation）的模板。使用 CloudFormation 可以轻松地构建出本次示例中需要的基本环境，不过不会使用 CloudFormation 也没关系，我们会在接下来的内容中对 CloudFormation 进行详细介绍。

专栏

使用 CloudFormation 构建基本环境

　　为了方便构建 5-1 节和 5-2 节中使用的基本环境，我们准备了 CloudFormation 模板，这个模板会自动进行以下设置。

- 创建 2 台 Web 服务器、1 台 LB 服务器、1 台 CI 服务器（5-1 节中使用）以及 1 台 Kibana 服务器（5-2 节中使用），共计 5 台服务器
- 设置这些服务器之间的网络通信
- 设置 Route53 的内部 DNS，让这些节点可以通过 xx.devops-book.local 格式的 FQDN 进行连接

参考网址	https://github.com/devops-book/cloudformation.git

　　在使用这个模板时，我们需要将上面的仓库 Fork 到自己的账号下，然后再使用这个仓库。由于是在各位读者自己的 AWS 账号下创建环境，所以大家需要提前做好以下准备。

- 知道 VPC ID、Subnet ID 和 SSH 密钥对名称
- 在自己的开发机上安装好 AWS CLI

在完成以上内容并将仓库 Fork 到自己的账号之后，就可以通过下面的命令来创建 5-1 节和 5-2 节中需要的环境了。

▶ 代码清单：创建 CloudFormation 环境

```
$ git clone https://github.com/你的账号/cloudformation.git
$ cd cloudformation
$ aws cloudformation create-stack --stack-name ci-visualization
--template-body file://ci_visualization.json --parameters \
ParameterKey=VpcId,ParameterValue=[你的账号的VPC ID] \
ParameterKey=SubnetId,ParameterValue=[你的账号的Subnet ID] \
ParameterKey=KeyName,ParameterValue=[你的账号的密钥对名称]
```

VPC ID、Subnet ID 和密钥对名称都需要按照你自己的实际值来填写，这样一来，上面的命令就会在你的 AWS 账号下创建 EC2 实例等资源。另外，你将可以通过 SSH 密钥的方式登录 CI 服务器。

▶ 代码清单：登录 CI 服务器

```
$ ssh -i你的SSH访问密钥（密钥对名称）centos@CI服务器的IP地址
```

确认完毕后，如果想删除整个环境，可以执行下面的命令。

▶ 代码清单：一键删除 CloudFormation 环境

```
$ aws cloudformation delete-stack --stack-name ci-visualization
```

5-1-2　集成 GitHub 和 Slack：将 GitHub 的事件通知给 Slack

下面我们就正式开始进行实践。为了实现图 5-2 所示的集成，我们将结合需要实现的功能，一部分一部分地进行。首先，我们来实现 GitHub 和 Slack 的集成（图 5-3），这样当 GitHub 上发生变更时，变更内容就会被直接通知到 Slack。

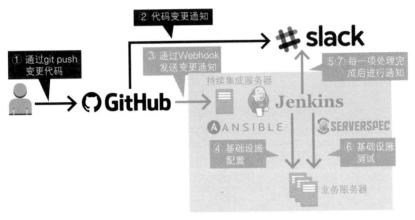

图 5-3　GitHub 和 Slack 的集成

　　GitHub 和 Slack 都已经具备和对方进行集成的相关配置，可以非常简单地实现集成，具体的操作步骤如下所示。

❶ 在 Slack 中设置和 GitHub 的集成
❷ 在 GitHub 中设置通过以上操作创建的用于集成的 token

以上两点可以在一系列操作中同时进行。

在 Slack 中进行接收来自 GitHub 的通知的设置

　　首先我们来对 Slack 进行设置。如果没有 Slack 账号，那就需要先注册一个。如果你已经有了 Slack 账号，那么在登录之后，访问下面这个页面（图 5-4）。

参考网址	https://my.slack.com/apps

图 5-4　Slack 的集成设置页面

在这个页面中，我们可以向 Slack 添加各种集成服务。在中间的搜索框中输入 "github"，就会显示用于和 GitHub 集成的项目，选择这个项目即可。在之后的页面中，点击 "Install"，就完成了当前 Slack 账号和 GitHub 的集成设置。如果你已经完成了这个集成，那么 "Install" 就会显示为 "Configure"（图 5-5）。

图 5-5　在 Slack 中添加 GitHub 集成 1

在接下来的页面中，我们需要选择将通知发送到哪个频道（channel）。这时既可以选择创建新的频道，也可以选择已经存在的频道。这里我们选择 "#general"，然后点击 "Add GitHub Integration" 按钮（图 5-6）。

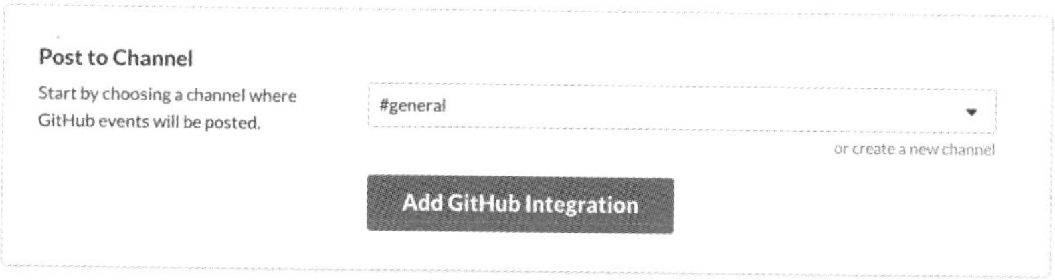

Post to Channel

Start by choosing a channel where
GitHub events will be posted.

#general ▾

or create a new channel

Add GitHub Integration

图 5-6　在 Slack 中添加 GitHub 集成 2

接下来选择要集成的 GitHub 账号。

如果你已经登录了 GitHub，那么就会和当前账号进行集成，点击 "Authenticate your GitHub account" 按钮即可（图 5-7）。

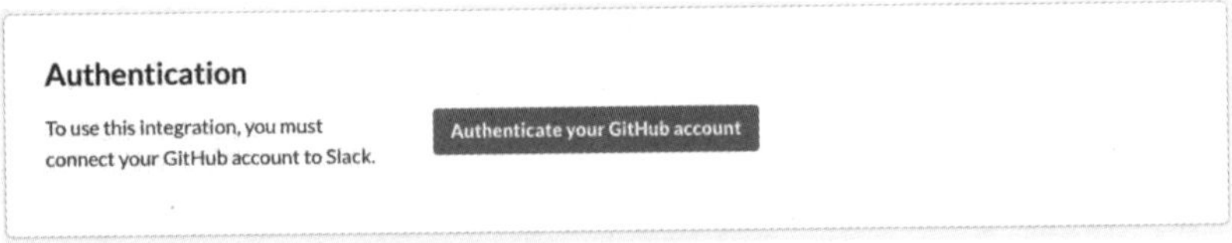

图 5-7　在 Slack 中添加 GitHub 集成 3

　　如果是第一次和 GitHub 进行集成，就需要设置权限，使 Slack 可以访问该账号下的 GitHub 仓库，然后点击"Authorize application"按钮（图 5-8）。

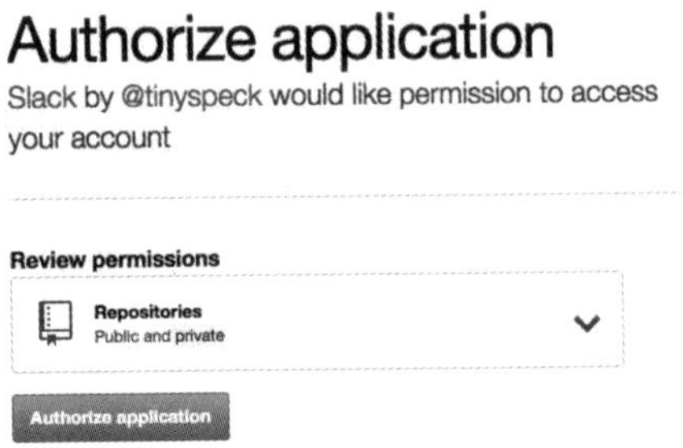

图 5-8　在 Slack 中添加 GitHub 集成 4

　　这样就将 Slack 和 GitHub 的账号关联起来了。在接下来的页面中，我们将对通知进行更为详细的设置。具体来说，就是设置在某个 GitHub 仓库发生了某个事件时，以什么样的 Slack 用户名来发送通知。对于启用了通知功能的 GitHub 仓库，还可以进一步设置只对哪个分支进行通知。在完成最基本的仓库设置之后，点击页面底部的"Save Integration"按钮（图 5-9）。这里我们使用了 2-3 节中介绍 Git 时创建的 sample-repo 仓库。由于之后还能修改设置，所以现在没有 GitHub 仓库也不要紧，可以在 GitHub 仓库创建好之后再对通知进行设置。

图 5-9　在 Slack 中添加 GitHub 集成 5

到这里我们就完成了对 GitHub 和 Slack 的设置。通过前面的设置，GitHub 上会有什么样的变化呢？我们可以访问下面这个页面来确认到底发生了什么变化（图 5-10）。

参考网址　https://github.com/你的GitHub账号/sample-repo/settings/hooks

Options	**Webhooks**	**Add webhook**
Collaborators		
Branches	Webhooks allow external services to be notified when certain events happen within your repository. When the specified events happen, we'll send a POST request to each of the URLs you provide. Learn more in our Webhooks Guide.	
Webhooks & services	✓ https://hooks.slack.com/services/⬛⬛⬛⬛ (*commit_comment, create...*)	✏️ ✕
Deploy keys		

图 5-10　在 GitHub 上确认 Slack 的集成信息

在 Webhooks 页面，我们能看到一个 hooks.slack.com 的 URL，在它后面还跟着一排看起来像是随机排列的字符串。这个功能在 GitHub 中被称为 Webhook，意思是在设置好的 GitHub 事件（提交或者推送等）发生时，将仓库名等必要信息发送到指定 URL。GitHub 就是通过 Webhook 功能实现了和 Slack 的集成。

本节开头所说的在 GitHub 上设置 Slack 的 token 的操作就是上面页面中完成的内容。我们只需要在 Slack 上进行设置，GitHub 上的设置就会自动完成。

验证 GitHub 和 Slack 的集成

现在我们就来验证一下 GitHub 和 Slack 的集成是否能正常工作。

由于我们是基于 2-3 节中对 Git 进行说明时创建的 `sample-repo` 仓库进行操作的，所以在开发机上对仓库中的文件适当进行修改之后，将修改推送到远程仓库。

▶ 代码清单：将修改推送到远程仓库

```
$ git clone https://github.com/你的GitHub账号/sample-repo.git
$ cd sample-repo
$ echo 'WebHook test!' >> README.md
$ git add .
$ git commit -m "WebHook test"
$ git push origin master
```

在上面的推送操作完成之后，通知就会被发送到 Slack（图 5-11）。

 github BOT 11:32 PM ☆
[sample-repo:master] 1 new commit by test:
`0960a05` WebHook test - test

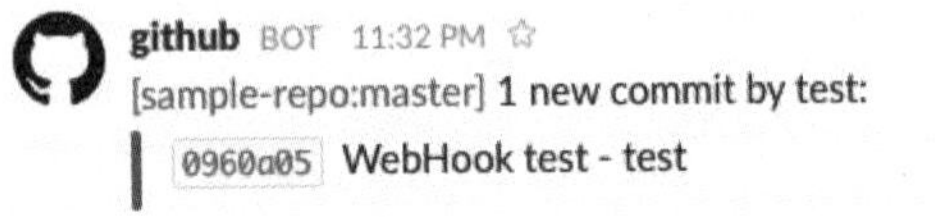

图 5-11　将 GitHub 上的操作通知 Slack

这样我们立刻就能知道谁做了什么样的提交。另外，上面的 Slack 通知中还包含指向修改内容的链接，点击这个链接，就可以看到详细的提交信息。这里我们使用了示例仓库来验证 GitHub 和 Slack 的集成，在后面的内容中，我们还会进行正式的集成操作。

5-1-3　集成 GitHub 和 Jenkins：git push 之后的自动化处理

接下来，我们对 GitHub 和 Jenkins 进行集成（图 5-12）。

我们已经在 3-2-3 节中介绍过了 Jenkins，并简单介绍了 Jenkins 的插件功能，在接下来的例子中，我们将充分利用插件功能来实现持续集成架构。此外，使用插件功能还可以实现 Jenkins 和 Git 仓库的集成。通过 Git

插件，在将代码推送到 GitHub 后，就可以触发 Jenkins 上指定的项目（处理），比如测试和部署等，从而实现持续集成。

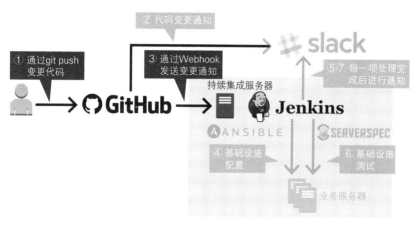

图 5-12　GitHub 和 Jenkins 的集成

下面我们就看一下具体的设置方法以及处理流程。

从 Jenkins 中访问 GitHub 上的仓库

首先，我们需要在 Jenkins 中集成 GitHub 账号，以能够从 Jenkins 的项目访问 GitHub 上的仓库。为了和 GitHub 进行集成，安装了 Jenkins 的 CI 服务器需要满足下面两个条件。

1. CI 服务器上可以使用 Git 命令

由于 Jenkins 需要使用 Git 命令来对 GitHub 上的仓库进行操作，所以需要事先安装好 Git。Git 的安装方法已经在 3-2-3 节介绍过了，大家可以参考该节的说明进行安装。

2. 开启 inbound 和 outbound 双方向的网络通信

要和 GitHub 进行集成，就需要 inbound 和 outbound 双方向都能连接到互联网。如果你想通过 IP 地址范围进行限制，只允许来自 GitHub 的访问，可以参考下面的资料。

参考网址 https://help.github.com/articles/what-ip-addresses-does-github-use-that-i-should-whitelist/

如果 CI 服务器上还没有安装 Jenkins，那就需要先进行安装，具体的安装方法请参考 3–2–3 节。一切准备就绪之后，就可以通过下面的 URL 来访问 Jenkins 了。

参考网址 http://CI服务器的IP地址:8080/

接着，为了确认 Jenkins 和 GitHub 仓库集成后是否能正常工作，我们来创建一个用于测试的项目。这个项目将通过 Jenkins 来读取 GitHub 上的仓库。在 Jenkins 的页面中点击"New Item"，进入新建项目的页面。在项目名一栏中输入"github-sample"，项目类型选择"Freestyle project"，最后点击页面底部的"OK"按钮（图 5–13）。

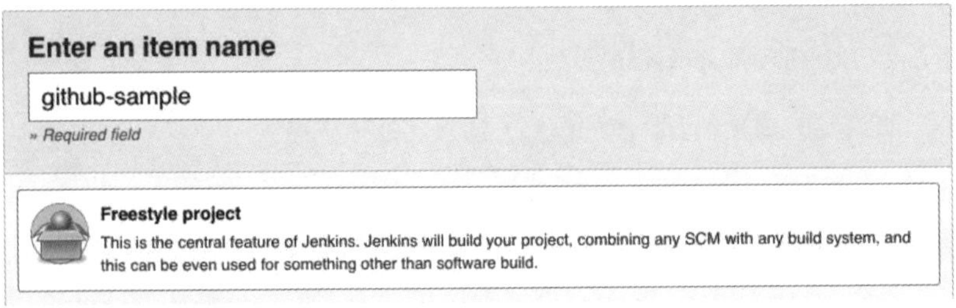

Enter an item name

github-sample

» Required field

Freestyle project
This is the central feature of Jenkins. Jenkins will build your project, combining any SCM with any build system, and this can be even used for something other than software build.

图 5–13　在 Jenkins 中创建测试项目 1

接着，设置要读取的 GitHub 的代码仓库。在"Source Code Management"中选择"Git"，然后在出现的文本框中输入 GitHub 仓库的 URL（图 5–14）。

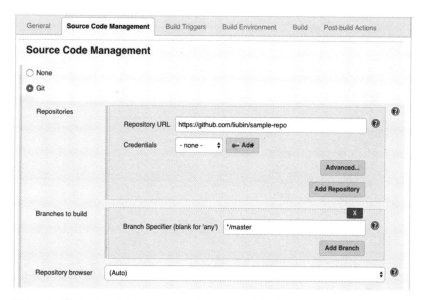

图 5-14 在 Jenkins 中创建测试项目 2（和 GitHub 集成）

这个 URL 可以从 GitHub 仓库的页面获得（图 5-15），通常 URL 的格式如下所示。

https://github.com/你的GitHub账号/sample-repo.git

图 5-15 克隆用于集成的 GitHub 项目的 URL

接下来点击"Build"项中的"Add build step"，选择"Execute shell"（图 5-16）。

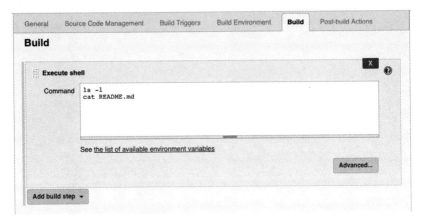

图 5-16　在 Jenkins 中创建测试项目 3（执行脚本）

在 shell 脚本输入框中填写如下内容。

▶ 代码清单：需要在shell脚本中填写的内容

```
ls -l
cat README.md
```

填写完上面的内容之后，保存新项目，这样我们就完成了 Jenkins 项目的创建（图 5-17）。

图 5-17　在 Jenkins 中创建测试项目 4（创建完成）

我们来试着执行一下这个项目。点击左边的"Build Now"按钮，不久在构建历史中就会出现一条新记录，我们可以看到该构建当前的执行状态。如果最终结果显示为蓝色，那就表示该构建成功完成。

如果想确认执行结果，可以点击"# 编号"旁边的"▼"，选择"Console Output"（图 5-18）。

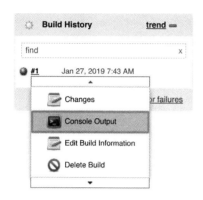

图 5-18　确认测试项目的执行结果

控制台输出页面中会输出很多内容，如果像下面的示例一样在文件的最后出现了 SUCCESS 字样，那就表示该项目成功结束了。

▶ 代码清单：Jenkins 任务控制台输出示例

```
（略）
[github-sample] $ /bin/sh -xe /tmp/hudson3110654145888207836.sh
+ ls -l
total 4
-rw-r--r--. 1 jenkins jenkins 40 May 22 13:26 README.md
drwxr-xr-x. 2 jenkins jenkins 22 May 22 13:26 test-dir
+ cat README.md
# Hello, git!
Update Test
WebHook test!
Finished: SUCCESS
```

这个 Jenkins 项目只是将 GitHub 上的 sample-repo 仓库克隆到 CI 服务器，然后显示文件夹的文件列表以及 README.md 文件的内容。采用这种方法，我们就可以通过 Jenkins 获得并执行在 GitHub 上托管的代码。在后面的"集成 Jenkins 和 Ansible""集成 Jenkins 和 Serverspec"的内容中，我们也会使用这种方法。

连接 GitHub 和 Jenkins

GitHub 和 Jenkins 的集成工作并没有到此结束。前面我们只是确认了用户可以在 Jenkins 页面上随时运行项目而已，而我们原本的目标是，在向 GitHub 远程仓库执行推送操作时自动开始 Jenkins 项目的构建。

这种自动触发的执行方式可以通过 GitHub 的 Webhook 和 Jenkins 的 GitHub 插件来实现。我们可以通过在 Jenkins 的主页上依次选择"Manage Jenkins""Manage Plugins"和"Installed"，查看是否出现了"GitHub plugin"，来确认是否已经安装了 GitHub 插件（图 5-19）。

5-19 安装 Jenkins 的 GitHub 插件

如果页面中没有出现"GitHub plugin"，则需要在"Available"标签页中查找并安装"GitHub plugin"。如果确认已经安装好了 GitHub 插件，则需要首先在 Jenkins 中进行设置，使 Jenkins 能够接收来自 GitHub 的 Webhook。在测试项目 `github-sample` 的配置页面，勾选"Build Triggers"中的"GitHub hook trigger for GITScm polling"复选框，然后保存刚才所做的修改（图 5-20）。

| General | Source Code Management | **Build Triggers** | Build | Post-build Actions |

Build Triggers

- ☐ Trigger builds remotely (e.g., from scripts) ❓
- ☐ Build after other projects are built ❓
- ☐ Build periodically ❓
- ☑ GitHub hook trigger for GITScm polling ❓
- ☐ Poll SCM ❓

图 5-20 修改 Jenkins 项目的配置（增加构建触发器）

接着，我们需要在 GitHub 上进行设置，使其可以向 Jenkins 服务器发送 Webhook。在 GitHub 的 `sample-repo` 仓库页面中选择"Settings"，然后打开"Webhooks & services"页面。在页面的右边（下图的右上方）有一个"Add service"按钮，点击这个按钮即可对 Webhook 进行设置（图 5-21）。

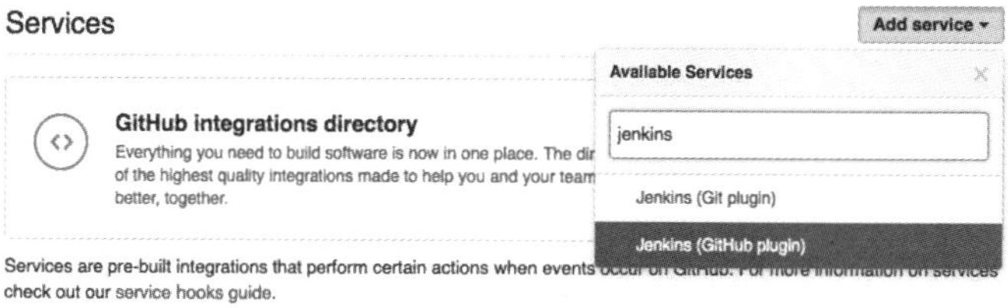

图 5-21　添加 GitHub 的 service hook 1

在"Jenkins hook url"栏中输入下面的 URL（图 5-22）。

```
http://CI服务器的IP地址:8080/github-webhook/
```

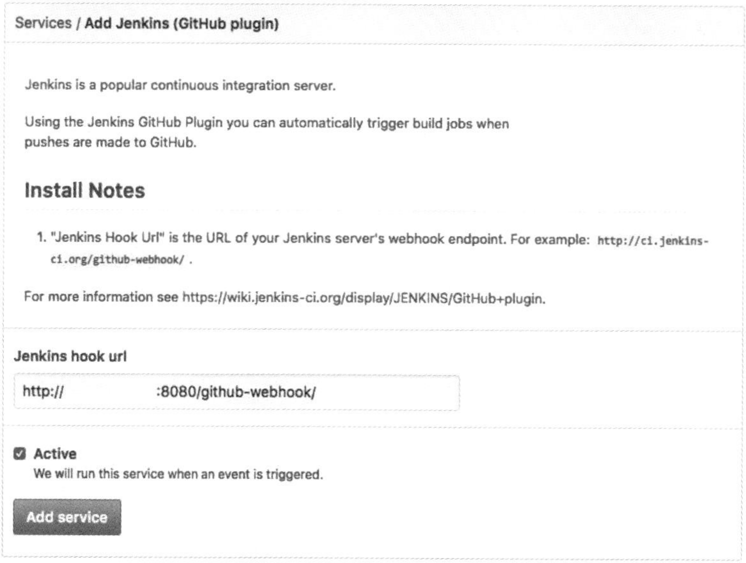

图 5-22　添加 GitHub 的 service hook 2

我们可以在 Jenkins 的 "Manage Jenkins" "Configure system" 里的 "GitHub" 项中找到这个 URL 的具体信息。在设置好 Jenkins Webhook 的 URL 之后，点击页面底部的 "Add service" 保存设置。

验证 GitHub 和 Jenkins 的集成

到这里就完成了 GitHub 和 Jenkins 的集成设置，接下来我们来验证一下集成是否能正常工作。与前面验证 GitHub 和 Slack 的集成时一样，在本地修改完代码后将代码推送到远程仓库。

▶ 代码清单：修改代码

```
$ git clone https://github.com/你的GitHub账号/sample-repo.git
$ cd sample-repo
$ echo 'Jenkins Service hook test!' >> README.md
$ git add .
$ git commit -m "Jenkins Service hook test"
$ git push origin master
```

如果之前的设置都正确，那么在执行完上面的操作之后，Jenkins 项目就会自动开始构建（图 5-23）。

图 5-23　Jenkins 项目在接收到来自 GitHub 的 Webhook 后自动执行构建的结果

打开 "Console Output" 页面，可以看到该构建使用的是最新版本的 GitHub 仓库中的代码。

▶ 代码清单：Jenkins构建的控制台输出结果

```
[github-sample] $ /bin/sh -xe /tmp/hudson5568705975159170787.sh
+ ls -l
total 4
-rw-r--r--. 1 jenkins jenkins 67 May 22 14:56 README.md
drwxr-xr-x. 2 jenkins jenkins 22 May 22 13:26 test-dir
+ cat README.md
# Hello, git!
Update Test
WebHook test!
Jenkins Service hook test!
Finished: SUCCESS
```

通过上面这些操作，我们可以确认向 GitHub 的仓库推送代码会自动触发 Jenkins 项目的构建。

5-1-4　集成Jenkins和Slack：将任务事件通知到Slack

接下来，我们将尝试在构建 Jenkins 的项目时发送消息到 Slack（图 5–24）。这里将直接使用前面的 github-sample 项目来说明。

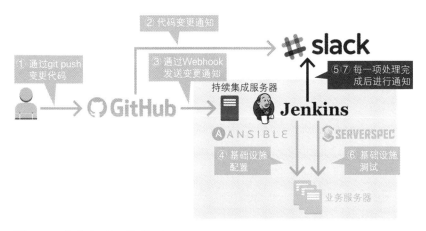

图 5–24　集成 Jenkins 和 Slack

在 Slack 中设置接收来自 Jenkins 的通知

首先，我们对 Slack 通知进行基本的设置，也就是定义 Jenkins 向哪个 Slack 账号发送通知。

我们需要从下面这个网址中查找并添加 "Jenkins CI"（图 5-25），这个网址在 Slack 和 GitHub 的集成时也使用过。

参考网址 | https://my.slack.com/apps

图 5-25 添加 Slack 集成（Jenkins CI）

安装完 Jenkins CI 的集成之后，会进入到设置 Slack 通知频道的页面，这里我们选择 "#general" 频道。

下一个页面会详细说明接下来应如何在 Jenkins 中进行设置。我们按照该页面的说明进行配置即可，详细内容会在后面进行介绍。

首先将该页面下方的 "Token" 栏中的字符串记录下来（图 5-26）。

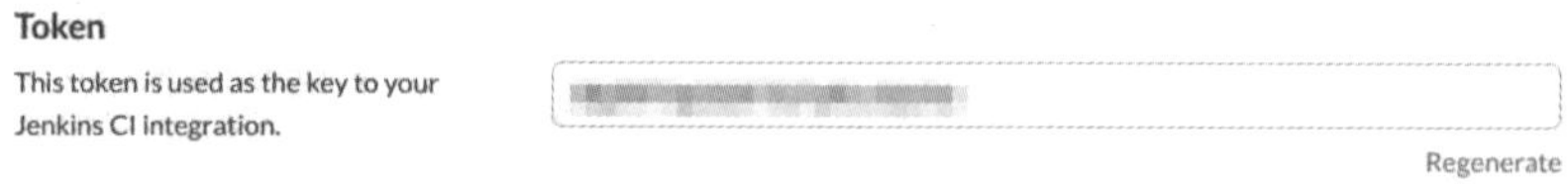

Token

This token is used as the key to your Jenkins CI integration.

Regenerate

图 5-26 设置 Slack 集成（确认 token）

后面在 Jenkins 中进行设置时，需要用到这个 token 以及 Slack 子域名。

如果 Slack 的网址是 "×××.slack.com"，那么 Slack 子域名就是 "×××" 这部分内容。这些信息在后续操作中都能用到。最后，点击 "Save Settings"，保存设置。

到这里，需要在 Slack 上进行的操作就全部完成了。

在 Jenkins 中设置向 Slack 发送通知

下面我们在 Jenkins 上进行设置。

首先，为了能从 Jenkins 向 Slack 发送通知，需要在 Jenkins 中安装插件。

在 Jenkins 的 管 理 页 面 中 选 择 "Manage Plugins"， 在 该 页 面 的 "Available" 标签页中选择 "Slack Notification" 插件并安装（图 5–27）。

图 5-27　安装 Jenkins 插件（Slack Notification）

接着，在 Jenkins 管理页面中打开 "Configure system"，在该页面中找到 "Global Slack Notifier Settings" 项，输入前面保存的两个参数的值。在 "Team Subdomain" 中输入子域名（"×××.slack.com" 中的 "×××" 部分），在 "Integration Token" 中输入由 Slack 产生的 token 的值。

然后在 "Channel" 中输入 "#general"，点击 "Test Connection" 按钮。如果显示 "Success"，就表明我们已经完成了从 Jenkins 向 Slack 发送通知的基本设置（图 5–28）。

Global Slack Notifier Settings

Slack compatible app URL (optional)	https://..▪...k.slack.com/services/hooks/jenkins-ci/
Team Subdomain	
Integration Token	▪▪▪▪▪ ' ▪▪▪ ▪ ' ▪▪' ' ▪
	⚠ Exposing your Integration Token is a security risk. Please use the Integration Token Credential ID
Integration Token Credential ID	- none -　← Add ▾
Is Bot User?	☐
Channel or Slack ID	#general
	Success　　　　　　　　Test Connection

图 5-28　在 Jenkins 中设置 Slack 通知

这时如果访问 Slack，就会看到刚才进行设置时发送的测试通知（图 5–29）。

 jenkins APP 10:08 PM
Slack/Jenkins plugin: you're all set on http://localhost:8080/

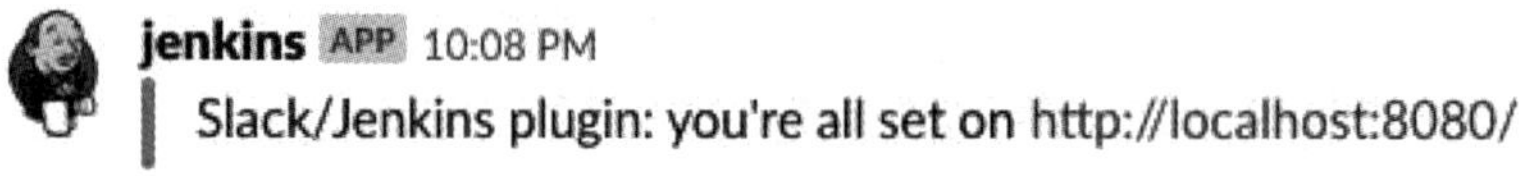

图 5–29　测试 Slack 通知

不要忘记保存前面对 Jenkins 进行的设置。

接下来，我们需要修改 Jenkins 的 `github-sample` 项目的配置，让它支持 Slack 通知。

打开该项目的配置变更页面，在 "Post-build Actions" 中点击 "Add post-build action"，选择 "Slack Notifications"。

这时我们可以选择将项目执行时的哪些情况通知到 Slack。

我们姑且选择所有情况，将全部的复选框选中（图 5–30）。

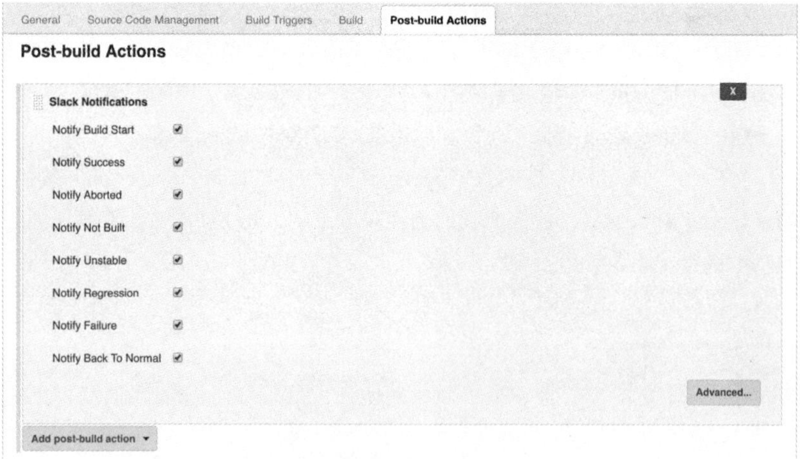

图 5–30　设置 Jenkins 项目的 Slack 通知

设置完成后保存即可。

验证 Jenkins 和 Slack 的集成

下面我们就来确认一下 Jenkins 项目在执行时是否会发送通知给 Slack。

点击"Build Now",手动触发执行 Jenkins 中的 `github-sample` 项目。不出意外的话,项目构建结果的通知应该会像图 5-31 那样发送到 Slack。

 jenkins APP 10:14 PM
github-sample - #3 Started by user root (Open)

github-sample - #3 Success after 1.1 sec (Open)

图 5-31 Jenkins 发送给 Slack 的通知结果

团队中的所有人都可以点击这一执行结果的链接,查看该执行结果的详细信息。

这样,我们就实现了将 Jenkins 项目的构建结果发送到 Slack 的目标。

5-1-5 集成 Jenkins 和 Ansible:通过任务触发基础设施构建

接下来我们使用 Ansible 进行基础设施构建(图 5-32)。

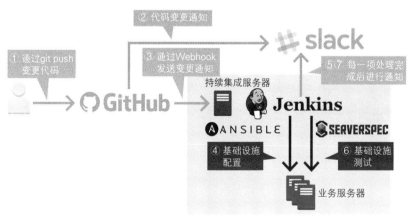

图 5-32 Jenkins 和 Ansible、Serverspec 的集成

这里要构建的基础设施的详细架构如图 5-33 所示。在这个架构中,有 1 台安装了 HAProxy 来实现负载均衡的 LB 服务器,以及 2 台在负载均衡

服务之后运行 nginx 的 Web 服务器。

我们的目标是通过 Ansible 构建这样一套基础设施环境。

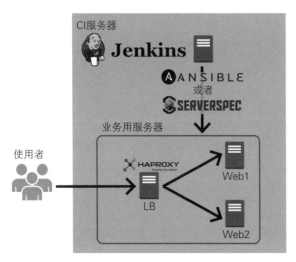

图 5-33 从 Jenkins 开始的基础设施构建和测试的示意图

这里我们会在 CI 服务器中构建各业务服务用的服务器（LB 服务器、Web 服务器）。

在使用 AWS 环境的情况下，虽然我们可以构建出能充分利用 AWS 各种功能的架构，但是作为例子，这里选择了一种比较简单的实现方式。我们假设服务器已经存在，并且会长时间使用下去。更复杂的例子，比如蓝绿部署，可以参考 5-3 节。

要想实现这个架构，需要满足以下几个前提条件。

● CI 服务器

·已经安装了 Ansible（本例在版本 2.1.1 下已经测试通过）

·可以通过 ssh 的方式连接到 LB 服务器和 Web 服务器。登录用户为 centos

·可以通过主机名 lb.devops-book.local、web1.devops-book.local 和 web2.devops-book.local 分别访问 LB 服务器和 Web 服务器

- LB 服务器和 Web 服务器
  - centos 用户（ssh 用户）有 sudo 的执行权限
  - 可以访问外部网络（可以从 yum 源仓库获取软件包）
  - 可以从测试服务器通过 HTTP 访问 LB 服务器

我们先通过 Ansible 来构建这套基础设施环境，然后再尝试通过 Jenkins 项目触发环境的构建。

使用 Ansible 构建服务器

我们暂且把 Jenkins 项目放到一边，先在 CI 服务器上通过 Ansible 命令构建服务器环境。

以下操作都在 CI 服务器上执行。

首先我们需要把下面这个 GitHub 仓库 Fork 到自己的账号下。由于是个人的账号，所以对仓库做任何操作都不会影响到他人，即使源仓库管理员没有为我们分配推送权限，我们也可以按照自己的步调，自由地修改仓库中的代码。

> 参考网址   https://github.com/devops-book/ansible-practice.git

要执行 Fork 操作，需要在浏览器中打开上面的网址，点击右上角的"Fork"按钮（图 5-34）。

图 5-34   GitHub 上的"Fork"按钮

点击"Fork"按钮之后，就会看到在自己的账号下生成了下面这个仓库。

> 参考网址   https://github.com/你的GitHub账号/ansible-practice.git

到这里我们就完成了 Fork 操作。

接着，我们登录到 CI 服务器，将上面的仓库克隆到本地。

▶ 代码清单

```
$ git clone https://github.com/你的GitHub账号/ansible-practice.git
```

我们克隆的这个仓库和第 2 章介绍的 `ansible-playbook-sample`
结构基本相同，不同之处主要体现在以下几点。

- 对远程主机而不是本地主机进行操作
- 除了 Web 服务器，还会构建 LB 服务器
- 为了扩大使用范围，采用了更为通用的结构

如果你想复习一下 Ansible，可以回到 2-3-2 节，阅读一下 Inventory
文件和 playbook 配置的相关内容。

下面，我们就使用这个仓库实际执行一下构建操作。

▶ 代码清单：执行 Ansible

```
$ cd ansible-practice
$ ansible-playbook -i inventory/development site.yml
```

如果没有出现问题，上面的命令就会正常结束，如下所示（`ok` 和
`changed` 的数量会根据实际情况而变，只要 `unreachable` 和 `failed` 为
0 就表示没有问题）。

▶ 代码清单：确认 Ansible 的执行结果

```
PLAY [webservers] ***********************************************

TASK [setup] ***************************************************
ok: [web1]
ok: [web2]

（略）

PLAY RECAP ****************************************************
lb           : ok=10   changed=3    unreachable=0    failed=0
web1         : ok=21   changed=0    unreachable=0    failed=0
web2         : ok=21   changed=0    unreachable=0    failed=0
```

执行完 Ansible 命令之后，我们试着通过 80 号端口访问 LB 服务器。

参考网址　http://LB服务器的IP地址/

重复多次访问这个网址，就会发现显示的页面会有下面两种情况（图
5-35）。

Hello, production ansible!!	Hello, production ansible!!
This is web1!	This is web2!
continuous delivery!!	continuous delivery!!

图 5-35 访问 LB 服务器的结果

也就是说，我们可以通过 LB 服务器正常访问后面的两台 Web 服务器（Web1 和 Web2）。

在 Jenkins 中运行 Ansible

下面我们来创建一个在 Jenkins 中运行 Ansible 的项目。和之前在命令行下执行不同，这次由 Jenkins 用户来运行 Ansible。因此，我们必须确保 Jenkins 用户能使用 ssh 登录，这一点还请大家注意。此外，还需要确保 Jenkins 用户在本地不用密码就能执行 sudo 命令。我们只需要在 /etc/sudoers.d/jenkins 文件中输入以下内容即可。

▶ 代码清单：/etc/sudoers.d/jenkins（Jenkins 用户的 sudo 配置文件）

```
jenkins ALL=（ALL）NOPASSWD:ALL
```

另外，为了支持不需要 tty 的 sudo 操作，还需要将 /etc/sudoers 中的 requretty 注释掉。这里需要 root 用户通过 visudo 命令进行相应的修改。

▶ 代码清单：/etc/sudoers（通过 visudo 命令来进行编辑）

```
#Defaults    requiretty # 将这一行注释掉
```

在创建 Jenkins 项目之前，我们还需要安装用于在 Jenkins 中运行 Ansible 的插件，这里安装的是 Ansible 和 AnsiColor（图 5-36、图 5-37）。

Updates	**Available**	Installed	Advanced		
Install			**Name ↑**		**Version**
☐		Ansible Tower			0.9.1
		This plugin connects Jenkins with Ansible Tower			
☑		Ansible			1.0
		Invoke Ansible Ad-Hoc commands and playbooks.			

图 5-36 安装 Ansible

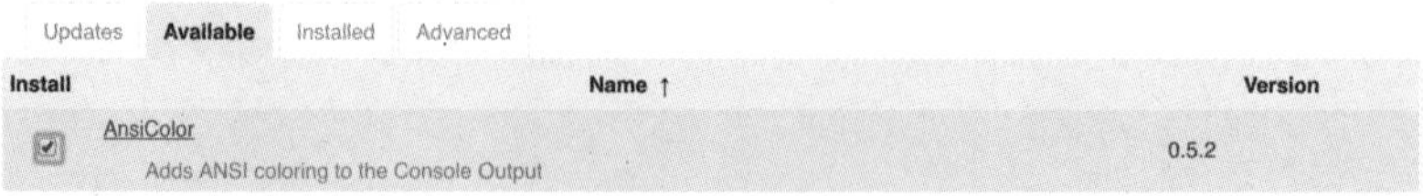

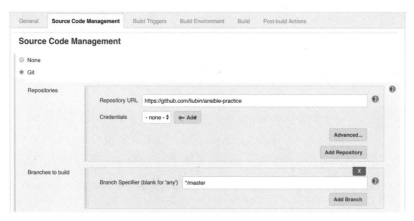

图 5-37 安装 AnsiColor

Ansible 可以指定执行 `ansible-playbook` 命令所需的参数，而 AnsiColor 则可以在输出结果中增加颜色效果。

接下来就可以创建 Jenkins 项目了。前面我们创建了一个 github-sample 的项目，这次我们再来创建一个名为 provision-servers 的项目。这个项目需要进行 3 步设置。首先设置如何从 GitHub 克隆代码仓库。在 "Source Code Management" 的 "Git" 选项中，填写刚才 Fork 到自己账号下的 GitHub 仓库的网址（图 5-38）。

图 5-38 在 Jenkins 项目中设置和 GitHub 仓库的集成

接着选中 "Color ANSI Console Output" 这个复选框。最后在 "Add build step" 中选择 "Invoke Ansible Playbook"，然后按照接下来的内容进行设置。在 "Playbook path" 一栏中填写 "site.yml"，在 "Inventory" 中选择 "File"，然后输入 "inventory/development"，最后点击 "Advanced" 按钮，选中 "Colorized stdout"（图 5-39）。

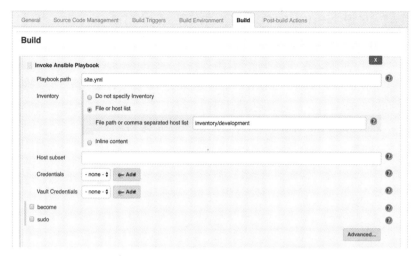

图 5-39　在 Jenkins 项目中设置 Ansible playbook（LB 服务器和 Web 服务器）

　　这样我们就可以运行该构建任务了。触发一个新的构建任务，如果结果的图标为蓝色，就表示本次构建成功了。

　　我们也可以确认一下控制台的输出内容，看一下是不是和使用以下命令时输出的内容一样，并且带有颜色。

▶ 代码清单: 与控制台输出内容进行比较

```
$ ansible-playbook -i inventory/development site.yml
```

5-1-6　集成Jenkins和Serverspec: 通过构建任务触发基础设施测试

　　接下来进行使用 Serverspec 进行测试的相关设置。

　　具体来说，首先确保 CI 服务器可以运行 Serverspec，然后运行命令来确认，最后在 Jenkins 项目中运行 Serverspec。测试代码已经通过刚才执行的 `ansible-playbook` 命令保存到了 CI 服务器的 /usr/local/serverspec 目录下。对测试项目感兴趣的读者可以查看 GitHub 仓库中上述文件路径下的 spec 文件。

通过 Serverspec 对基础设施进行测试

首先，我们要确保能在 CI 服务器上运行 Serverspec。为此需要实施一系列操作，包括通过 Ansible 在 CI 服务器上安装 Serverspec。

在 Jenkins 的项目页面创建一个名为 provision-ci-server 的新项目，该项目的设置可以和 provision-servers 一样，不过要把 "Playbook path" 的内容改成 "ciservers.yml"（图 5–40 ）。

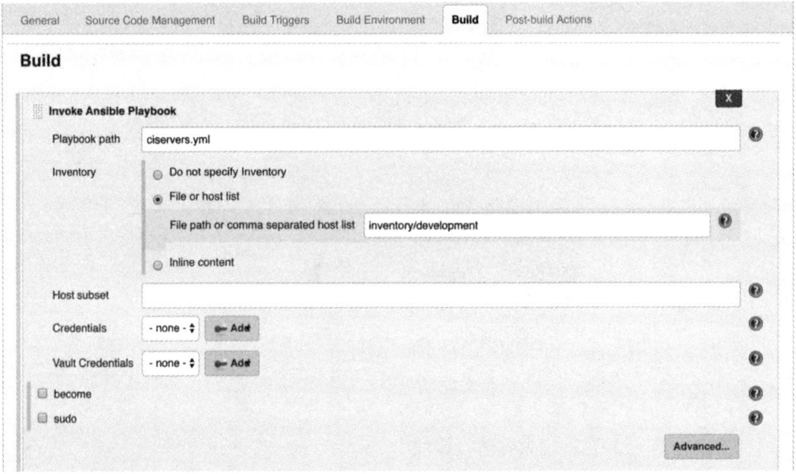

图 5–40　设置 Jenkins 项目中的 Ansible playbook（CI 服务器）

保存项目后，运行这个构建项目，之后就会安装好 Ruby 和 Serverspec 所依赖的所有 `gem` 包。构建正常结束后，CI 服务器就满足了运行 Serverspec 的条件。

然后，对 Serverspec 所使用的 `ssh` 进行设置。Serverspec 默认使用 ${HOME}/.ssh/config 文件，所以我们要设置成以下形式。

${HOME} 在 Jenkins 执行时会成为 Jenkins 用户的 home 目录，这个文件路径需要根据实际情况进行替换。

▶ 代码清单: ~jenkins/.ssh/config

```
Host *
  User centos
```

```
Port 22
StrictHostKeyChecking no
PasswordAuthentication no
IdentityFile "/var/lib/jenkins/.ssh/id_rsa"
IdentitiesOnly yes
```

最后，我们还需要修改这个配置文件的权限。

▶ 代码清单：修改文件权限

```
$ sudo chmod 400 ~jenkins/.ssh/config
```

设置完成之后，我们来试着运行一下 Serverspec。

可以像下面这样确认可以使用哪些命令来运行 Serverspec 测试。

▶ 代码清单：确认可以运行 Serverspec 测试的命令

```
$ cd /usr/local/serverspec
$ rake -T
rake spec:lb     # Run serverspec tests to lb
rake spec:web1   # Run serverspec tests to web1
rake spec:web2   # Run serverspec tests to web2
```

正如输出内容所显示的那样，我们既可以单独对某一个服务器进行测试，也可以通过 rake spec 命令对所有服务器进行测试。

我们来实际运行一下 Serverspec。

▶ 代码清单：运行 Serverspec

```
$ rake spec
/usr/bin/ruby -I/usr/local/share/gems/gems/rspec-core-3.4.4/lib:/
usr/local/share/gems/gems/rspec-support-3.4.1/lib /usr/local/
share/gems/gems/rspec-core-3.4.4/exe/rspec --pattern spec/web1/\*_
spec.rb

SELinux
  should be disabled

Command "timedatectl | grep "Time zone""
  stdout
    should match "Asia/Tokyo"

Group "nginx"
```

```
  should exist
  should have gid 2000
（略）
Finished in 1.09 seconds（files took 0.31624 seconds to load）
31 examples, 0 failures
（略）
Finished in 1.08 seconds（files took 0.29963 seconds to load）
31 examples, 0 failures
（略）
Service "haproxy"
  should be enabled
  should be running

Port "80"
  should be listening

Port "8080"
  should be listening

Finished in 0.84318 seconds（files took 0.29671 seconds to load）
19 examples, 0 failures
```

　　如果没有问题的话，就会像命令的输出结果所显示的那样，按顺序对 3
台服务器进行测试，每台服务器的测试如果都显示为 0 failures，那就说
明所有测试都成功了。

在 Jenkins 中运行 Serverspec

　　接着，我们来看看如何在 Jenkins 的项目中运行 Serverspec。

　　这里创建一个名为 test-servers 的 Jenkins 项目，并在 test-servers 项目中
进行两项新的设置。

　　第一个是运行 Serverspec。在 "Build" 的 "Add build step" 中选择
"Execute shell"。

　　之后，在 "Command" 输入框中输入下面的代码（图 5–41）。

▶ 代码清单：Serverspec执行的任务

```
SERVERSPEC_ROOT=/usr/local/serverspec
# remove old test results
rm -f ${SERVERSPEC_ROOT}/reports/*
```

```
cd ${SERVERSPEC_ROOT}
# execute test
JENKINS=true /usr/local/bin/rake spec
# copy test results to workspace
cp -pr ${SERVERSPEC_ROOT}/reports $WORKSPACE
```

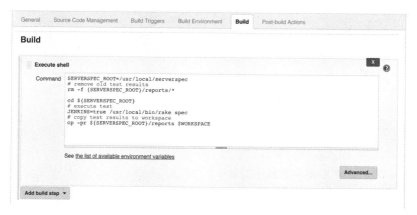

图 5-41　在 Jenkins 项目中设置运行 Serverspec

　　然后，在"Post-build Actions"中点击"Add post-build action"，然后选择"Publish JUnit test result report"。

　　在"Test report XMLs"一栏输入"reports/*.xml"（图 5-42）。

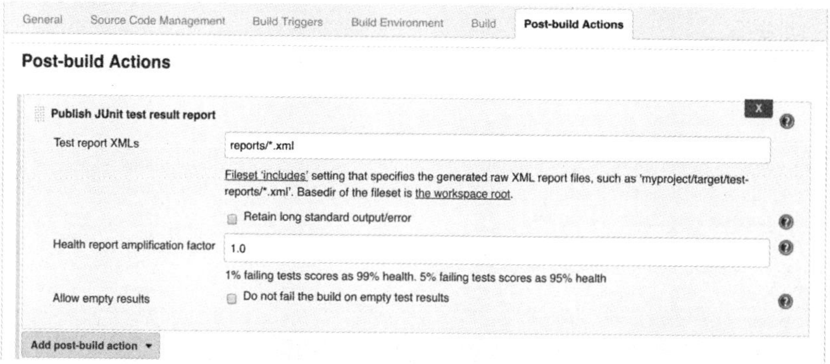

图 5-42　采集 Jenkins 项目测试结果的设置页面

在完成上面的设置之后，保存该项目，并触发一次新的构建（图 5–43）。

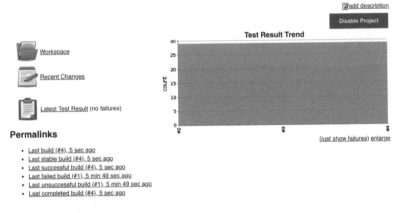

图 5–43　确认 Jenkins 项目测试的结果 1

在 "Latest Test Result" 页面中可以看到详细的测试结果，比如对 nginx 测试了哪些内容、测试结果如何等（图 5–44）。

Test Result : nginx_spec

0 failures

29 tests
Took 0.26 sec.
add description

All Tests

Test name	Duration	Status
File "/etc/nginx/conf.d/default.conf" should not exist	3 ms	Passed
File "/etc/nginx/conf.d/site.conf" should be file	3 ms	Passed
File "/etc/nginx/conf.d/site.conf" should be grouped into "nginx"	4 ms	Passed
File "/etc/nginx/conf.d/site.conf" should be mode 644	4 ms	Passed
File "/etc/nginx/conf.d/site.conf" should be owned by "nginx"	4 ms	Passed
File "/etc/nginx/conf.d/site.conf" should exist	3 ms	Passed
File "/etc/nginx/conf.d/ssl.conf" should not exist	3 ms	Passed
File "/etc/nginx/conf.d/virtual.conf" should not exist	3 ms	Passed
File "/var/html" should be directory	4 ms	Passed
File "/var/html" should be grouped into "nginx"	4 ms	Passed
File "/var/html" should be mode 755	4 ms	Passed
File "/var/html" should be owned by "nginx"	5 ms	Passed
File "/var/html" should exist	3 ms	Passed

图 5–44　确认 Jenkins 项目测试的结果 2

　　想必大家都感受到了，这种形式的执行结果要比用字符串的方式显示脚本的执行结果更加清晰易懂。通过这种方式，在测试失败的情况下，我们就可以快速找到失败的测试用例。

5-1-7　从GitHub触发Jenkins的Provisioning

完成前面的内容之后，就只剩下最后的收尾工作了。

- GitHub：在 ansible-practice 仓库中，对 service hook 和 Webhook 进行设置

  在前面的示例中，我们使用 sample-repo 仓库对 service hook 进行了设置，在 ansible-practice 仓库中进行相同的设置即可。

  在 ansible-practice 仓库发生变更时，向 Slack 和 Jenkins 发送变更通知。

- Jenkins：将 provision-servers 项目设置为接收到 service hook 之后自动触发新的构建

  这里也可以参考 github-sample 项目的配置。设置好构建触发器，在 GitHub 仓库更新时，自动触发新的构建，并在项目构建运行时向 Slack 发送通知。

- Jenkins：设置 test-servers 项目，使其可以向 Slack 发送通知

  操作内容和上面相同，对 test-servers 项目也进行向 Slack 发送通知的设置。

- Jenkins：将两个项目关联起来运行

  在前面的操作中，provision-servers 和 test-servers 这两个项目是独立运行的，但通常情况下构建之后都会对构建进行测试，所以我们需要将这两个项目关联起来运行。

　　在 provision-servers 项目的配置页面，点击 "Post-build Actions" 中的 "Add post-build action"，选择 "Build other projects"，然后在 "Projects to build" 输入框中输入 "test-servers"，这样多个项目就可以关联起来连续运行了（图 5-45）。

完成上面的设置之后，保存该项目。

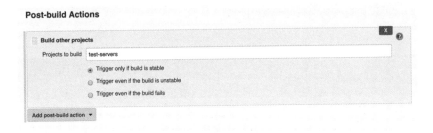

图 5-45 在"Post-build Actions"中进行设置

5-1-8 使用持续集成和持续交付，将开发、构建和测试组合到一起

到这里，我们已经一部分一部分地构建好了持续集成环境，接下来我们再来回顾一下这个环境的整体架构（图 5-46）。

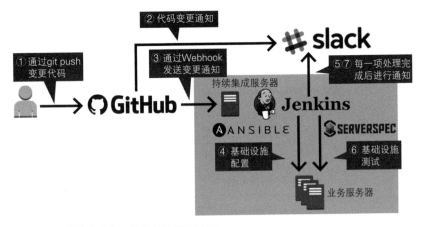

图 5-46 持续集成和持续交付的架构示例

以 GitHub 为起点，在发生代码变更时，GitHub 向 Slack 发送通知，与此同时 Jenkins 自动对服务器进行构建并测试。下面我们来验证一下这一成

果，首先更新一下 ansible-practice 仓库中的文件。

▶ 代码清单: 更新仓库中的文件

```
$ git clone https://github.com/你的GitHub账号/ansible-practice.git
$ cd ansible-practice/roles/nginx/templates/
$ vim roles/nginx/templates/index.html.j2
```

将文件修改成下面这样。

▶ 代码清单: 修改代码

```
(略)
<p>Hello, production ansible!!</p>
<p>This is {{ inventory_hostname }}!</p>
<p>continuous delivery!!</p> <!-- 添加这行代码 -->
(略)
```

然后将修改推送到远程仓库。

▶ 代码清单: 推送修改的代码

```
$ git add .
$ git commit -m "更新index.html文件"
[master 09bdc20] 更新index.html文件
 1 file changed, 1 insertion(+)
$ git push origin master
```

将代码推送到 GitHub 之后，Slack 会按顺序收到下面这些通知，我们可以看到代码的推送、构建和测试是随时进行的。

github BOT 2:58 AM
[ansible-practice:master] 1 new commit by test:
> 09bdc20 更新 index.html 文件

jenkins BOT 2:58 AM
provision-servers - #21 Started by changes from test (1 file(s) changed) (Open)

provision-servers - #21 Success after 10 sec (Open)

test-servers - #28 Started by upstream project "provision-servers" build number 21 (Open)

test-servers - #28 Success after 4.8 sec (Open)

图 5-47 发送到 Slack 的一系列操作通知

在构建和部署完成之后，Web 页面上也会显示出修改后的内容（图 5-48）。

Hello, production ansible!!

This is web2!

continuous delivery!!

图 5-48　在 Web 页面确认修改是否已生效

回顾完整个流程，我们会发现开发人员只需提交并推送（基础设施）代码，之后 GitHub 就会向聊天工具发送通知，与此同时代码的构建和测试工作也会自动完成。这一套环境在最大程度上减轻了开发人员的负担，尽可能地提高了构建和测试的自动化程度。这正是我们所追求的 DevOps 的实现形式。

5-1-9　如何实现更实用的架构

通过前面的操作，我们已经可以构建出一个实用的持续集成架构了，但是在之前的实践中，我们并没有涉及下面几点内容，而这些内容恰恰是应该考虑进去的。

1. 安全性

由于该架构需要使用 GitHub 和 Slack 这样的外部服务，所以在安全方面需要特别注意。另外，由于在 Jenkins 上能进行所有的操作，所以还需要确保不能让任何人都能随意登录到 Jenkins 服务器。

2. 分支管理、开发流程和环境

在前面的例子中，我们只是以 GitHub 上的 master 分支为对象介绍了整个流程，不过实际上最为理想的方式是使用第 3 章介绍的 pull request 机制，在代码审核通过之后再进行后续操作。因为在实际工作中很少直接将代码推送到 master 分支。

同样，一般情况下我们会准备好开发环境和生产环境，有时还会准

备一套预演（staging）环境，因此使用一个 Git 分支来对环境进行
管理就比较困难，我们需要提前设计好分支的运用策略，比如
develop 分支在开发环境中使用，release 分支在生产环境中使用。

3. 测试粒度

在前面的例子中，我们只使用 Serverspec 进行了简单的测试，但实
际情况下需要进行更加系统的测试，比如进行 HTTP 访问，确认服
务能否正常运行等。另外，如果实施了应用程序的部署操作，那就
还需要对应用程序进行功能测试。

因此，测试的种类会变得更多，这时最好能按照单元测试、集成测
试和系统测试的顺序连续执行这一套测试流程（图 5-49）。

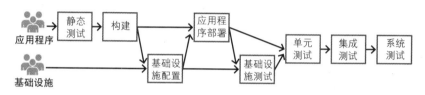

图 5-49 应用程序、基础设施的部署和测试流程

4. Slack 的通知频道

本次例子中使用的通知频道都是 "#general"，但实际上在不区分用
途和目的的情况下将全部信息都发送到 "#general" 频道并不是一
种理想方式，而应该按照信息的使用目的来对通知频道进行划分，
比如构建的信息发送到构建用的频道，发生故障时的信息发送到故
障用的频道，等等。但是也不要划分得太细，如果为了找到想要的
信息而需要在不同频道之间来回切换，就会难以追踪关联信息。

5. 错误处理

将代码推送到 GitHub 之后，构建和测试就会自动执行，但如果测试
失败，我们也只是获得一个测试失败的通知而已，没有任何后续操
作。在开发环境下这也许不算是什么问题，但是在生产环境下就不
能对发现的错误放置不管。因此，在出现错误后采取自动回滚到上
一版本等错误处理措施是非常重要的。

6. 构建服务器

在前面的例子中，我们在已经构建完成的服务器上对操作系统、中间件之上的部分进行了设置。

在使用 AWS 等云服务的情况下，如果从服务器的构建开始就进行自动化，那么该架构使用起来会更加简单。这是因为我们不需要考虑已有服务器，只需要每次都构建新的服务器就可以了。在使用不可变基础设施的环境下，用完服务器后即可将其销毁，更能发挥出从服务器构建开始自动化的效果。5-3 节中我们将对使用不可变基础设施的例子进行介绍。

专栏

组合使用各种服务

本节我们组合使用 GitHub、Ansible、Jenkins 和 Slack 等工具和服务，实现了一套持续集成环境。

回顾一下这些工具和服务就会发现，Slack 提供了集成功能，可以方便地和 GitHub 或其他服务进行集成；GitHub 提供了 Webhook 和 service hook 功能，可以将代码推送等事件通知给外部服务；而 Jenkins 提供了插件这一扩展功能，可以添加各种各样的功能，由此也实现了和 Slack 的集成。

像这样，最近出现的新服务并不追求在同一个服务中实现全部功能，而是在设计之初就考虑如何与其他服务进行集成和组合。另外，从用户的角度来看，通过组合使用不同的服务来提高自动化程度和效率也成为了主流思想。

建议读者在构建持续集成环境时，不要盲目地追求单个工具或服务所带来的便利，而要通过组合使用不同服务和工具来进一步提高效率。

这样一来，或许大家就会找到最适合自己环境的方案。

5-2 实践ELK技术栈

在 4-3-5 节，作为日志分析的示例，我们介绍了 ELK 技术栈（Elasticsearch、Logstash 和 Kibana）。本节我们将接着 5-1 节的内容，来构建日志分析和可视化的架构。使用该架构，可以搭建起实时对 Web 服务器的访问日志进行可视化和分析的平台，据此就可以快速确认现在有哪些访问、这些访问又具有什么样的倾向等。比如我们可以基于日志平台，调查新广告在发布之后取得了多大反响，或者服务器端应用程序在发布之后带来了什么影响。

5-2-1　ELK技术栈的构成要素和集成

首先我们来介绍一下 ELK 技术栈的概况（图 5-50）。

正如 4-3-5 节中介绍的那样，日志分析系统由以下 3 部分组成。

- Logstash

  Logstash 可以一边读取 Web 服务器（本节中指 Web1 和 Web2 服务器）的访问日志，一边将这些访问日志发送到 Elasticsearch。

- Elasticsearch

  Elasticsearch 存储来自 Logstash 的日志信息，同时还会处理 Kibana 的访问请求，并返回可视化所需的信息。

- Kibana

  Kibana 是开发人员和运维人员对日志信息进行分析、可视化的页面，从多个维度对信息进行可视化。

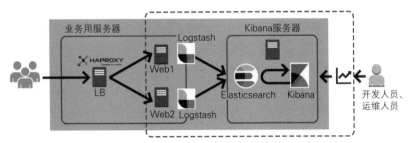

图 5-50　ELK 技术栈

　　这里我们将在 Kibana 服务器上安装 Elasticsearch 和 Kibana 服务，并在 Web1 和 Web2 这两台 5-1 节中使用过的服务器上安装 Logstash，对访问日志进行可视化，如图 5-50 所示。

　　在这个架构中，Web1 和 Web2 服务器上的访问日志会被发送到 Kibana 服务器，并在 Kibana 服务器中保存，由此开发人员和运维人员便可以实时掌握访问情况。

　　这样一来，我们就能轻松了解到自己所运行的服务当前处于什么状态了。

5-2-2　构建ELK技术栈

　　下面我们就来构建 ELK 技术栈。

　　这里在 5-1 节介绍的架构的基础上新增加了一台 Kibana 服务器。

　　下面再来看一下前提条件。

- **CI 服务器**
    - 可以通过 ssh 访问 Kibana 服务器，登录用户为 centos
- **Web 服务器**
    - centos 用户（ssh 用户）有 sudo 的执行权限
    - 可以通过 9200 端口访问 Kibana 服务器（Logstash → Elasticsearch）
- **Kibana 服务器**
    - 可以通过 kibana.devops-book.local 这一 FQDN 访问 Kibana 服务器

- centos（ssh 用户）有 sudo 的执行权限
- 可以访问外部网络（可以从 yum 源仓库获取软件包）
- 可以从浏览器通过 5601 端口访问 Kibana 服务器（开发人员、运维人员→ Kibana）

接下来我们就来构建 ELK 技术栈。

如 5-1 节所述，利用托管在 GitHub 上的 ansible-practice 仓库，可以使用 Ansible 自动构建。如果你已经按照 5-1 节的介绍完成了相关操作，那么 Web1 和 Web2 服务器上应该已经安装好了 Logstash。如果尚未执行 5-1 节的操作，那么就需要在 CI 服务器上执行下面的命令。

▶ 代码清单：运行 Ansible（安装 Logstash）

```
$ git clone https://github.com/devops-book/ansible-practice.git
$ cd ansible-practice
$ ansible-playbook -i inventory/development site.yml
```

上面的命令会完成 Web1 和 Web2 服务器的构建，并安装好 Logstash 2.3.3（本书执笔时 Logstash 的最新版本为 6.1.1）。

之后，在 Kibana 服务器上安装 Kibana 和 Elasticsearch。如果你已经按照 5-1 节的介绍安装好了 Logstash，就可以直接从这一步开始操作。

在 CI 服务器上克隆 ansible-practice 仓库，然后进入该仓库的文件夹，执行下面的命令。

▶ 代码清单：运行 Ansible（安装 Elasticsearch 和 Kibana）

```
$ ansible-playbook -i inventory/development visualization.yml
```

通过执行上面的命令，Elasticsearch 2.3.3 和 Kibana 4.5（本书执笔时 Elasticsearch 和 Kibana 的最新版本为 6.1.1）就会被安装在 Kibana 服务器上。在该命令的输出结果中，ok/changed 的数量可能会根据环境的不同而发生变化，不过只要 unreachable 和 failed 显示为 0，就没有任何问题。

▶ 代码清单：确认 Ansible 的运行结果

```
$ ansible-playbook -i inventory/development visualization.yml
```

```
PLAY [kibanaservers] ******************************************

TASK [setup] **************************************************
ok: [kibana]

（略）

PLAY RECAP ****************************************************
kibana                : ok=24   changed=1   unreachable=0   failed=0
```

有精力的读者可以尝试像 5-1 节那样，将 Jenkins 项目或者持续集成运用到构建 Kibana 服务器的命令中。

上述构建完成之后，就可以通过下面的 URL 来访问 Kibana（图 5-51）。

参考网址 | http://Kibana服务器的IP地址:5601

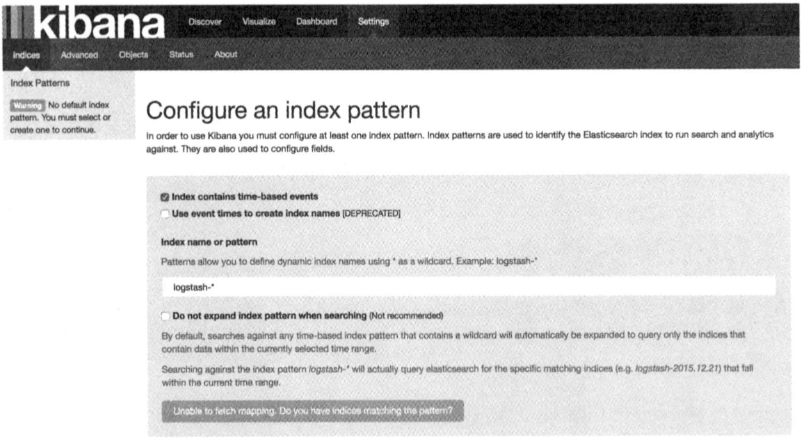

图 5-51　Kibana 的初始化页面

到这里我们就完成了软件的安装，但还没有进行任何配置工作。我们需要先确认 Kibana 的页面是否能正常显示。

下面我们对在 Logstash、Elasticsearch 和 Kibana 之间处理的数据分别进行设置。通过一边想象数据的流向一边对配置进行确认，今后大家在自己的系统中进行可视化操作时，就知道应该查看哪里、修改什么配置了。

下面我们就来看一下如何对各个服务器进行设置。

◤ Logstash：设置日志传输

在这个示例中，我们将考察在 Web 服务器的 /var/log/nginx/access.log 文件中存在以下日志信息的情况。

▶ 代码清单：/var/log/nginx/access.log

```
172.16.56.178 - - [29/Jun/2016:14:19:03 +0900] "GET / HTTP/1.1" 200 2
06 "-" "Mozilla/5.0（Macintosh; Intel Mac OS X 10_11_4）AppleWebKit/53
7.36（KHTML, like Gecko）Chrome/51.0.2704.103 Safari/537.36" "54.199.1
75.180"
```

上面的日志信息采用了 Apache 的日志输出格式。不过，这个日志信息的末尾有一个附加信息，即上面输出示例中的 54.199.175.180 这部分。

各个 Web 服务器的访问源 IP 地址都有一个问题，那就是 Web 服务器中记录的访问源 IP 地址会变成负载均衡器的 IP 地址（上面日志输出示例中的 172.16.56.178 这部分），这是因为各个 Web 服务器接收到的请求都是从负载均衡器转发过来的。因此，为了记录真正的访问源 IP 地址，需要通过 HTTP 的 X-Forwarded-For 头来获取客户端真实的 IP 地址，这就是上面日志输出示例中的 54.199.175.180 的作用。

Web1 和 Web2 服务器上的 Logstash 的配置信息记录在 /etc/logstash/conf.d/nginx.conf 文件中（nginx.conf 这一文件名是为了本示例而专门在 Ansible 中定义的）。

▶ 代码清单：/etc/logstash/conf.d/nginx.conf

```
input {                                                        Ⓐ
  file {
    path => "/var/log/nginx/access.log"
    start_position => "end"
  }
}

filter {                                                       Ⓑ
  grok {                                                       Ⓑ1
    match => { "message" => "%{COMBINEDAPACHELOG}（ \"%{IP:x_
forwarded_for}\"）?" }
```

```
    break_on_match => false
    tag_on_failure => ["_message_parse_failure"]
  }
  date {                                                              ─── B2
    match => ["timestamp", "dd/MMM/YYYY:HH:mm:ss Z"]
    locale => en
  }
  geoip {                                                             ─── B3
    target => "client_geoip"
    source => ["x_forwarded_for"]
  }
  geoip {
    target => "geoip"
    source => ["clientip"]
  }
  grok {                                                              ─── B4
    match => { "request" => "(?<first_path>^/[^/]*)%{GREEDYDATA}$" }
    tag_on_failure => ["_request_parse_failure"]
  }
  useragent {                                                         ─── B5
    source => "agent"
    target => "useragent"
  }
}

output {                                                             ─── C
  elasticsearch {
    hosts => ["kibana:9200"]
  }
}
```

Logstash 的配置文件大体上可以分为 3 部分。

input 部分 A

input 部分用于指定日志收集的来源。Logstash 可以从各处收集日志，比如可以从 syslog 中采集日志，或者直接接收通过 HTTP 跨网络发送的日志，甚至还可以直接收集 Twitter 的时间流信息。关于实现 Logstash 的 input 功能的插件的详细信息，大家可以参考下面的文档。

参考网址 | https://www.elastic.co/guide/en/logstash/current/input-plugins.html

▶ 代码清单: input部分

```
file {
    path => "/var/log/nginx/access.log"
    start_position => "end"
}
```

这里使用了 file 插件来收集目标日志文件（/var/log/nginx/access.log）。参数 start_position 用于指定 Logstash 启动时具体从哪里开始读取对象文件，这里指定的参数为 end，所以会从文件末尾开始读取从 Logstash 启动之后新追加到文件中的内容。读取到的内容会被直接保存在一个名为 message 的变量中，具体内容如下所示。我们会对该日志信息进行各种加工，最终将其保存到 Elasticsearch 中。

▶ 代码清单: 日志数据示例——input部分

```
{
    "message" => "172.16.56.178 - - [29/Jun/2016:14:19:03 +0900]
\"GET / HTTP/1.1\" 200 206 \"-\" \"Mozilla/5.0（Macintosh; Intel
Mac OS X 10_11_4）AppleWebKit/537.36（KHTML, like Gecko）
Chrome/51.0.2704.103 Safari/537.36\" \"54.199.175.180\"",
    "@version" => "1",
    "@timestamp" => "2016-06-29T06:04:59.977Z",
    "path" => "/var/log/nginx/access.log",
    "host" => "web1"
}
```

filter 部分 ⓑ

filter 部分会对 input 部分收集到的数据进行加工。

加工操作包括从一行字符串中将有意义的变量解析出来并对其赋值，以及对解析后的值进行转换，加工成容易理解的格式等。通常情况下，input 部分读取的日志信息会保存到 message 变量中，因此 filter 部分会对 messge 中的字符串进行解析和加工。此外，对于在该部分加工过的信息，还可以继续使用其他插件进行二次加工。在这种情况下，filter 操作会按照配置文件中从上到下的顺序执行，具体信息可以参考下面的文档。

参考网址 https://www.elastic.co/guide/en/logstash/current/filter-plugins.html

grok 过滤器 Ⓑ 1

▶ 代码清单: grok 过滤器

```
grok {
    match => { "message" => "%{COMBINEDAPACHELOG}( \"%{IP:x_
forwarded_for}\")?" }
    break_on_match => false
    tag_on_failure => ["_message_parse_failure"]
}
```

第一个过滤器是 grok 插件, 用于对任意字符串进行解析和分割, 比如可以将字符串以 syslog 格式进行解析, 分割成日期和消息等部分。这里以 COMBINEDAPACHELOG, 即 Apache 的日志格式对字符串进行解析和分割, 然后将分割出来的字段保存到相应的变量中。最后的 x_forwarded_for 用于记录真实的客户端源 IP 地址 (这个例子中使用的是 nginx, 但这里将 nginx 的日志格式修改成了 Apache 的格式)。另外, 当解析失败时, tags 会被设置为 _message_parse_failure。在使用 grok 过滤器解析完数据之后, message 会被分割成下面这样。

▶ 代码清单: 日志数据示例——使用 grok 过滤器加工之后

```
{
          "message" => "172.16.56.178 - - [29/Jun/2016:14:19:03
+0900] \"GET / HTTP/1.1\" 200 206 \"-\" \"Mozilla/5.0 ( Macintosh;
Intel Mac OS X 10_11_4 ) AppleWebKit/537.36 ( KHTML, like Gecko )
Chrome/51.0.2704.103 Safari/537.36\" \"54.199.175.180\"",
         "@version" => "1",
       "@timestamp" => "2016-06-29T06:05:42.051Z",
             "path" => "/var/log/nginx/access.log",
             "host" => "web1",
         "clientip" => "172.16.56.178",
            "ident" => "-",
             "auth" => "-",
        "timestamp" => "29/Jun/2016:14:19:03 +0900",
             "verb" => "GET",
          "request" => "/",
      "httpversion" => "1.1",
         "response" => "200",
            "bytes" => "206",
         "referrer" => "\"-\"",
```

```
            "agent" => "\"Mozilla/5.0（Macintosh；Intel Mac OS X
10_11_4）AppleWebKit/537.36（KHTML, like Gecko）Chrome/51.0.2704.103
Safari/537.36\"",
    "x_forwarded_for" => "54.199.175.180"
}
```

date 过滤器 🅑2

▶ 代码清单: date 过滤器

```
date {
    match => ["timestamp", "dd/MMM/YYYY:HH:mm:ss Z"]
    locale => en
}
```

接着, date 过滤器将对 grok 过滤器的加工结果中的 timestamp 属性进行解析。

上述代码表示按照指定的日期格式对 timestamp 属性进行解析, 并将解析后的值赋给 timestamp 属性。

geoip 过滤器 🅑3

▶ 代码清单: geoip 过滤器

```
geoip {
    target => "client_geoip"
    source => ["x_forwarded_for"]
}
geoip {
    target => "geoip"
    source => ["clientip"]
}
```

geoip 插件可以从全球 IP 地址中解析出某 IP 所在的大致地理位置信息。前面我们使用 grok 插件对属性进行了解析, 解析结果中的 x_forwarded_for 属性记录了访问源 IP 地址, 通过 geoip 插件就可以基于这个 IP 地址解析出位置信息, 并添加新属性 client_geoip。

▶ 代码清单：用于添加位置信息的IP地址记录

```
"x_forwarded_for" => "54.199.175.180"
```

利用该信息添加的 `client_geoip` 属性的具体内容如下所示。

▶ 代码清单：新添加的位置信息（client_geoip）

```
"client_geoip" => {
    "ip" => "54.199.175.180",
    "country_code2" => "US",
    "country_code3" => "USA",
    "country_name" => "United States",
    "continent_code" => "NA",
    "region_name" => "NJ",
    "city_name" => "Woodbridge",
    "postal_code" => "07095",
    "latitude" => 40.55250000000001,
    "longitude" => -74.2915,
    "dma_code" => 501,
    "area_code" => 732,
    "timezone" => "America/New_York",
    "real_region_name" => "New Jersey",
    "location" => [
        [0] -74.2915,
        [1] 40.55250000000001
    ]
}
```

另外，在这个例子中，`clientip` 保存的是负载均衡器的 IP 地址，并没有什么实际意义，不过我们还是对其进行了和 `x_forwarded_for` 相同的处理。如果位置信息解析成功，解析后的结果就会保存在 `geoip` 属性中。如果是私有地址等不能成功解析的情况，那么就不会为该属性设置任何值。

grok 过滤器 ❸ 4

▶ 代码清单：grok 过滤器（第二个）

```
grok {
    match => { "request" => "(?<first_path>^/[^/]*)%{GREEDYDATA}$" }
    tag_on_failure => ["_request_parse_failure"]
}
```

这里我们再次使用了 grok 过滤器。这个过滤器会解析 request 属性中的字符串,将匹配到的字符串保存到新的属性 first_path 中。

▶ 代码清单: 用于添加访问路径属性的信息

```
"request" => "/",
```

利用该信息添加的新属性的具体内容如下所示。

▶ 代码清单: 新添加的属性(first_path)

```
"first_path" => "/"
```

上面这个例子比较特殊,解析前后的值都是一样的。如果 request 属性值是 /path1/path2/path3,那么第一级目录 /path1 就会被保存到 request 中。

这样一来,之后再对访问记录进行解析时,就能非常方便地确认哪条路径下的访问量最大了。

useragent 过滤器 Ⓑ5

▶ 代码清单: useragent 过滤器

```
useragent {
    source => "agent"
    target => "useragent"
```

agent 属性中原本保存的是如下所示的值。

▶ 代码清单: agent属性的值

```
"agent" => "\"Mozilla/5.0(Macintosh; Intel Mac OS X 10_11_4)AppleWeb
Kit/537.36(KHTML, like Gecko)Chrome/51.0.2704.103 Safari/537.36\"",
```

虽然这样的信息也可以使用,但既然该属性中包含了丰富的信息,我们就要对这些信息进一步进行分割,使其更容易被解析。useragent 过滤器会自动将 UserAgent 属性的值分割为更加容易理解的形式,并保存 useragent 属性。

在使用 useragent 过滤器之后,会出现下面这个新的属性。

▶ 代码清单：新添加的属性信息（useragent）

```
"useragent" => {
    "name" => "Chrome",
    "os" => "Mac OS X 10.11.4",
    "os_name" => "Mac OS X",
    "os_major" => "10",
    "os_minor" => "11",
    "device" => "Other",
    "major" => "51",
    "minor" => "0",
    "patch" => "2704"
}
```

　　到这里，我们通过各种过滤器为原始日志添加了很多新的属性，将日志内容整理成了更加容易解析的结构。下面我们来看一下 output 部分。

output 部分 ❻

▶ 代码清单：output 部分

```
output {
  elasticsearch {
    hosts => ["kibana.devops-book.local:9200"]
  }
}
```

　　配置文件最后的 output 部分用于定义如何输出前面解析的数据。这里也有很多插件可以使用，有些插件还可以将解析后的处理结果保存为文件，具体信息可以参考下面的文档。

> 参考网址　https://www.elastic.co/guide/en/logstash/current/output-plugins.html

　　这里我们通过 output 插件将解析结果保存到了 Elasticsearch 上，并将数据发送到了 Kibana 服务器的 9200 端口。

▰ Elasticsearch：日志收集相关的设置

　　接下来我们在 Kibana 服务器上进行设置。

　　首先按照以下内容修改 Elasticsearch 的配置文件 /etc/elasticsearch/elasticsearch.yml。

▶ 代码清单 : /etc/elasticsearch/elasticsearch.yml

```
cluster.name: kibana-es ──────────────────────────── Ⓐ
node.name: node-es1 ──────────────────────────────── Ⓑ
network.host: 0.0.0.0 ────────────────────────────── Ⓒ
discovery.zen.minimum_master_nodes: 1 ────────────── Ⓓ
```

这里我们只进行了最基本的设置。在没有明确指定端口的情况下，Elasticsearch 会默认使用 9200 端口，所以上述代码中没有监听端口的相关描述。

Ⓐ的 cluster.name 表示 Elasticsearch 集群模式下的集群名称。

Ⓑ的 node.name 表示该集群节点的主机名。

Ⓒ的 network.host 用于设置 Elasticsearch 的监听地址。默认设置只允许本地主机进行连接。设置为 0.0.0.0 的情况下，则表示不做任何限制，可以从任何网络进行访问。

Ⓓ的 discovery.zen.minimum_master_nodes 用于确定集群在正常工作的情况下所需要的主节点 (master node) 的最小数量。这里我们不再对 Elasticsearch 的具体工作原理进行说明。本次操作中只会启动 1 台 Elasticsearch 服务器，因此这个参数设置为 1。

▉ Kibana：可视化相关的设置

最后我们来对 Kibana 进行设置，其实全部使用默认设置即可，不需要再额外进行设置。设置的详细内容在 Kibana 服务器的 /opt/kibana/config/kibana.yml 文件中，有兴趣的读者可以自行查看。Kibana 默认通过本地主机上的 9200 端口连接 Elasticsearch 服务器。另外，Kibana 自己的默认服务端口是 5601。我们之前使用下面的网址访问 Kibana，就是为了确认 Kibana 服务是否安装成功。

参考网址　http://Kibana服务器的IP地址:5601

5-2-3　访问日志的可视化

在 Kibana 上确认日志数据

一切准备就绪后，我们就可以开始进行数据的可视化操作了。

首先需要在浏览器上访问几次 5-1 节中构建好的环境。

http://LB服务器的IP地址/

访问上述页面之后，Web 服务器的 access.log 中就会留下这几次的访问记录。如果这些访问信息被顺利地保存到了 Elasticsearch 上，那么就可以在 Kibana 上看到这些信息了。

接着我们来访问 Kibana 服务，查看这些信息是否已经成功地保存到了 Elasticsearch 上。

第一次访问 Kibana 时会跳转到一个索引配置页面，在此对需要进行可视化的 Elasticsearch 的对象索引进行设置，大家可以把索引理解为数据库中的表。

不需要做任何修改，直接使用默认值即可。

"Index name or pattern" 项中已经被输入了 "logstash-*"。这个值表示对索引名称能匹配到 logstash-* 的所有索引进行可视化。从 Logstash 向 Elasticsearch 转发日志数据时，索引名称会被自动设置为 logstash-YYYY.MM.DD 的格式。另外，"Time-field name" 中的默认值是 "@timestamp"，这个属性用于指定在 Elasticsearch 的索引中将哪个字段（field）作为时间类型进行解析。索引中的字段可以理解为数据库表中的字段。Kibana 中的可视化基本上都是基于时间轴进行的。也就是说，我们可以看到数据状态的变化。这将有助于我们进行各种各样的调查，比如调查几小时前处于某一状态的数据在之后的几分钟有着怎样的变化等。当然，也可以不使用时间轴，单纯进行可视化。

在图 5-52 的页面中，点击 "Create" 按钮。

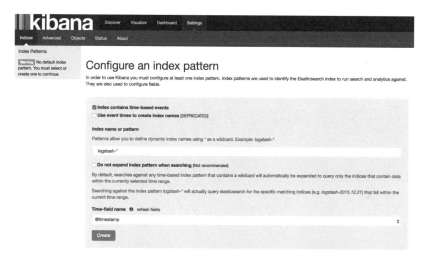

图 5-52　Kibana 的初始化页面

在之后的页面中我们可以看到索引中各个字段的状态（图 5-53）。前面对 Logstash 进行设置时，我们已经了解到数据会被解析为各种各样的属性，这些属性会转换为 Elasticsearch 中相应的字段。在这个页面，我们可以确认 logstash-* 索引有哪些字段。

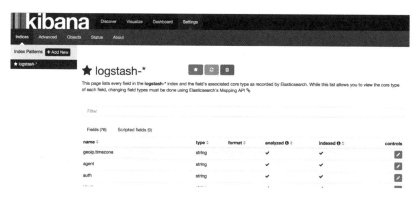

图 5-53　Kibana 的索引页面

然后，点击页面顶部的 "Discover" 链接，进入数据检索页面（图 5-54）。

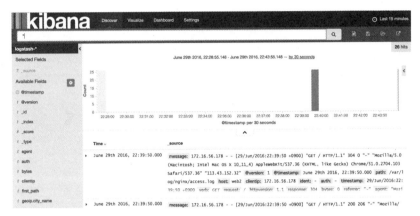

图 5-54　Kibana 数据检索页面

在数据检索页面中，我们可以对保存到 Elasticsearch 的数据进行检索。图中的柱状图用于显示在某一时间段有多少条数据产生。

生成虚拟访问日志

我们可以通过不断访问 LB 服务器来增加用于可视化的访问日志量，然后对这些日志进行可视化分析，但由于本次示例中访问的源地址和目的地址都只有一个，所以可视化的效果不会太理想。

因此，这次我们选择生成虚拟的访问日志，并对这些访问日志进行可视化操作。生成虚拟的访问日志使用名为 apache-loggen 的工具。

> 参考网址　https://github.com/tamtam180/apache_log_gen

前面运行 Ansible 时就已经完成了 apache-loggen 的安装，并设置好了将 apache-loggen 产生的日志保存到 Elasticsearch 上。也就是说，我们已经在 Kibana 服务器上完成了如下操作。

- 安装 apache-loggen
- 安装和设置 Logstash

下面我们就来尝试运行一下 apache-loggen。

在 Kibana 服务器上执行下面的命令。

▶ 代码清单：apache-loggen命令的执行示例

```
$ apache-loggen --limit=5000 --rate=10 --progress /var/log/nginx/
access.log
```

其中，`--limit` 表示一共输出多少条日志记录，`--rate` 表示每秒钟能产生多少条记录，`--progress` 表示日志输出进度，最后一个参数表示日志的保存位置。也就是说，上面的命令表示"以每秒钟输出 10 条日志的速度将 5000 条日志输出到文件 /var/log/nginx/access.log 中"。各位读者可以根据实际情况调整输出的日志总数和输出速度。

▶ 代码清单：执行apache-loggen

```
$ apache-loggen --limit=5000 --rate=10 --progress /var/log/nginx/
access.log
12[rec] 1.26[rec/s]
```

在该命令开始运行之后，我们就可以回到 Kibana 的页面查看日志的收集情况了，不需要等待该命令执行完成。

■ 在 Kibana 上查看访问日志

接下来我们将在 Kibana 上实施各种操作。在此之前，我们先来了解一下 Kibana 的菜单（图 5-55）。

图 5-55　Kibana 的菜单

各个按钮的含义如表 5-2 所示。

表 5-2　Kibana 的菜单

链　接	说　明
Discover	检索、查看数据
Visualize	创建并保存各种形式的图表，比如柱状图、饼图和直方图等
Dashboard	可以将 Visualize 中保存的各种图表组合起来，以仪表盘的方式进行管理
Settings	对 Kibana 进行各种设置

（续）

链　接	说　明
时间窗口（Last 15 minutes 的位置）	设置图表中显示哪个时间段的数据。Kibana 的一个页面中的所有图表都使用相同的时间范围。时间范围可以采用"昨天""从 × 月 × 日到 × 月 × 日""最近 3 小时"等形式
用于检索的输入框（ * 所在位置）	用于对图表中显示的数据进行筛选。比如，"只显示来自 PC 的访问""只显示 IP 地址为 × × 的访问""只显示 HTTP 状态码为 200 的数据"等

接下来我们将在 Visualize 中创建各种图表，然后使用这些图表创建仪表盘。

首先进入 Visualize 的页面（图 5–56）。

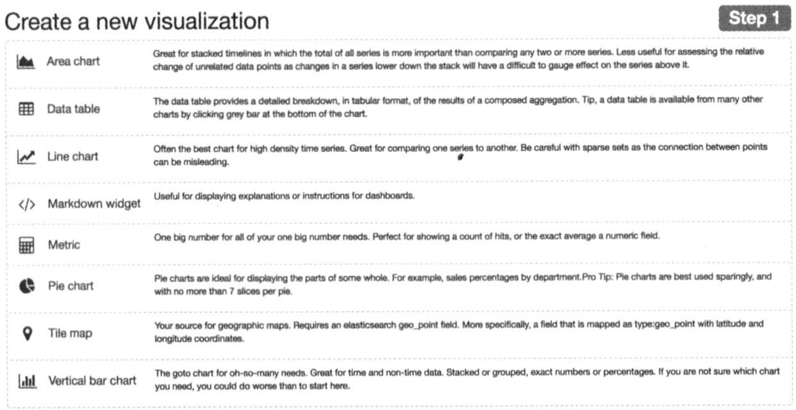

Create a new visualization　Step 1

▲	Area chart	Great for stacked timelines in which the total of all series is more important than comparing any two or more series. Less useful for assessing the relative change of unrelated data points as changes in a series lower down the stack will have a difficult to gauge effect on the series above it.
▦	Data table	The data table provides a detailed breakdown, in tabular format, of the results of a composed aggregation. Tip, a data table is available from many other charts by clicking grey bar at the bottom of the chart.
∿	Line chart	Often the best chart for high density time series. Great for comparing one series to another. Be careful with sparse sets as the connection between points can be misleading.
</>	Markdown widget	Useful for displaying explanations or instructions for dashboards.
▦	Metric	One big number for all of your one big number needs. Perfect for showing a count of hits, or the exact average a numeric field.
◖	Pie chart	Pie charts are ideal for displaying the parts of some whole. For example, sales percentages by department.Pro Tip: Pie charts are best used sparingly, and with no more than 7 slices per pie.
◉	Tile map	Your source for geographic maps. Requires an elasticsearch geo_point field. More specifically, a field that is mapped as type:geo_point with latitude and longitude coordinates.
‖‖	Vertical bar chart	The goto chart for oh-so-many needs. Great for time and non-time data. Stacked or grouped, exact numbers or percentages. If you are not sure which chart you need, you could do worse than to start here.

图 5–56　创建 Kibana Area chart 图表 1

在这个页面中，常用的图表类型主要有 Area chart（面积图）、Line chart（折线图）、Pie chart（饼图）和 Vertical bar chart（柱状图）这几种。这里我们选择 Area chart 图表。

由于我们要创建的是一个新的图表，所以这里选择"From a new search"（图 5–57）。

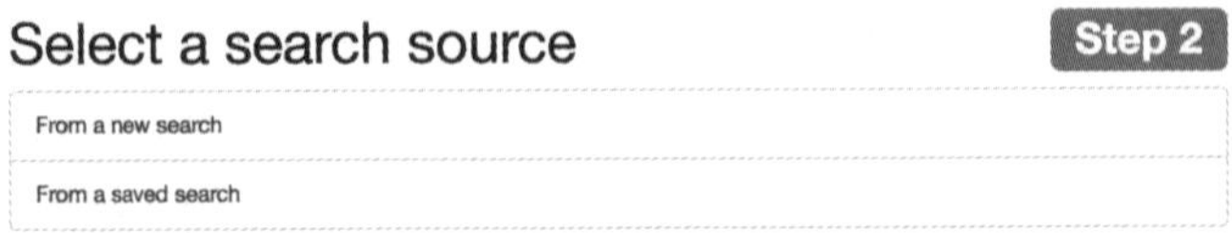

Select a search source　Step 2

From a new search
From a saved search

图 5–57　创建 Kibana Area chart 图表 2

之后也可以从这里对创建好的图表进行编辑。

接下来，选择图表的 X 轴和 Y 轴表示的字段。新建页面的初始状态如图 5-58 所示，页面中没有显示任何图表。我们需要在这个页面中根据自己想要显示的图表内容决定 X 轴和 Y 轴的字段，以及 Y 轴数据的单位。

图 5-58　创建 Kibana Area chart 图表 3

这里我们以"统计各浏览器（IE 或 Chrome 等）的访问量"为例进行说明。为此，我们需要在图 5-58 中的页面左侧对图表进行设置。

metrics-Y-Axis 表示对 Y 轴进行统计。由于我们是对访问量进行统计，所以这里使用 Count 即可。然后在 buckets 中选择 X-Axis，在 Aggregation 一项中选择 Date Histogram（以时间为单位进行统计）。到这里我们只能得到单位时间内的访问量，所以还需要增加"以浏览器为单位"这一统计维度。点击 Add sub-buckets，选择 Split Area，在 Sub Aggregation（以什么单位进行统计）一项中选择 Terms（根据具体的值进行统计），然后在 Field（对哪个字段中的值进行统计）一项中选择 useragent.name.raw 字段。

完成上述操作之后，我们可以点击绿色的▶按钮测试一下，正常情况下会显示出一个按照当前设置生成的图表。从生成的图表中我们可以看出，IE、Chrome 和 FireFox 的数据不相上下，来自 Mobile Safari 的访问量相对较少。图表成功显示出来后，我们可以将它保存下来。点击右上角表示保存的图标（鼠标移动上去之后会显示"Save Visualization"的提示语），输入图表名称，就可以保存这个图表了。这里我们将"按浏览器类型统计的访问量"作为图表名称，输入完成后点击"Save"按钮，保存该图表（图 5-59）。

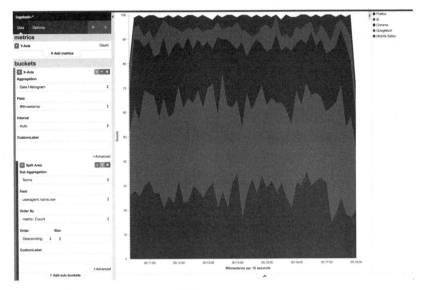

图 5-59　创建 Kibana Area chart 图表 4

是不是很简单？只要保存了数据，就可以使用 Kibana 轻松地对数据进行可视化了。这一点想必大家也都感受到了。

下面我们再来看看如何按照操作系统进行统计。这次我们从"Visualize"中选择"Vertical bar chart"，然后选择"From a new search"。

metrics 的 Value 和前面一样选择 Count（条数）即可，然后在 buckets 中选择 X-Axis，在 Aggregation 中选择 Terms，在 Field 中选择 useragent. os.raw。完成上述操作之后，点击绿色的▶按钮即可显示出不同操作系统的访问量情况，可见来自 Windows 系统的访问量最大。最后不要忘记保存这个图表。这里我们将图表命名为"按操作系统统计的访问量"（图 5-60）。

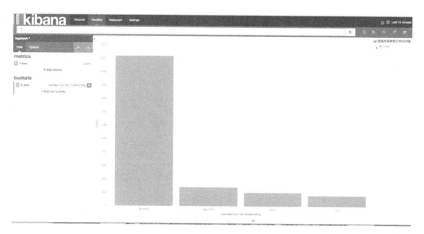

图 5-60 创建 Vertical bar chart 图表

除此之外还有很多其他类型的图表，各位读者都可以尝试一下，努力掌握各种图表的创建方法。

最后，我们将之前创建的各种图表都放到一个仪表盘上来统一进行管理，这样就可以一目了然地看到很多内容，比如在访问量增加时，增加的访问量有什么倾向等。访问量是否集中于某一类型的浏览器、访问量是否有集中于某一目的地址的倾向……我们可以基于这个页面的信息，对访问量的变化及原因进行分析。

现在我们就来创建仪表盘。首先从页面顶部的菜单栏中选择"Dashboard"（图 5-61）。

图 5-61 创建 Kibana 仪表盘 1

这时仪表盘中没有任何内容。接下来我们就把之前创建好的各种图表都添加到这个仪表盘中。点击右上角的⊕按钮，可以选择之前创建好的各种图表，比如选择"按浏览器类型统计的访问量"，那么该图表就会立刻在仪表盘中显示出来（图 5-62）。

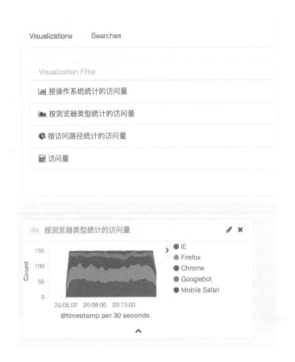

图 5-62　创建 Kibana 仪表盘 2

　　按照同样的方法，我们也将其他图表添加到仪表盘中（图 5-63）。拖动标题部分可以移动仪表盘中的图表，拖动图表右下角部分可以将图表放大或缩小。

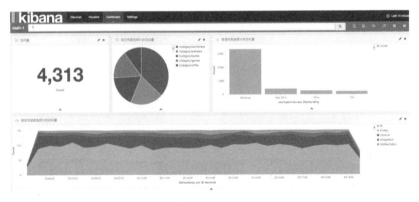

图 5-63　创建 Kibana 仪表盘 3

通过前面的操作，我们就根据自己的需要创建好了仪表盘，这个仪表盘也可以像图表一样被保存下来。点击右上角的保存按钮，并输入仪表盘的名称，就可以保存当前页面的仪表盘了。

如果修改该仪表盘页面右上角的时间范围，仪表盘中的所有图表就会一起发生改变。我们可以让这个仪表盘一直显示最新信息，也可以查看过去某一时间段的数据。通过共享该仪表盘的 URL（点击 Share 按钮可以创建一个短链接），团队的其他成员也可以看到该仪表盘中的数据。

通过上面的介绍，相信各位读者一定可以体会到 Kibana 在数据可视化方面展现出来的强大优势了。

专栏

如果数据不能正常显示

即使我们按照说明进行设置，有时也会出现数据不能正常显示的情况。这里我们就来介绍一下如何确保数据能够在 Kibana 中正常显示。

1. Logstash 是否能正常解析数据

正如本节介绍的那样，Logstash 的配置内容全部在 /etc/logstash/conf.d/ 文件夹下。在将数据保存到 Elasticsearch 之前，我们首先需要确认的是 Logstash 是否能正常收集日志文件的数据并对日志内容进行正确的解析，所以不要一上来就使用 output 插件登录到 Elasticsearch，而应该先将解析后的数据输出到标准输出，确认日志解析是否有问题。具体的操作方法是在 output 插件部分记述下面的内容（如果 output 插件中还有其他的配置项，可以先将其注释掉）。

▶ 代码清单：Logstash 配置文件

```
output {
    stdout {
        codec => rubydebug
        }
    }
```

修改完配置文件之后，我们可以尝试使用这个配置文件运行一下 Logstash。注意这里不是启动 Logstash 服务，而是通过下面的命令将解析结果打印到标准输出。

▶️ 代码清单：用于在标准输出中进行确认的命令

```
/opt/logstash/bin/logstash -f /etc/logstash/conf.d/<配置文件名>
```

运行上面的命令之后，使用其他终端输出日志，如果输出结果和预期一致，就说明配置没有任何问题。如果输出结果不是预期的那样，就需要逐个注释掉 `filter` 插件，然后再进行同样的测试，通过不断重复该过程，进而找到解析出现问题的地方。

2. Elasticsearch 是否能正常保存数据

即使数据能保存到 Elasticsearch 中，有时也不能以图表的形式正常显示出来。本节我们几乎没有对 Elasticsearch 进行任何设置，但实际上 Elasticsearch 中索引的字段是有特定"类型"的，就和关系型数据库的表中有字符型和数值型一样。

如果 Elasticsearch 中索引字段的类型有误，就可能出现无法计算合计值或平均值的情况。Elasticsearch 在保存第一条数据时会自动对字段类型进行判断。我们可以在 Kibana 页面的 "Settings" → "Indices" 中点击指定的索引，查看该索引中各字段的类型。如果这里显示的字段类型和预想的不一致，就可以通过 mapping 强制对其进行设置。

需要注意的是，如果索引中已经保存了数据，那么就不能修改字段类型了，这时我们需要先删除索引，进行 mapping 操作，然后再重新保存数据。

5-2-4 可视化让我们距离 DevOps 更近一步

前面我们介绍了使用 ELK 技术栈可以方便、实时地对数据进行可视化。虽然本次示例中仅使用了 Web 服务器的访问日志，但实际上我们也可以使用 Logstash 采集服务器的 syslog、CPU 使用率和内存使用量等系统指标，通过 Kibana 将它们放在同一个时间轴上实现可视化。这样一来，我们就可以通过同一个平台来掌握系统整体的"状态"了。

将这一方法应用到实际的服务中会产生什么样的效果呢？假设我们发

布了一个新功能，传统的监控系统只能帮助我们确认 CPU 使用率等系统的性能指标，而通过实现系统整体的可视化，就可以掌握系统的详细情况，轻松得知"服务的当前状况如何""哪些资源被使用了，哪些资源还没有被使用""是否有错误发生"等信息。

如果新功能发布之后访问集中于某些特定的 URL，那么从开发的观点来看，这些 URL 所提供的功能可能正是用户所需要的，由此也可能为新功能的开发带来灵感；从运维的角度来看，运维人员可以对 URL 的集中访问带来的影响进行评估，然后采取分散或降低负载等处理措施，从而防止故障发生。这些都是监控系统指标这一传统方式所无法完成的事情。

通过可视化，开发人员和运维人员可以获得相同的信息，进而可以互相理解对方所做的工作，确认共同的目标，然后朝着相同的方向前进。这正是 DevOps 所体现的世界观。可视化让我们距离 DevOps 又近了一步。

5-3

实践不可变基础设施

在 4-3-1 节和 4-3-2 节中，我们分别介绍了不可变基础设施和蓝绿部署。正如在 4-3-3 节介绍的那样，这些技术可以轻松地创建或销毁基础设施，在虚拟化和云计算环境中充分发挥其强大之处。本节我们将以 AWS（Amazon Web Services）为例，来构建组合使用不可变基础设施和蓝绿部署的架构。通过该架构，我们可以了解到以下两点。

- 在云计算环境下，可以简单地批量创建或销毁基础设施
- 能够使用该架构实现不可变基础设施和蓝绿部署

该架构会为我们带来如下好处。

- 可以快速、简单地进行基础设施的构建
- 可以在不影响正常服务的情况下进行发布操作。在发生故障时，可以使整个基础设施回退到上一个版本
- 可以通过命令行的方式完成上述操作，从而可以非常方便地和其他工具集成，甚至与持续集成、持续交付集成

为了充分利用 AWS 的各种服务，本节将以实际应用为主，所以我们只会对各种技术进行最基本的解释说明。如果阅读过程中出现了难以理解的术语或服务，还请各位读者自行查找资料学习。初学者可能会觉得本节难度有点大，但如果能理解各种架构及实现方式，并以自己的方式实现，就可以获得非常大的进步。

5-3-1　实现不可变基础设施所需要的要素以及发布流程

我们先来介绍一下在接下来的实践中会用到的工具和服务。如前所述，本次要完成的架构是基于 AWS 环境实现的，所以我们会使用 AWS 提供的

各种服务。不可变基础设施中使用的各个工具和服务的概况如表 5-3 所示。

表 5-3　不可变基础设施中使用的服务（功能）

服务名	服务名（功能名）	说　明
AWS	Amazon EC2 （Elastic Compute Cloud）	AWS 虚拟机
	ELB （Elastic Load Balancing）	AWS 负载均衡。本节我们将使用其中的 Classic Load Balancer（CLB）功能
	AWS CloudFormation	可以基于模板通过一条命令创建各种 AWS 组件（比如 EC2 或者 ELB 等）
	AWS CLI （命令行接口）	用于在命令行上执行 AWS 各种操作的命令集
Ansible	Dynamic Inventory	动态取得 Ansible 的 Inventory，而不是固定地从文件中获取

　　使用这些工具和服务的不可变基础设施的整体架构如图 5-64 所示。

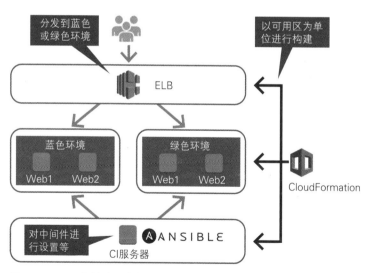

图 5-64　不可变基础设施的概要

　　首先使用 AWS CLI 工具，通过 CloudFormation 构建 ELB、CI 服务器以及蓝色或绿色环境所用的 EC2 实例。最开始我们需要在自己的终端上构建 ELB 和 CI 服务器，之后在 CI 服务器上构建蓝色或绿色环境所用的

EC2 实例。如 5-1 节所述，蓝色或绿色环境的 EC2 实例上的中间件可以在 CI 服务器上使用 Ansible 来构建。对 ELB 向蓝色环境或绿色环境的 EC2 实例进行分发的控制（比如只分发到蓝色环境，或者添加绿色环境实例后再从负载均衡中删除蓝色环境等）也是在 CI 服务器上使用 AWS CLI 进行的。

使用该架构的发布流程（以及蓝色环境和绿色环境的切换）如下所示。

❶（前提）用户正在使用蓝色环境的服务（※）

❷ 在绿色环境（非活跃环境）中构建基础设施（※）

　1. 创建服务器，安装中间件和应用程序（※）

　2. 进行测试，在发布之前确认这些中间件和应用程序是否能正常使用

❸ 在绿色环境中实施发布工作，这时用户将同时使用蓝色环境和绿色环境的服务（※）

❹ 在确认没有问题之后，将蓝色环境从 ELB 中移除，这时用户只使用绿色环境的服务（※）

❺ 删除蓝色环境中不再使用的基础设施（※）

本节我们将通过命令行的方式对（※）部分进行实践，其余部分也可以按照之前介绍的方法来实现，比如可以使用 Jenkins 通过 GUI 的方式来执行这一系列操作、将发布过程的每一步都通知到 Slack、将发布之后的绿色环境的访问情况可视化以及确认发布是否正常，等等。尽管我们不会在本节介绍这些内容，但我想大家应该都已经深刻认识到了在构建服务时提供这些功能非常有用。以本节的实践内容为基础，如果大家还有余力更进一步提高效果的话，请一定尝试一下这些功能。

要实现本节介绍的架构，首先需要拥有一个 AWS 账号。还没有 AWS 账号的读者可以到 AWS 的官方网站进行注册。

另外，在使用 AWS 的过程中会产生一定的费用。AWS 主要是按照使用量来计费的，大家只需要支付自己使用的部分即可。本次实践会花费 10 元左右，我们就把它当作提高自己技术能力的一项投资吧。

5-3-2 使用CloudFormation构建基础环境

我们先来构建这套架构中的基础部分，也就是不会通过不可变基础设施而重新构建的部分（图 5-65）。

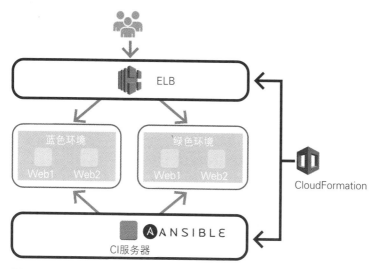

图 5-65 不可变基础设施最初的构建对象

ELB 负责接收并分发来自客户端的访问请求，其本身并不包含任何应用程序级别的配置。CI 服务器只是一个用于构建的后端服务器，对服务本身也没有直接的影响。二者在构建好之后都不需要再重新构建，因此我们会使用 CloudFormation 来构建 ELB 和 CI 服务器。

安装 AWS CLI

在开始使用 AWS 服务之前，需要先在自己的终端上安装用于进行各种操作的 AWS CLI 工具。AWS CLI 为 Windows 和 macOS 等各个操作系统提供了相应的版本。

安装完 AWS CLI 之后，我们首先使用 aws configure 命令来决定今后对哪个 AWS 账号进行操作。

参考网址 https://docs.aws.amazon.com/cli/latest/userguide/cli-chap-getting-started.html

▶ 代码清单：对AWS CLI进行设置

```
$ aws configure
AWS Access Key ID [None]: AKIAXXXXXXXXXXXXXXXX
AWS Secret Access Key [None]: XXXXXXXXXXXXXXXXXXXXXXXXXXXXXXXXXXXXXXXX
Default region name [None]: ap-northeast-1
Default output format [None]: json
```

命令中的访问密钥和私有访问密钥是用户各自的认证信息。这些认证信息一旦泄露，一些不怀好意的用户就可以在你的账号上进行各种操作，所以大家要保管好这些认证信息。我们可以在 AWS 的官方网站中找到自己的认证信息。`Default region name` 和 `Default output format` 分别设置为 `ap-northeast-1` 和 `json` 即可。

使用 CloudFormation 构建基础环境

到这里我们就完成了准备环境的设置，现在可以开始构建基础环境了。在这个示例中，我们已经准备好了 CloudFormation 用的模板。模板可以被看作构建对象的"设计文档"，其中记录着要构建的对象是什么、如何进行设置等。本次实践中使用的模板文件可以在下面的仓库中找到，我们将依次进行介绍。

参考网址 https://github.com/devops-book/cloudformation.git

大家最好将这个仓库 Fork 到自己的账号下，这样可以方便我们不断试错以及对模板文件进行定制。将这个仓库 Fork 到自己的账号下之后，我们就可以随意对模板文件进行编辑，并进行各种尝试了。

首先我们来构建 ELB 和 CI 服务器，这一构建工作基本上是通过 CloudFormation 自动完成的。如果你已经安装好了 AWS CLI，那么就可以执行下面的命令开始构建了。

▶ **代码清单: 使用CloudFormation构建ELB和CI服务器**

```
$ aws cloudformation create-stack --stack-name blue-green-init
--template-body https://raw.githubusercontent.com/你的GitHub用户名/
cloudformation/master/blue-green-init.json --parameters ParameterKe
y=VpcId,ParameterValue=[你的AWS账号下的VPC ID] ParameterKey=SubnetId,
ParameterValue=[你的AWS账号下的SubnetID] ParameterKey=KeyName,Parame
terValue=[你的AWS账号下的密钥名]
```

VPC ID、SubnetID 和密钥名需要按照自己的账号来设置。上面的命令会在你的 AWS 账号下创建 EC2 实例，你可以使用自己的 ssh 密钥登录到这个实例中。另外，也可以先 Fork 上面提到的 Git 仓库，然后将它克隆到本地，使用本地的文件来完成构建工作。

▶ **代码清单: 使用克隆到本地的Git仓库构建ELB和CI服务器**

```
$ git clone https://github.com/你的GitHub用户名/cloudformation.git
$ cd cloudformation
$ aws cloudformation create-stack --stack-name blue-green-init
--template-body file://blue-green-init.json --parameters ParameterK
ey=VpcId,ParameterValue=[你的AWS账号下的VPC ID] ParameterKey=SubnetI
d,ParameterValue=[你的AWS账号下的SubnetID] ParameterKey=KeyName,Para
meterValue=[你的AWS账号下的密钥名]
```

这条命令所完成的具体工作可以在上述代码中的 json 文件中找到，大概如下所示。

- 创建必要的安全组（允许服务器之间进行通信以及连接到互联网）
- 创建名为 ActiveELB 的 ELB
- 创建 CI 服务器的 EC2 实例，设置安全组并安装 Ansible
- 获取 ElasticIP（固定的公网 IP）并分配给 CI 服务器

这一系列构建操作将以栈为单位完成。整个构建过程可能需要耗费一些时间，构建完成之后，就可以通过 ssh 访问 CI 服务器的公网 IP 地址了。我们可以在 AWS 的 Management Console 上看到构建过程和结果，也可以使用下面的命令确认最终的构建结果。

▶ 代码清单：查看CloudFormation的构建结果

```
$ aws cloudformation describe-stacks --stack-name blue-green-init
--query "Stacks[0].Outputs[].[OutputKey,OutputValue]" --output text
```

如果上面的命令能输出执行结果，那就说明没有任何问题。下面就是一个输出示例，详细内容会根据环境的不同而发生变化。

▶ 代码清单：确认栈信息

```
InactiveELB        InactiveELB-227625242.ap-northeast-1.elb.amazonaws.com
CiAccessIp         52.197.131.248
ActiveELB          ActiveELB-1613817285.ap-northeast-1.elb.amazonaws.com
LbSecurityGroup    sg-1837797c
SshSecurityGroup   sg-1f37797b
```

在这个输出结果中，ActiveELB 右边的内容就是访问该 ELB 的网址。我们假设最终用户都会通过这个域名进行访问。也就是说，在这个例子中，用户访问的网址如下所示。

http://ActiveELB-1613817285.ap-northeast-1.elb.amazonaws.com

现在我们还没有创建蓝色或绿色环境的 EC2 实例，ELB 下面也没有绑定任何 EC2 实例，因此访问上面的网址不会有任何结果。以上输出结果中的 LbSecurityGroup 和 SshSecurityGroup 在我们后面创建蓝色或绿色环境时才会用到，这里暂不解释。

使用 CloudFormation 构建蓝色环境

我们首先来构建蓝色环境所需要的服务器（图 5-66）。从这里开始，所有操作都将在 CI 服务器上进行。我们可以通过 ssh 连接上述输出中的 CiAccessIp。

▶ 代码清单：通过 ssh 连接 CiAccessIp

```
$ ssh -i 你本地的ssh访问密钥（密钥名）centos@CiAccessIp的IP地址
```

这样我们就能通过 ssh 登录到 CI 服务器了，之后的操作都会在 CI 服务器上进行。

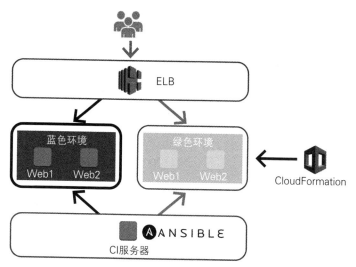

图 5-66　构建蓝色环境

具体来说，蓝色环境的构建过程分为 3 个阶段。

❶ 创建蓝色环境的 EC2 实例：执行 CloudFormation
❷ 设置蓝色环境的 EC2 实例：执行 Ansible
❸ 将蓝色环境的 EC2 实例绑定到 ELB：执行 shell 脚本（执行 AWS CLI）

通过 ssh 登录到 CI 服务器之后，我们先来创建蓝色环境的 EC2 实例。在 CI 服务器上安装好 Git 之后，需要将前面在本地使用过的 Git 仓库克隆到 CI 服务器上。

▶ 代码清单：在CI服务器上克隆Git仓库

```
$ git clone https://github.com/你的GitHub用户名/cloudformation.git
$ cd cloudformation
```

我们也可以使用 CloudFormation 命令轻松创建蓝色环境的 EC2 实例等。首先使用 aws configure 进行 aws 命令的初始化设置，然后执行下面的命令。

▶ **代码清单：创建blue栈**

```
$ aws cloudformation create-stack --stack-name blue --template-body
file://blue.json --parameters ParameterKey=VpcId,ParameterValue=[你
的AWS账号下的VPC ID] ParameterKey=SubnetId,ParameterValue=[你的AWS账
号下的SubnetID] ParameterKey=SshSecurityGroupId,ParameterValue=[通过
SshSecurityGroup获取的值] ParameterKey=LbSecurityGroupId,ParameterV
alue=[通过LbSecurityGroup获取的值]
```

这条命令有点长，但其实也只是指定了创建 `blue` 栈所需的参数而已。`blue` 栈由 Web 服务器和相应的安全组等组成。这条命令将前面 `blue-green-init` 结果中的值分别赋给了 `SshSecurityGroupId` 和 `LbSecurityGroupId` 这两个参数。到这里，我们就创建好了一个空的 EC2 实例。

接下来，我们需要运行 Ansible，在空的 EC2 实例中安装必要的中间件。这里我们会使用 5-1 节和 5-2 节中使用过的 `ansible-practice` 仓库。

▶ **代码清单：准备ansible-practice仓库**

```
$ cd ~ # 回到用户主目录
$ git clone https://github.com/你的GitHub用户名/ansible-practice.git
$ cd ansible-practice
```

从这里开始，我们将使用前面介绍过的 Ansible 的 Dynamic Inventory 功能来进行构建工作。Dynamic Inventory 是在 Ansible 命令执行时动态获取 Inventory 信息的一项功能。我们在第 2 章以及 5-1 节使用 `ansible-playbook` 命令进行构建时，使用的都是静态文件中记述的 Inventory 信息。但是在云计算等主机信息不断变化的环境下，在静态文件中记述 Inventory 信息就不是很合适了。这是因为主机信息发生变化时，必须对 Inventory 文件进行替换。而在使用 Dynamic Inventory 的情况下，就可以在执行 `ansible-playbook` 命令时动态获取操作对象的主机信息。也就是说，我们不用再一遍遍地更新 Inventory 文件了。Dynamic Inventory 的配置信息保存在 inventory/ec2.ini 文件中，感兴趣的读者可以查看一下，这里我们基本上只需要对默认值进行如下修改即可。

▶ 代码清单: inventory/ec2.ini的变更部分

```
vpc_destination_variable = private_ip_address  # 将ip_address修改为
private_ip_address
cache_max_age = 0  # 将300修改为0
```

这两个参数的意思分别是：在执行 Ansible 命令时，使用私有 IP 地址而不是公有 IP 地址来连接远程服务器；以及在每次执行命令时都取得最新的主机列表（即不对主机列表信息进行缓存）。

Dynamic Inventory 所需要的脚本文件可以在下面的网址获取。

参考网址　https://raw.githubusercontent.com/ansible/ansible/devel/contrib/inventory/ec2.py
https://raw.githubusercontent.com/ansible/ansible/devel/contrib/inventory/ec2.ini

下面我们试着执行一下 ansible-playbook 命令。为了让 Ansible 也能识别 AWS 的认证信息（访问密钥和私有访问密钥），我们需要像下面这样使用环境变量进行设置（或者直接记述在 inventory/ec2.ini 文件中）。

▶ 代码清单: 使用ansible-playbook命令构建中间件

```
$ export AWS_ACCESS_KEY_ID=[你的访问密钥ID]
$ export AWS_SECRET_ACCESS_KEY=[你的私有访问密钥]
$ ansible-playbook -i inventory/ec2.py blue-webservers.yml --diff
--skip-tags serverspec
```

大家应该注意到了 Inventory 文件的指定内容发生了变化。之前使用的是静态文件，这里指定的则是一个名为 ec2.py 的 Python 脚本文件。

另外，在 blue-webservers.yml 文件中，该命令还会从通过 Dynamic Inventory 获取到的 Inventory 信息中进一步筛选操作对象。

▶ 代码清单: blue-webservers.yml

```
# file: blue-webservers.yml
- hosts: tag_Side_blue ──────────────────────Ⓐ
  remote_user: centos
  become: yes
  become_user: root
  gather_facts: yes
  roles:
    - common
    - nginx
```

Ⓐ部分表示从 EC2 实例中筛选出标签名为 Side 且标签值为 blue 的资源（AWS 上的所有资源都可以添加标签，CloudFormation 在运行时已经为主机设置了标签）。这种主机的写法是在 Dynamic Inventory 脚本中自动形成的。

最后的 --skip-tags serverspec 参数表示在执行 task 时自动忽略添加了 serverspec 标签的主机。与 5-1 节不同，本次示例中 CI 服务器中并没有安装 Jenkins，环境不是很完整，执行时会出错，因此这里我们使用 --skip-tags serverspec 参数来忽略这些主机。如果已经安装了 Jenkins，那么删掉该参数也无妨。

到这里，我们就对蓝色环境的 EC2 实例完成了 Web 服务器的基本配置。在这之后也会进行测试，验证 Web 服务器是否能正常工作，不过这里就不详细介绍了，感兴趣的读者可以参考 5-1 节的内容自己尝试一下。

接下来我们要将 EC2 实例绑定到 ELB 上，使用一个简单的脚本即可完成这个任务。我们可以在最开始克隆的 cloudformation 仓库中找到这个脚本。

▶ 代码清单：设置 ELB 分发

```
$ cd ~ # 回到用户主目录
$ cd cloudformation
$ sh register-instances-with-load-balancer.sh blue ActiveELB
```

脚本文件 register-instances-with-load-balancer.sh 进行的工作非常简单，就是使用 AWS CLI 工具将 ServerType 标签值为 web 且 Side 标签值为 blue（上面命令的第一个参数）的 EC2 实例绑定到 ELB（第二个参数）上。

完成上述操作之后，我们可以在浏览器上打开 ELB 的地址访问几次。

```
http://ActiveELB-1613817285.ap-northeast-1.elb.amazonaws.com
（根据具体环境的不同域名会有所变化）
```

我们可以得知访问请求被依次分发到了蓝色环境的两台 Web 服务器上。可能有的读者会觉得操作步骤有点多，不过我想大家也应该体会到了即使非常复杂的工作也都可以通过简单的命令来实现。仅通过一条命令就可以创建多台 EC2 实例（虚拟机），并将它们绑定到 ELB（负载均衡器）上，而且还可以对安全组（访问控制）进行操作。这种非常复杂的环境变更仅通过几条命令就可以实现，这也是云计算的一大优势。

5-3-3 基于蓝绿部署进行发布工作

　　前面我们完成了蓝色环境的构建和分发工作，接下来我们将进行发布以及新旧环境之间的切换（图 5-67），不可变基础设施和蓝绿部署将在这里显示出强大的作用。我们将构建一套绿色环境，并对 ELB 的分发进行设置。

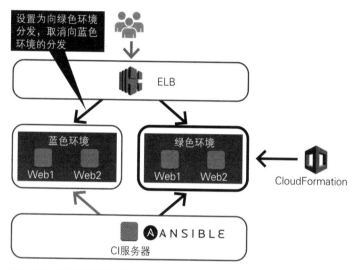

图 5-67　从蓝色环境切换到绿色环境的示意图

　　在进行发布和新旧环境的切换时，如果将在蓝色环境中工作的组件从 ELB 移除，就会对服务产生影响。因此，我们需要先构建绿色环境，将绿色环境绑定到 ELB，然后再移除蓝色环境，按照此流程进行发布。

　　接下来的操作流程包括如下内容。

❶ 创建绿色环境的 EC2 实例：执行 CloudFormation
❷ 设置绿色环境的 EC2 实例：执行 Ansible
❸ 将绿色环境的 EC2 实例绑定到 ELB 上：执行 shell 脚本（执行 AWS CLI）
❹ 从 ELB 中移除蓝色环境的 EC2 实例：执行 shell 脚本（执行 AWS CLI）

　　各位读者应该已经注意到了，绿色环境的构建过程和蓝色环境的构建过程基本相同。CloudFormation 以及 Ansible 的 Dynamic Inventory 都是通过 EC2 标签的方式进行管理的。本次示例中的 CloudFormation 模板会自动为 EC2 实例添加 blue 或者 green 标签。这样在之后的操作中就可以不必对蓝色环境和绿色环境加以区分,只需要对操作对象进行变更即可。

下面我们就开始进行操作。绿色环境的构建也在 CI 服务器上进行,运行的命令和构建蓝色环境时一样。首先,我们来创建绿色环境的 EC2 实例。

▶ 代码清单:创建绿色环境的EC2实例

```
$ cd ~/cloudformation
$ aws cloudformation create-stack --stack-name green --template-
body file://green.json --parameters ParameterKey=VpcId,ParameterVal
ue=[你的AWS账号下的VPC ID] ParameterKey=SubnetId,ParameterValue=[你
的AWS账号下的SubnetID] ParameterKey=SshSecurityGroupId,ParameterVal
ue=[通过SshSecurityGroup获取的值] ParameterKey=LbSecurityGroupId,Par
ameterValue=[通过LbSecurityGroup获取的值]
```

接下来使用 Ansible 构建绿色环境中的 Web 服务器。在这个示例中,我们将对绿色环境进行和蓝色环境完全相同的构建配置。

在实际开发中,蓝色环境构建好之后,开发会进一步向前推进,那时候绿色环境通常会采用和蓝色环境不同的配置。

▶ 代码清单:使用ansible-playbook命令构建中间件

```
$ cd ~/ansible-practice
$ ansible-playbook -i inventory/ec2.py green-webservers.yml --diff
--skip-tags serverspec
```

最后,将绿色环境的 EC2 实例绑定到 ELB 上。

▶ 代码清单:将绿色环境的EC2实例绑定到ELB上

```
$ cd ~/cloudformation
$ sh register-instances-with-load-balancer.sh green ActiveELB
```

到这里为止,我们对绿色环境所做的操作和构建蓝色环境时都是一致的。如果熟悉了这些操作,你就会觉得非常简单。虽然这里没有介绍,但由于我们可以通过命令行的方式来构建基础设施环境,所以这里也可以通过 Jenkins 任务的方式来完成基础设施的构建工作。此时在浏览器上访问 ELB 地址,实际的请求就会被依次分发到 4 台 EC2 主机上,包括蓝色环境

中的 2 台主机和绿色环境中的 2 台主机。最后如果确认访问没有问题，就可以将蓝色环境从 ELB 上移除了。

▶ **代码清单：将蓝色环境从 ELB 上移除**

```
$ sh deregister-instances-from-load-balancer.sh blue ActiveELB
```

这时就变成了只有绿色环境中的 2 台主机在提供服务。再次在浏览器中访问 ELB，我们就能看到访问请求只会被分发到这 2 台主机上。

5-3-4 发生故障时切换基础设施

前面我们对不可变基础设施和蓝绿部署的示例进行了介绍，最后我们再来思考一下发布后出现故障时该怎么处理。

假设我们在绿色环境的 Web 服务器中发布了新版本的应用程序，但是应用程序出现了严重的 bug，不能继续对外提供服务。因为故障的原因还没有找到，所以也就无法采取根本的解决措施。这时最要紧的就是以最快的速度恢复服务。如果想回退到上一个版本，就需要重新进行构建、测试以及部署等工作，会花费一定的时间。

在这种情况下，蓝绿部署就非常有用了。这是因为上一个版本的应用程序还保留在蓝色环境中。在绿色环境中进行发布之后，可以非常简单地再切换到蓝色环境。

具体操作步骤如下所示。

❶ 将蓝色环境的 EC2 实例绑定到 ELB 上：执行 shell 脚本（执行 AWS CLI）
❷ 从 ELB 中移除绿色环境的 EC2 实例：执行 shell 脚本（执行 AWS CLI）

完成上述操作所需要的命令也就只有下面两条而已。

▶ **代码清单：从绿色环境切换到蓝色环境**

```
$ cd ~/cloudformation
$ sh register-instances-with-load-balancer.sh blue ActiveELB
$ sh deregister-instances-from-load-balancer.sh green ActiveELB
```

实际操作中可能还需要启动 EC2 实例、将 EC2 实例绑定到 ELB 之后进行测试等。不过从以上介绍的内容来说，我想各位读者应该已经非常清楚地了解了采用蓝绿部署对环境进行切换会非常方便。

专栏

删除 CloudFormation 栈

本节我们使用 CloudFormation 创建了各种各样的栈，并基于这些栈的组合对不可变基础设施和蓝绿部署进行了介绍。在实践结束之后，我们也可以使用 CloudFormation 进行环境清理工作。

▶ 代码清单：删除 CloudFormation 栈

```
$ aws cloudformation delete-stack --stack-name blue  # 彻底删
除蓝色环境
$ aws cloudformation delete-stack --stack-name green  # 彻底删
除绿色环境
$ aws cloudformation delete-stack --stack-name blue-green-
init # 彻底删除用于初期构建的基本环境
```

AWS 是按使用量付费的，我们的实例只要处于运行状态就会产生相应的费用，所以在使用完上述环境之后，最好通过上面的命令删除这些用于实践的资源。

5-3-5 更具实用性的架构

本节介绍的不可变基础设施和蓝绿部署的例子是一个非常简单的架构示例。虽说我们只需要构建一次就可以非常简单地实现这种架构，但是这种架构也存在一些问题。如果各位读者按照这个例子在自己的服务中实现蓝绿部署，就需要注意下面这些问题。

1. 无法确认当前是蓝色环境还是绿色环境

该架构的前提是操作人员能够清楚地掌握哪个是蓝色环境，哪个是绿色环境。如果错误地对正在工作的环境实施了操作，就会直接对服务造成影响，导致惨剧发生。就目前来说，该架构并没有防止操作失误的机制。稍加思考就会发现其实并不需要将环境标注成两种颜色，在发布时只需要遵循"切换到最新环境"和"移除旧环境"的原则即可。也就是说，如果 EC2 实例不使用颜色，而是使用"创建时间"等作为标签名，就可以实现更加灵活、安全的机制。

2. 服务器数量固定

尽管我们使用的是云计算环境，但是本例中还是将服务器的数量固定为了两台。假如随着服务的增长，两台服务器已经不能应对更多的访问请求，那么就需要对 CloudFormation 模板进行修改。在云计算环境下固定服务器的数量会成为一种束缚，我们需要积极使用 AWS 中的 AutoScaling 等功能，灵活调整服务器数量。

3. 不适用于有状态服务器

这也是不可变基础设施自身的一种局限性。像本节介绍的这种简单示例，通常情况下只适用于无状态服务器。这个问题在 4-3-1 节和 4-3-2 节也介绍过。

4. 没有进行事前测试

本次实践中使用的 CloudFormation 模板文件除了创建了 ActiveELB 之外，还创建了一个名为 InactiveELB 的 ELB，不过这里并没有被用到。

通常情况下，新版本的应用程序会在 ELB 上即将绑定的 EC2 实例上运行，因此在将实例绑定到用于运行服务的 ELB 之前，需要进行严密的测试。在进行测试时，不能直接将实例绑定到生产环境的 ELB 上，而应该先绑定到内部测试用的 ELB（本次实践中的 InactiveELB）上进行测试。内部测试用的 ELB 并不对互联网完全开放，其访问受到限制，比如只允许来自公司内部的访问，或者需要进行用户认证等。

此外，该架构今后还需要和持续集成进行结合。

5-3-6 不可变基础设施会从根本上改变基础设施的使用方式

本节我们主要使用 AWS 对不可变基础设施和蓝绿部署的实践示例进行了说明。这里我们再来回顾一下本节开头提到的希望各位读者能够理解的两点内容。

- **在云计算环境下，可以简单地批量创建或销毁基础设施**

  使用 AWS 环境可以轻松地创建或销毁基础设施。通过一行命令就能创建服务器，这种操作的简便性是本地部署这种传统环境所不具备的一个优点。

- **能够使用该架构实现不可变基础设施和蓝绿部署**

  之前我们了解了不可变基础设施和蓝绿部署的概念，本节则对其实际应用形式进行了介绍。希望在各位读者考虑各自服务的实现方式时，这里介绍的环境和架构能为大家提供参考。

回顾本节的内容，我想各位读者已经深刻体会到了云计算环境具备本地部署这种已有环境无法比拟的便利性。如果我们以云计算环境为出发点进行思考，抛弃之前的传统观念，就会对我们所追求的能够跟得上商业速度的基础设施有更加具体和鲜明的认识。

将来云计算也会朝着容器技术发展。随着技术的发展，基础设施和应用程序之间的界限会变得越来越模糊，"服务"的管理也将变得更加全面、简单。这种架构出现的背景和 DevOps 一样，都是想通过便捷地使用环境来快速实现商业价值。希望本节的实践示例可以让各位读者思考什么才是实现商业价值所需要的基础设施和服务，同时也希望这些示例能为进一步推动 DevOps 指明方向。

第 6 章我们将跳出技术的范畴，讨论一下如何将之前介绍的各种技术和工具、提高商业价值的根本目标，以及紧密协作的意识推广到团队内部。正如 DevOps 的定义所表达的那样，DevOps 不能单纯依靠工具或技术来实现。由于 DevOps 也会对工作方式和文化产生影响，所以接下来我们将对如何改变团队成员的工作方式和态度，以及组织形式进行思考。

第 **6** 章

跨越组织和团队间壁垒的 DevOps

在前 5 章的内容中,我们介绍了支撑 DevOps 的思想、技术和工具的相关内容,并通过案例探讨了如何将 DevOps 引入实际的服务开发和产品开发中。相信很多人在了解了 DevOps 的相关知识之后都想在自己的组织中进行实践。实际上,不管你是刚刚加入组织的新人,还是一个团队的负责人,又或是一个组织的领导者,都有机会参与到 DevOps 的实践中。在接下来的第 6 章,我们将从团队成员的角度来分析如何在组织中推广并普及 DevOps。

6-1 普及DevOps的困难之处

　　本书中我们了解了 DevOps 有助于提高开发效率和提高商业价值，并在此基础上对具体的实现方法和相关技术因素进行了详细说明。

　　第 1 章介绍了 DevOps 的概况和历史，为我们掌握 DevOps 打下了基础。第 2 章中我们了解到实现 DevOps 的技术在个人环境中也能发挥作用，比如统一开发环境可以减少开发人员和运维人员之间的沟通成本以及需求分析的工作量。第 3 章和第 4 章通过在团队开发流程和实际运维工作中实施 DevOps，介绍了以较少的人数提供高质量服务的技术和方法。第 5 章作为应用案例，介绍了如何组合使用各种技术实现 DevOps。

　　通过阅读本书，相信很多读者已经能够充分理解 DevOps 的好处了。在和他人讨论今后的技术动向时，即使当前世界的技术趋势和发展都以 DevOps 为前提，你也不会再感到无所适从。另一方面，正如我们前面介绍的那样，DevOps 在很大程度上都是抽象的，所以我们很难向那些不想了解 DevOps 的人，或者还不具备相关基础知识的人解释什么是 DevOps。本章我们就来介绍一下如何在组织和团队中推广 DevOps，以及 DevOps 的实施会为组织和团队带来哪些变化。

6-2　在组织中实施DevOps

6-2-1　在新的组织中实施DevOps

在一个全新的组织中开始服务开发或产品开发时，可以说有非常多的机会使用 DevOps 的方法。比如在制订开发体制或开发流程时，就可以提议使用 DevOps，将 DevOps 和传统方式进行对比，从而寻求最优的方案。另外，在思考如何以有限的预算实现最大的成果时，也可以将 DevOps 作为一个选项提出来。

如果在新的组织或新的服务开发中可以采用自上而下的方式实施 DevOps，就会收到更大的成效。在了解到后面将要介绍的适合 DevOps 的组织形式之后，可以根据自己的团队文化来实施，这样就能享受到 DevOps 的组织形式所带来的好处。根据团队人数和开发规模，从战略层面选择最适合自己团队的组织形式，将有助于之后开发效率的提高。

如果在新的组织或新的项目中无法采用自上而下的方式实施 DevOps，那该怎么办呢？在这种情况下，应该通过灵活的方式尽早开展 DevOps 的启蒙工作，增加志同道合者的数量，构建理想团队。具体方法我们会在后面进行说明。由于新的组织中没有既定规则和老旧的习惯，所以 DevOps 实施起来会格外容易。

6-2-2　在既有组织中实施DevOps

各位读者所在的组织规模可能不尽相同。虽然我们已经意识到 DevOps 的技术要素有着很强大的功能，但是要在既有组织中应用和普及却非常不易。相信不少人对此都深有感触。

企业的组织类型有很多种。如果有幸能得到团队成员的理解，在服务或产品开发上也没有这样那样的约束，那么就可以在重置既有体制和组织之后引入 DevOps，采用一个全新的业务形态。但在已经维护了多年的系统中，各个团队都有一套自己的知识系统，形成了依赖于个人且错综复杂的运维流程，这种情况下可能就根本无法改变原有方式。不少团队往往都倾向于严守规定的程序，害怕因变更而导致故障，从而不愿做出任何改变。

在这种情况下，为了追求省时省力和团队精简，或者为了提高提供服务的速度和灵活性，即使我们强烈希望推进 DevOps，也会因不知如何对既有组织进行变革而苦恼。如果能以自上而下的方式引入 DevOps 的话自然非常理想，但如上所述，在既有组织中推进 DevOps 往往没有那么容易，甚至可以说非常困难。那么，我们到底该如何去推进 DevOps 呢？

跨越组织之墙

在现有的组织中，对开发方式和平常的服务运维体制采用自上而下的方式进行重大变革的情况并不常见。除了管理层发生变动或者新来了布道师对体制进行变革等特殊情况，一般都是在同一主管、同一团队以及相同团队成员的前提下来调整业务速度、提高工作效率。在这种情况下，就需要由开发现场的人员来决定具体的实现方式，也就是通过自下而上的方式进行变革（图 6-1）。

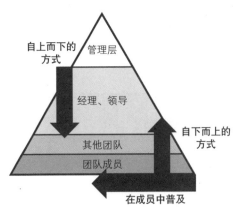

图 6-1　各种各样的变革方式

自上而下的方式有时也用于改善开发方式或服务体制，而不对组织本身进行大幅变革。领导层和管理层人员也不是万能的，不能保证始终用长远的眼光做出正确的决策。因此，与其等待高层人员先行接受 DevOps 并将其引入，不如在开发现场普及新方法和新技术，这样可以更快地将 DevOps 应用到实际业务中。

在对多个项目中的其中一个项目进行改革时也是如此。在按照组织的整体方针进行运维的项目中，如果只改变其中一个项目的开发和运维方式，从调整范围和需要说服的人数上来看，采用自下而上的方式实施变革也不失为一条捷径。

要想通过自下而上的方式对组织进行变革，从而引入 DevOps 的方法，个人就需要阶段性地推动团队成员朝着 DevOps 前进。正如前面介绍的那样，首先需要自己使用 DevOps 的工具，改变个人开发环境，再逐渐向其他成员普及。然后，逐步改变团队的规则，改变团队之间的沟通方式，重新审视团队的角色分配，一点点地对体制进行改变并进行反馈，从而分阶段地实施 DevOps。

下面我们就来介绍一下在组织中采用自下而上的方式实施 DevOps 时需要特别注意的地方以及具体的应对策略。

确定目标

如果决定采用自下而上的方式进行变革，就要考虑变革的范围有多大。如果你是开发团队中的一员，那么只对开发团队进行变革就算完成目标了吗？是否需要将运维团队等其他团队包括进来？还是需要将服务相关的所有人员都包括进来？是只对运行中的项目进行变革，还是对所在部门整体进行变革？

随着 DevOps 的不断推进，变革的范围也会时时发生变化。为了避免被这种无休止的变化耗尽精力，我们需要在最开始的时候就设立好具体目标，比如实现开发团队全员部署方式的统一变革等。确立好目标之后，就可以明确自己需要做的工作，从而采取更加切实可行的措施。相比一开始就确立一个非常大的目标，笔者认为采用逐步推进的方式会更好。与其设立一个不能实现的目标，倒不如先从可以达到的目标做起，最后回过头来就会发现自己已经实现了一个大目标。

收集信息

采用新机制或者尝试变革时的方法大致相同，都需要从了解现状开始。引入 DevOps 的方法时也不例外，我们需要对各种信息进行收集和整理，包括个人使用的是什么工具、团队在进行哪些工作、各个团队承担着什么样的角色、团队之间是如何沟通的、责任范围是如何划分的、都有哪些文档、操作步骤是怎样的、当前面临什么样的问题等。

之后，我们会根据这些收集并整理好的信息，思考在什么地方使用 DevOps 中的方法，以及以怎样的形式去使用。不过在最开始整理信息时，只需要罗列客观事实即可。在收集信息的过程中，如果发现不对劲就立即着手调查，就会一叶障目，从而错过引入 DevOps 的最佳时机。此外也有可能会发生一些不好的情况，比如构建了一套持续集成和持续部署相结合的机制，结果却发现如果不对需要部署的应用程序进行修改，就不能实现测试环境和生产环境的切换。在这一阶段，我们不需要关注 DevOps 怎么样，以及某一工作的操作方式是否存在问题，只需专注于收集信息和列举事实，扩大看待问题的视野即可。

在自下而上的方式中，首先需要收集和整理关于团队内部情况的信息，可以试着列举出团队成员的工具使用情况、团队内部的规则、自己的团队和其他团队的沟通方式、流程的可视化、当前的现状和文档等内容。可视化是指将每个人大脑中的内容文档化，或者将收集到的各种定量的数值信息（比如每次部署时各阶段所耗费的工作时间等）以图表的形式显示出来。各项工作重复的次数、单个任务耗费的时间、团队之间进行沟通时产生的等待时间等信息都很容易用数值表示，而这些数值可以帮助我们发现有待改善之处，以及推动 DevOps 的实施。

现状分析

整理好当前状态的相关信息之后，我们就可以开始进行分析了。在分析阶段，我们需要将这些信息分为两类：一类是对当前的工作步骤、任务和流程能起到根本作用的信息，一类是不能起到根本作用的信息。

对现状进行分析是有一定原因的。组织中建立起来的程序和流程往往包含了组织成长过程中的各种"历史因素",比如在组织成立之初,根据各部门的目标在团队内部制定了各种严格的规则,虽然这些规则现在已经没有任何实际意义了,但依旧被保留了下来,甚至有的规则是当初一些强势的人强制制定的,然而在这些人离开组织之后,组织成员还依然无条件地继续遵守着……像这样,组织创建初期制定的规则虽然已经不再适应当前形势,但却还是被无条件地信仰和遵守,这样的例子并不少见。因此,通过现状分析来客观判断这些规则是否必要就变得非常重要。

在自下而上的方式中,我们可以召集团队成员开展头脑风暴或者单独和他们进行交谈,从而整理出当前团队所追求的质量或结果,罗列出收集到的各种信息,然后按顺序将这些信息分为"必不可少的"和"不需要的"两类。在分类过程中,如果遇到了难以做出决定的情况,也可以找团队成员帮忙,不过对方可能会被过去的规则所束缚,将没有用的工作列为必要项目。在这种情况下,我们就需要询问为什么该项工作是必要的,如果理由只是"因为有这项规定"的话,那就需要更加慎重地做出判断。像这样,通过借助团队成员的力量,能够以第三者的视角对信息进行更客观的分类。

消除本质上不必要的工作和规则

在具体讨论如何实施 DevOps 的方法之前,我们需要基于客观事实,依次剔除对团队来说本质上不需要的各种工作和规则。比如在执行操作的过程中,对肯定会执行成功的命令,人工确认其执行结果,这种工作在本质上就是没有必要的。此外,大家是不是也编写过很多根本就没人阅读的文档?文档编写好之后没有人去看,没有人能进行说明,即便总有一天可能会有人去阅读,但文档中记录的内容确实具有实际意义吗?有些操作虽然在文档中有记录,但每次执行的时候都会被自动忽略掉。对于那些不需要细想就能断定可以不做的工作,可以毫不犹豫地将其剔除。我们需要用怀疑的眼光去看待以前的规则,判断那些规则是否还有意义。

在自下而上的方式中,也许你已经和团队成员就某些工作是否必要进行了讨论并完成了分类,所以剔除不需要的工作并不是什么难事。如果剔除某些不必要的工作需要一定的工作量,那么也可以基于客观事实向团队成员解释为什么这些工作不是必需的。这样一来,团队成员也会同意进行剔除，并认可你为此付出的努力。如果你认为某些形式化的规则在本质上已经没有任何作用了，那么可能就需要说服其他成员，以摆脱这些规则的束缚。客观地说，不必要的工作对组织、团队以及团队成员个人来说都没有任何好处，所以不要害怕会有异议，应坚决主张将其剔除。

　　在这一过程中最重要的是了解当前必不可少的工作内容有哪些，明确需要改善的对象。如果没有完全说服大家同意剔除不需要的工作，那么该怎么办呢？如果形式化的规则根植于大家的内心，大家对于剔除这些规则存在恐惧心理，我们又该怎么办呢？也许很难完全剔除所有不必要的工作或规则，但是知道哪些东西是不必要的、了解需要在什么地方引入 DevOps 方法才是最重要的，即使无法将不必要的内容完全消除，也不用灰心。

寻找改变方法的切入点

　　经过上面的努力，我们已经有了一份"必要工作内容列表"。即使没有完全剔除不需要的工作内容，我们也知道今后可以在哪些方面进行改进。而对于那些必不可少的工作内容，则需要寻找一个切入点，使 DevOps 的工具、方法和体制可以应用到现有开发流程或运维工作中。这也是在初期使用 DevOps 方法时的关键点。

　　为此，我们可以找一下是否存在某些工作内容，在这些工作中，即使全部采用了 DevOps 的工具，在输入相同的内容之后也能产生和以前相同的输出。另外，我们也可以筛选出由自己团队单独负责、没有跨团队协作的工作内容，或者由自己负责的工作内容，在这些工作内容的范围内寻找适合实施 DevOps 的切入点。

　　还可以进一步思考一下各个切入点的实施效果以及优先级，从而以更少的努力得到更好的实施效果。提到实施效果和优先级，可能有人会眉头一皱，但通过将各种信息数字化，就能够围绕消除重复性工作、降低沟通成本、缩短信息同步的周期这几点来对需要改善的内容进行排序。

　　实际上，在沿用既有规则的基础上逐步替换为新的方法会耗费一定的时间，所以不能一次实施大量的改善。在考虑好如何用有限的资源实现最大的效果，以及替换为新方法会带来什么样的效果等问题之后，再实施新的方法具有重大意义。

实施

在筛选出可以实施 DevOps 的切入点之后，就可以使用前面介绍的各种 DevOps 方法来对既有的流程或工作步骤进行替换了。如前所述，引入新架构的障碍主要来自于团队成员对改变现有（开发和运维）工作流程的抵触。因此，如果输入和输出都没有变化，或者在有限的范围实施 DevOps，只改变具体的实现方式，而不改变原有的开发和运维流程，团队成员的抵抗就会有所减轻（图 6-2）。

这一阶段比较难办的一点是，即使在输入和输出没有变化的情况下，有些工作也不能直接进行单纯的替换。比如在想要使用工具实现自动化的情况下，如果沿用原来的步骤进行操作，就会按照配置、确认、配置、确认的顺序，在配置之后暂停操作，由人来进行判断或者确认，这种情况就会非常麻烦。如果我们不是对配置、确认、配置、确认这 4 个步骤中的 2 个配置步骤进行简单的替换，而是对流程重新加以设计，将配置操作聚集到一起，将确认操作也聚集在一起，那么就可以通过 DevOps 工具将整个流程简化为配置和确认这 2 步，从而进一步提高效率。像这样，在替换部分的工作结束时，可以思考一下最终要达到什么样的效果，在保证最终得到的输出相同的前提下，对原来的操作步骤进行替换。

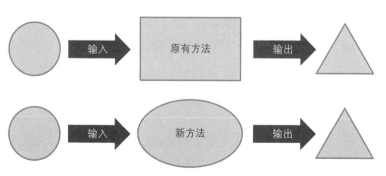

图 6-2　在输入和输出不变的前提下改变实现方法

我们很难将所有内容都机械地替换为 DevOps 的工具或方法。手工操作或者按照团队来分配工作的思想原本就和 DevOps 的设计思想不同，基于这一点，我们可以结合已有的方法和输出，重新思考替换步骤本身的流程。

启蒙

如果你已经开始逐步采用 DevOps 的工具、架构或体制，那么就应该积极地在团队内外宣传实施 DevOps 的效果。通过介绍所替换的工具或方法的原理以及使用背景，团队成员就会对这些工具或方法有更加直观的印象，理解实施 DevOps 的必要性。另外，通过向他人讲述世界技术趋势、实施 DevOps 的效果，以及我们自己的做法在世界上所处的位置等，也可以帮助他们认识到当前组织的发展方向是否正确，以及今后应该如何去做。此外，如果团队可以培养出能够以较少的人数完成大范围业务的 DevOps 人才，那么越来越多的工程师就会为自身的竞争力感到担忧，从而开始学习 DevOps。当然，这只是笔者的一个愿望。

即使主动学习 DevOps 的人不多，我们也可以通过积极传播 DevOps 的实施成果，介绍 DevOps 思想出现的背景、实施 DevOps 的必要性以及世界技术流行趋势，使对方了解到自己的技术和世界的差距，从而产生尝试 DevOps 的想法，这样 DevOps 的实施就会变得更加容易。

采用自下而上的方式进行变革时，即使只在一个地方使用 DevOps 的工具或方法进行了替换，也可以向他人宣传 DevOps 所达到的效果。因为有具体实例，所以对方理解起来也更加容易。像这样，在有越来越多的人愿意尝试 DevOps 之后，引入 DevOps 的速度也将变快。

检验效果并反馈给所有人

即使只在局部引入了 DevOps 的工具和方法，也要对其效果进行检验。虽说是检验，但是也没有必要对所有内容都进行定量检验。针对消耗减少了多少、风险有什么变化、哪些环节实现了效率化等，我们既可以进行定量检验，也可以进行定性检验。此外，我们也可以基于这些信息来重新审视一下将来每个团队的角色要做出怎样的调整。

DevOps 中的很多工具和方法的目的都是加快商业速度、提高开发效率。由于使用这些工具和方法可以达到一定的改善效果，所以通过对实际效果进行验证，并将这一效果以看得见的形式传播给组织和团队成员，能够让大家切实体会到改善的成效，从而就会有更多的成员希望对工作进行进一步改善，而这将有助于推动整个组织来实施 DevOps。

全员参与，避免单打独斗

到这里我们就明白了如何以自下而上的方式来引入 DevOps。那么，前面介绍的自下而上地引入 DevOps 的所有步骤都要由一个人来负责实施吗？不管你是不是团队领导，一个人孤军奋战都不是一个好的选择。

一个人能做的事情毕竟有限。时间、体力、精力和灵感等，不管从哪一项来说，团队合作都要比一个人单打独斗效果好很多。我们可以通过向团队成员进行 DevOps 的启蒙以及反馈实施效果来增加更多的同伴，集思广益，共同推进 DevOps 的实施。

在不偏离总体目标的前提下进入下一个实施阶段

为了逐步实现最终目标，在一个阶段实施完 DevOps 之后，还需要寻找下一个切入点来继续引入 DevOps。

那么到底需要多少个阶段呢？对于这个问题，我们就要从整体来思考打算用多少步、朝着什么样的方向来推进 DevOps。也就是说，除了要设置各个阶段的范围和目标之外，还要大致设置一个 DevOps 化的整体目标。这个整体目标包括在什么范围内对多少内容进行替换、最终想变成什么样，等等。

我们需要通过不断改善来确认是否达到了总体目标。如果还没有达到，就需要思考有哪些不足，然后在制定后续措施时解决这些问题，修正 DevOps 的轨道。即使实施某项措施后没有更接近整体目标，也不用灰心，因为 DevOps 基本上都需要通过持续不断的积累才能发挥出效果。我们应静下心来，朝着设定好的整体目标不断完成各种措施。

如果你已经实现了这个整体目标，那么恭喜你，相信你所在的组织和团队已经因 DevOps 而发生了很大的变化。这时你所在的团队就可以暂且停止 DevOps 的改善操作，专心投入到服务开发和产品开发中去了。

不知道是幸运还是不幸，从世界上软件开发工具的发展速度、新技术的出现速度以及技术创新的发展方式来看，目前 DevOps 的世界中用于改善的新想法可以说层出不穷。而且，人们一旦体验过改善带来的好处，就不会再停下改善的脚步，而下一次的改善可能又会为团队和组织带来更多的好处。使用 DevOps 进行的改善是永无止境的，让我们赶快迈出下一步吧！

6-2-3　实施DevOps的反模式

假如你已经了解了 DevOps 及其相关工具，干劲满满地希望采用自下而上的方式实施 DevOps，可这时周围没有一个人支持你，你也得不到领导和团队成员的理解。如果你遇到了这样的问题，就需要反省一下是否陷入了实施 DevOps 的反模式中。

误将手段当目的

如果没有人支持你的想法，就需要回过头来重新思考一下实施 DevOps 的目的到底是什么。现在迫切要做的确实是导入 Ansible 吗？你的目的是使用 Jenkins 实现部署自动化吗？其实，采用某种工具或者某种架构只是实现 DevOps 的一种手段而已。

实施 DevOps 的方法是为了提高商业速度，构建精简的运维体制，创造出更好的服务，你当前打算使用的各种方法和这一目的一致吗？

当然，如果是在很小的范围内采用自下而上的方式实施 DevOps，也可以先行考虑具体的方法，但是在号召他人一起实施 DevOps 的情况下，就需要考虑实施 DevOps 的最终目的，预想实施 DevOps 能产生什么样的效果、过程中会遇到什么样的困难等。为了顺利地实施 DevOps，我们应该思考哪些工具和方法是最合适的。

引入了各种工具但没有将其实用化

假如你已经引入了一些 DevOps 的工具，可没有人将其用在实际工作中，规定好的措施也没有被执行，那么原因可能就在于现在的做法过于激进了。

究竟有多少人能完全抛弃掉原有的开发和运维体制，完全接受一个新的架构呢？大家自己能做到吗？也许有人说可以。那其他团队成员呢？每个人的思维都很超前、很灵活吗？退一步说，即使团队全员都能接受，面对着眼前需要处理的很多其他工作，他们是否还有精力去适应变动过大的开发和运维方式呢？

在采用自下而上的方式实施 DevOps 的情况下，我们需要注意在大家还不是十分熟悉 DevOps 的方法时，需要保证采用新方法替换的部分的输入、输出要和原方法的输入、输出一致，甚至不允许存在任何细微的差异。实施新的操作所得到的结果没有偏离原有的规则，这一点最能说服他人接受 DevOps。要让团队成员适应 DevOps，最重要的就是要做到能够在不改变之前做法的情况下采用新的机制。

◣ 反而加大运维的负担

采用 DevOps 的工具和方法之后，我们需要做的工作是不是变多了呢？有时为了使用新工具每次都需要增加两三个步骤，甚至要手动进行格式转换操作，这真是让人哭笑不得。

在实施 DevOps 的工具和方法时，一定要先从整体上了解这些工具和方法的实施会带来什么样的结果。如果追求部分结果的理想化会导致整体工作量有所增加，或者需要兼顾已有的运维机制，而这种并行运维的方式又进一步加大了工作量，那么我们就需要避免采用这种不实用的实施方式。

◣ DevOps 团队成为权威

假设我们成功打造出了 DevOps 团队，那么 DevOps 团队是不是一直都是正确的呢？

毋庸置疑，DevOps 是一个伟大的思想，支撑它的工具也是多种多样。即使我们抱着坚定的信念，通过实施各种改善策略，历经相当多的艰辛终于建设出了 DevOps 团队，也不能对其盲目迷信，这一点非常重要。DevOps 的一个目标就是打破部门之间的壁垒（即纵向分割的组织中部门之间缺乏协作的一种状态），如果对自己过于自信，或者通过大幅的改善拥有了权威，进而创造出了新的壁垒，那就本末倒置了。

DevOps 应始终保持开放，DevOps 团队切记要让自己保持一种能和其他团队灵活交换意见的状态。

■ 感叹 DevOps 人才培养不易

在推进 DevOps 时，是不是必须增加一些精通开发和运维的"超人"呢？

DevOps 是一个吸收了 Dev（开发）和 Ops（运维）各自优势的体制，并不要求所有人都具备相同的技能。这是因为很多工具都为开发和运维互相协作提供了支持，DevOps 不会因为运维团队不了解如何编写代码而停滞不前，也不会将开发团队一直掌握不了服务器的运维技能视为一个大问题。并不是说实施了 DevOps 方法就能立刻统一所有人的技能，减小开销，消除隔阂，DevOps 的本质就在于互相理解和学习，消除不必要的沟通，从而提高效率。

那么是不是就不需要同时精通开发和运维的"超人"了呢？答案是No。即使只有一个人也好，如果有人能同时精通开发和运维技术，引入以及普及 DevOps 的速度就会快很多。难度最大的还要数营造一种开发和运维互相理解的文化。由了解开发和运维双方感受的人来进行翻译、代言及辅助，实现 DevOps 的路途就会一下子缩短许多。

■ 实施 DevOps 失败了就认为 DevOps 不适合自己的团队

假设在实施 DevOps 方法后遭遇了比较严重的失败，比如在开发过程中没有意识到运维所能使用的资源量，结果在发布几小时后出现了故障等，这种情况下可能就会出现各种各样的意见："DevOps 果然不适合我们""我们的开发团队还是没能理解运维的本质""早知这么麻烦，还不如放弃DevOps，继续采用原来的方式，由专家组成的专业团队进行审核、批准"，等等。

在发生故障时，需要开发和运维进行回顾。这一做法并不局限于 DevOps，在解决故障时都需要对问题点进行回顾，找出问题出在哪里，并讨论如何去解决。DevOps 需要通过不断改善才能实现，我们不能基于短期的成功或失败来对其进行评判。

此外，即使出现了"DevOps 不适合我们"的声音，也不必担心。从本质上来说，DevOps 所能实现的只是一个协作体制，这是任何组织和公司都应具有的一个基本能力。我们只要讨论问题的改善方法，并在下一步的实践中付诸实施即可。

6-2-4　在组织形式方面是否有实施DevOps的最佳实践

前面我们介绍了如何引入 DevOps 以及如何改变组织等相关内容，DevOps 的组织形式有很多种，不管是采用自下而上还是自上而下的方式，为了了解 DevOps 的目标，都需要对运维方式以及相应的组织形式进行思考。本节我们将看一下实施 DevOps 之后的各种组织形式的示例，各位读者也可以根据这些示例来定制符合自己实际情况的组织形式。

在 Provisioning 工具 Puppet 的网站上的一篇题为 *What's the Best Team Structure for DevOps Success?*（使 DevOps 成功的最佳团队结构是什么？）的博客文章中，DevOps 的组织形式被划分为了下面 3 种类型，非常容易理解。

- 类型 1：开发和运维之间的密切合作（Close-Knit Collaboration Between Dev & Ops）
- 类型 2：专门的 DevOps 团队（Dedicated DevOps Team）
- 类型 3：跨职能团队（Cross-functional teams）

下面我们就依次对这 3 种组织形式进行说明。

374　｜　第 6 章　跨越组织和团队间壁垒的 DevOps

▰ 类型 1：开发和运维之间的密切合作

Close-Knit 的意思是"紧密地绑在一起"。该部分介绍了如何对开发和运维团队进行重组，从而构建出开发和运维紧密结合的高度协作体制。虽然开发团队还是负责开发，运维团队还是负责运维，但是这种彼此协作的体制可以将组织所需要的软件技术和对系统的深刻理解最大限度地融合在一起。

通过维持这种体制，可以发掘对创业公司来说不可或缺的人才，这样的人才可以开发应用程序，同时在基础设施层面也具备运行应用程序的最低限度的知识。在这种组织形式中，在从初期的企划阶段开始到产品发布为止的整个生命周期，开发和运维团队都会参与其中，因此开发人员就会意识到服务是在生产环境中运行的，进而产生同理心，开发和运维双方就不会只站在自己的角度认为"那是别人的工作"了。

▰ 类型 2：专门的 DevOps 团队

Dedicated 是"专属"的意思。据该文章介绍，专门的 DevOps 团队中聚集了专业的工程师，这些工程师具备本书介绍的各种工具和方法的相关知识。这种类型的团队从最开始就是以专家为中心组建的，他们所做的工作包括编写基础设施代码、实现持续集成、进行版本控制等。

由于专门的 DevOps 团队中聚集了能实践 DevOps 方法的人才，所以如果再结合 DevOps 工具实施自动化，就能进一步做到省时省力。最近越来越多的网络公司开始倾向于聚集这种 DevOps 人才，组建专门的 DevOps 团队了。

实际上，这里还存在一些和人相关的问题需要解决。比如怎样找到这种类型的人才？在 DevOps 概念还没有广为普及的现状下，是否能找到拥有这些技能的人才？在现有组织中是否能培养出这样的人才？不过，一旦建立起这样的组织形式，团队就能以超出预期的速度完成工作，所以即使困难重重，也值得一试。

▰ 类型 3：跨职能团队

Cross-functional 是指"跨职能"，跨职能团队是指在从产品企划到发布之间的所有工程中召集各工程的专家代表组成的团队。在敏捷开发体制下，从产品负责人到测试人员，每个职能都需要有至少一个人加入到团队中，从而组成跨职能团队。和敏捷开发类似，跨职能的 DevOps 团队由商业企划、设计、开发、测试和运维等部门的代表组成。

这种跨职能的团队可以降低各流程之间的沟通成本和认识偏差，有利于各个领域的知识共享，能够让实践取得更为显著的效果。由于跨职能团队超越了开发和运维的框架，因此在瞬息万变的商业环境中可以算作万能的解决方案。不过根据服务和产品规模的不同，情况也不尽如此。如果团队规模变得很大，就会难以控制，所以也不能偏执地认为这种组织形式就是最好的。

▰ 在不改变现有组织的情况下实施 DevOps 的方法

关于如何对组织形式进行变更，前面我们介绍了 3 种方法。的确，变更组织形式本身能提高实现 DevOps 的速度，但通过组建临时团队或者采取技术性的解决方案也可以实现 DevOps。

在 DevOps 工具方面，根据基础设施即代码思想，所有的基础设施都朝着代码化的方向发展，这样一来，开发和运维的体制就可以保持不变，比如由运维团队基于基础设施即代码思想实现基础设施的自由使用，编写使用手册并向开发人员公开。通过引入 DevOps，对运维人员来说就减少了为开发人员解决问题的麻烦，对开发人员来说也减轻了向运维人员请求协助的负担，还增加了选择的余地，提高系统开发和运维的效率。这种 DevOps 的实现方式与其说是一种体制或组织的变革，倒不如说是工作方式的变革。像这样，通过技术手段来加强开发和运维之间的沟通也是一个很有效的方式。在基础设施和开发的临界处出现问题时，也可以考虑采用技术性的方案来解决，比如以 AWS 或 OpenStack 等 IaaS 的 API 为中介，或者构建一个可以使用配置管理工具的环境。

我们还可以考虑构建一个让横跨开发和运维团队的小型 DevOps 专用团队积极发挥作用的体制。在这一体制中，开发和运维团队各自的专家都可以向这个小型的 DevOps 专用团队进行咨询，由这个 DevOps 专用团队集中精力实现基础设施代码化的配置管理、自动化部署以及持续集成环境的构建和监控等。这个 DevOps 专用团队是临时的，即使在组建之后立即解散也没有关系。因为这时基础环境已经构建好了，各个团队来咨询过的人也都掌握了 DevOps 的各种知识，能够在不对体制本身进行变更的前提下推进 DevOps 的实施。

6-3 团队整体的DevOps

要实现 DevOps 并持续下去，团队成员的力量是不可或缺的。

不仅是开发和运维人员，如果和服务相关的所有人员都能够相互协作追求更好的产品，就可以进一步加快商业速度，提高开发和运维的效率，从而为用户提供高质量的产品或服务。

因此，实现 DevOps 的第一步就是培育能够让团队成员相互协作的土壤，改善团队和组织的合作氛围，提高信息的公开性和透明性，使大家朝着同一个目标前进。而在培育这一土壤的过程中所体现出来的态度和做出的努力，就会成为支撑我们对抗各种障碍和阻力的力量。

坦白说，如果一上来就树立实现 DevOps 这种非常大的目标，你可能会遭遇挫折。回顾一下本书的内容，相信各位读者就会发现，我们实现 DevOps 的策略通常都是先找到问题，设立相应的愿景，然后朝着这一愿景脚踏实地地进行改善。回顾时可能会认为在某个阶段已经实现了 DevOps，但其实那只是改善活动不断积累的效果而已。因此，脚踏实地不断进行改善就可以达到很好的效果。各位读者可以将本书作为一种工具，帮助大家轻松找到"DevOps 化之路"。

实现 DevOps 的方法有很多种，大多数图书在对 DevOps 进行大致的介绍后，往往会将话题直接转向工具的详细用法上，这是因为 DevOps 的范围非常广泛，而且各种工具可以自由组合，配置内容也丰富多彩，所以很难在有限的篇幅中完整地说明如此多的内容。但要在如此深奥的 DevOps 中最大程度地发挥团队的力量，除了系统和工具，我们还要注重一些基础性的工作，比如改善团队之间的关系以及工作方法等。

本书中我们介绍了 DevOps 出现的背景、DevOps 是什么以及 DevOps 相关的工具和方法。在本书最后，笔者真诚地希望所有读者都能够熟练使用 DevOps 的相关工具提高工作效率，使自己的工作方法、团队组织形式和文化等更接近理想的 DevOps 形式，为用户提供更好的产品和服务。